1914

SOMMAIRE

JANVIER

☉ 7 h. à 16 h. 11

1	J	*Circoncision*
2	V	S. Basile
3	S	Ste Geneviève
4	D	☽ S. Rigob.
5	L	S. Télesph.
6	M	*Epiphanie*
7	M	Ste Mélanie
8	J	S. Lucien
9	V	S. Julien
10	S	S. Guillaume
11	D	○ S. Théod.
12	L	S. Arcadius
13	M	Bapt. de J.-C.
14	M	S. Hilaire
15	J	S. Maur
16	V	S. Marcel
17	S	S. Antoine
18	D	☾ Ch. de s. P.
19	L	S. Sulpice
20	M	S. Sébastien
21	M	Ste Agnès
22	J	S. Vincent
23	V	S. Raymond
24	S	S. Timothée
25	D	● Conv. s. P.
26	L	Ste Paule
27	M	S. J. Chrys.
28	M	S. Charlem.
29	J	S. Fr. d. Sales
30	V	Ste Bathilde
31	S	Ste Marcelle

FÉVRIER

☉ 7 h. 32 à 16 h. 54

1	D	S. Ignace
2	L	☽ Purificat.
3	M	S. Blaise
4	M	S. Gilbert
5	J	Ste Agathe
6	V	Ste Dorothée
7	S	S. Romuald
8	D	*Septuagés.*
9	L	Ste Apolline
10	M	○ Ste Schol.
11	M	S. Séverin
12	J	Ste Eulalie
13	V	S. Grégoire
14	S	S. Valentin
15	D	*Sexagésime*
16	L	☾ S. Onésim.
17	M	S. Théodule
18	M	S. Siméon
19	J	S. Gabin
20	V	S. Silvain
21	S	S. Pépin
22	D	*Quinquagés.*
23	L	S. Pierre D.
24	M	● *Mardi-Gr.*
25	M	*Cendres*
26	J	S. Nestor
27	V	S. Léandre
28	S	S. Romain

N. d'or 15. L. d. D.
Ep. 3. I. 12. C. s. 18

MARS

☉ 6 h. 44 à 17 h. 40

1	D	*Quadragés.*
2	L	S. Simplice
3	M	Ste Cunégon.
4	M	☽ S. Casimir
5	J	S. Adrien
6	V	Ste Colette
7	S	S. Th. d'Aq.
8	D	*Reminiscere*
9	L	Ste Françoise
10	M	40 Martyrs
11	M	○ S. Euloge
12	J	S. Marius
13	V	Ste Euphrasie
14	S	Ste Mathilde
15	D	*Oculi*
16	L	S. Cyriaque
17	M	Ste Gertrude
18	M	☾ S. Alex.
19	J	*Mi-Carême*
20	V	S. Joachim
21	S	S. Benoît
22	D	*Lætare*
23	L	S. Victorien
24	M	S. Gabriel
25	M	*Annonciat.*
26	J	● S. Emm.
27	V	S. Rupert
28	S	S. Gontran
29	D	**Passion**
30	L	S. Amédée
31	M	S. Benjamin

AVRIL

☉ 5 h. 39 à 18 h. 28

1	M	S. Hugues
2	J	S. Fr. de P.
3	V	☽ S. Rich.
4	S	S. Isidore
5	D	**Rameaux**
6	L	S. Célestin
7	M	S. Clotaire
8	M	S. Albert
9	J	Ste Marie E.
10	V	○ *Vend.-St.*
11	S	S. Léon, pap.
12	D	**PAQUES**
13	L	Ste Ida
14	M	S. Tiburce
15	M	Ste Anastasie
16	J	☾ S. Fruct.
17	V	S. Anicet
18	S	S. Parfait
19	D	*Quasimodo*
20	L	S. Théodore
21	M	S. Anselme
22	M	Ste Opportun.
23	J	S. Georges
24	V	● S. Gaston
25	S	S. Marc
26	D	S. Clet
27	L	S. Frédéric
28	M	S. Vital
29	M	S. Robert
30	J	S. Maxime

Printemps, 20 Mars

MAI

☉ 4 h. 41 à 19 h. 12

1	V	S. Philippe
2	S	☽ S. Athan
3	D	Inv. Ste Croix
4	L	Ste Monique
5	M	S. Pie, pape
6	M	S. Jean P. L.
7	J	S. Stanislas
8	V	S. Désiré
9	S	○ S. Grég.
10	D	S. Antonin
11	L	S. Mamert
12	M	S. Pancrace
13	M	S. Servais
14	J	S. Boniface
15	V	Ste Denise
16	S	☾ S. Jean N.
17	D	S. Pascal
18	L	*Rogations*
19	M	S. Yves
20	M	S. Bernardin
21	J	**ASCENS.**
22	V	S. Emile
23	S	S. Didier
24	D	● S. Donat.
25	L	S. Urbain
26	M	S. Ph. de N.
27	M	Ste Caroline
28	J	S. Germain
29	V	S. Maximin
30	S	S. Ferdinand
31	D	**PENTEC.**

JUIN

☉ 4 h. 3 à 19 h. 52

1	L	☽ S. Pamph.
2	M	Ste Blandine
3	M	Ste Clotilde
4	J	S. Quirin
5	V	Ste Valérie
6	S	S. Norbert
7	D	○ **Trinité**
8	L	S. Médard
9	M	Ste Pélagie
10	M	S. Landry
11	J	**Fête-Dieu**
12	V	Ste Olympe
13	S	S. Ant. de P.
14	D	S. Ruffin
15	L	☾ S. Mod.
16	M	S. Cyr
17	M	S. Avit
18	J	Ste Olga
19	V	S. Gerv. S. P.
20	S	S. Sylvère
21	D	S. Louis G.
22	L	S. Alban
23	M	● S. Félix
24	M	S. Jean-Bapt.
25	J	S. Prosper
26	V	S. Maixent
27	S	S. Crescent
28	D	S. Irénée
29	L	S. P., s. P.
30	M	☽ S. Martial

Eté, 21 Juin

JUILLET

☉ 4 h. 3 à 20 h. 5

1	M	S. Thibault
2	J	Vis. de N.-D.
3	V	S. Anatole
4	S	Ste Berthe
5	D	Ste Zoé
6	L	S. Ulric
7	M	○ S. Elie
8	M	Ste Virginie
9	J	S. Cyrille
10	V	Ste Félicité
11	S	S. Cyprien
12	D	S. Gualbert
13	L	S. Eugène
14	M	☾ **FÊTE N.**
15	M	S. Henri
16	J	N.-D. M.-C.
17	V	S. Alexis
18	S	S. Camille
19	D	S. Vinc. de P.
20	L	Ste Marguer.
21	M	S. Victor
22	M	● Ste Madel.
23	J	S. Apollinair.
24	V	Ste Christine
25	S	S. Christoph.
26	D	Ste Anne
27	L	Ste Nathalie
28	M	S. Nazaire
29	M	☽ Ste Marth.
30	J	S. Abdon
31	V	S. Ignace d. L.

AOUT

☉ 4 h. 35 à 19 h. 38

1	S	S. P.-ès-L.
2	D	S. Alphonse
3	L	Ste Lydie
4	M	S. Dominique
5	M	○ S. Abel
6	J	*Transfigur.*
7	V	S. Gaétan
8	S	S. Justin
9	D	S. Amour
10	L	S. Laurent
11	M	Ste Suzanne
12	M	Ste Claire
13	J	☾ S. Hippol.
14	V	S. Eusèbe
15	S	**ASSOMP.**
16	D	S. Roch
17	L	Ste Julienne
18	M	Ste Hélène
19	M	S. Louis, év.
20	J	S. Bernard
21	V	● Ste Jeanne
22	S	S. Symphor.
23	D	Ste Sidonie
24	L	S. Barthél.
25	M	S. Louis, roi
26	M	S. Zéphirin
27	J	☽ S. Césaire
28	V	S. Augustin
29	S	Déc. s. J.-B.
30	D	S. Fiacre
31	L	Ste Isabelle

SEPTEMBRE

☉ 5 h. 18 à 18 h. 43

1	M	S. Gilles
2	M	S. Lazare
3	J	S. Grégoire
4	V	○ Ste Rosalie
5	S	S. Bertin
6	D	S. Onésiph.
7	L	S. Cloud
8	M	*La Nativité*
9	M	S. Omer
10	J	Ste Pulchérie
11	V	S. Hyacinthe
12	S	☾ S. Guy
13	D	S. Aimé
14	L	Ex. Ste Croix
15	M	S. Valérien
16	M	Ste Edith
17	J	S. Lambert
18	V	Ste Sophie
19	S	● S. Janvier
20	D	S. Eustache
21	L	S. Mathieu
22	M	S. Maurice
23	M	Ste Célestine
24	J	S. Gérard
25	V	S. Firmin
26	S	☽ Ste Justine
27	D	S. Cosme
28	L	S. Wenceslas
29	M	S. Michel
30	M	S. Jérôme

Automne, 23 Sept.

OCTOBRE

☉ 6 h. 1 à 17 h. 39

1	J	S. Rémi
2	V	SS. Anges g.
3	S	○ S. Faust
4	D	S. Fr. d'Ass.
5	L	S. Placide
6	M	S. Bruno
7	M	S. Serge
8	J	Ste Brigitte
9	V	S. Denis
10	S	S. Paulin
11	D	☾ Ste Clém.
12	L	S. Séraphin
13	M	S. Edouard
14	M	S. Calixte
15	J	Ste Thérèse
16	V	S. Gall
17	S	Ste Edwige
18	D	● S. Luc
19	L	S. Savin.
20	M	S. Aurélien
21	M	Ste Ursule
22	J	S. Modér.
23	V	S. Hilarion
24	S	S. Magloire
25	D	☽ S. Crépin
26	L	S. Evariste
27	M	S. Frumence
28	M	S. Simon
29	J	S. Narcisse
30	V	S. Cassien
31	S	S. Quentin

NOVEMBRE

☉ 6 h. 49 à 16 h. 39

1	D	**TOUSS.**
2	L	○ *Trépassés*
3	M	S. Hubert
4	M	S. Charles
5	J	S. Zacharie
6	V	S. Léonard
7	S	S. Ernest
8	D	S. Godefroy
9	L	S. Mathurin
10	M	☾ S. Juste
11	M	S. Martin
12	J	S. René
13	V	S. Brice
14	S	Ste Philomène
15	D	Ste Eugénie
16	L	S. Edme
17	M	● S. Aignan
18	M	S. Odon
19	J	Ste Elisabeth
20	V	S. Edmond
21	S	Pr. de la V.
22	D	Ste Cécile
23	L	S. Clément
24	M	☽ Ste Flore
25	M	Ste Catherine
26	J	Ste Victorine
27	V	S. Séverin
28	S	S. Sosthène
29	D	*Avent*
30	L	S. André

Hiver, 22 Décembre

DÉCEMBRE

☉ 7 h. 35 à 16 h. 4

1	M	S. Eloi
2	M	○ Ste Aurélie
3	J	S. Fr.-Xavier
4	V	Ste Barbe
5	S	S. Sabas
6	D	S. Nicolas
7	L	S. Ambroise
8	M	Im. Concep.
9	M	☾ Ste Léocad.
10	J	Ste Eulalie
11	V	S. Damase
12	S	S. Valéry
13	D	Ste Lucie
14	L	S. Nicaise
15	M	S. Mesmin
16	M	● Ste Adélaï.
17	J	S. Lazare
18	V	S. Gatien
19	S	S. Timoléon
20	D	S. Philogone
21	L	S. Thomas
22	M	S. Flavien
23	M	☽ Ste Victoire
24	J	S. Delphin
25	V	**NOEL**
26	S	S. Etienne
27	D	S. Jean, ap.
28	L	SS. Innocents
29	M	Ste Eléonore
30	M	S. Sabin
31	J	S. Sylvestre

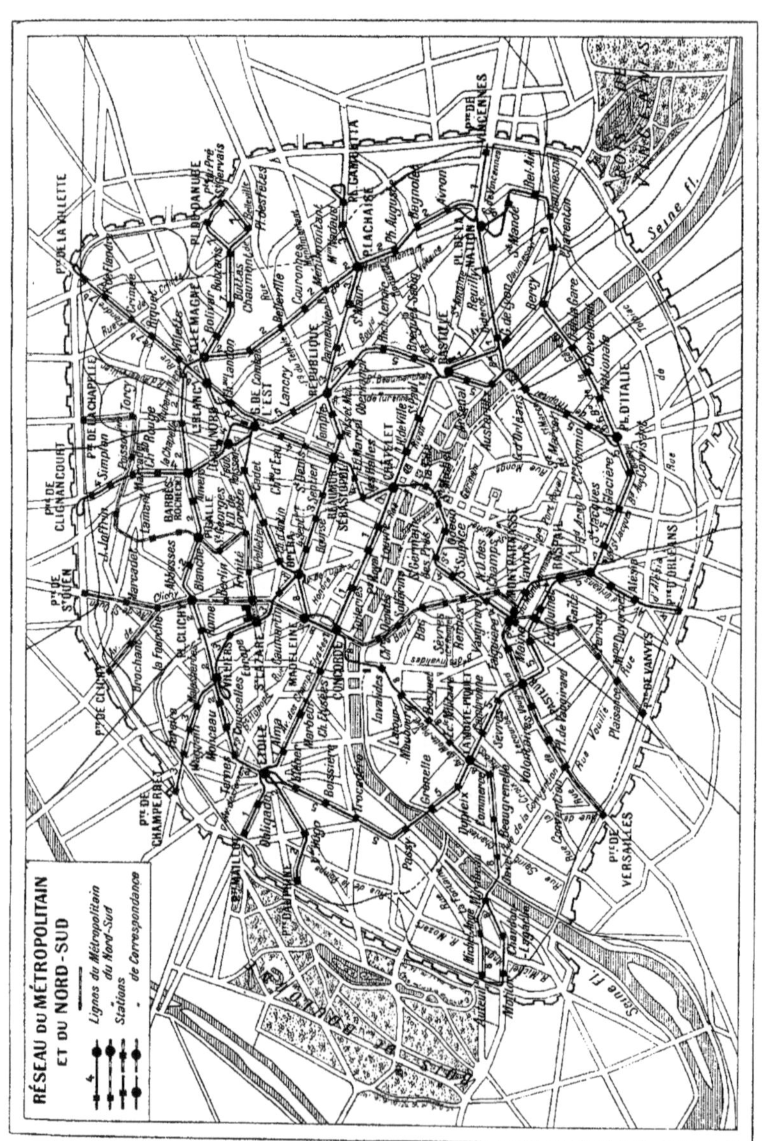
RÉSEAU DU MÉTROPOLITAIN
ET DU NORD-SUD
Lignes du Métropolitain
du Nord-Sud
Stations
de Correspondance

RENSEIGNEMENTS GÉNÉRAUX

DISTRIBUTION DES BILLETS

La distribution des billets commence au plus tard, dans les grandes gares, *30 minutes*, et dans les autres gares et stations, *15 minutes* avant l'heure réglementaire du départ du train.

Elle cesse dans les grandes gares, *5 minutes*, et dans les autres gares, *3 minutes* avant l'heure de départ du train.

Par exception, les gares de *Paris*, *Lyon-Perrache*, *Marseille-Saint-Charles*, *Nîmes*, *Grenoble* et *Montpellier* délivrent des billets à toute heure de la journée et pour tous les trains et enregistrent les bagages d'une manière permanente.

DÉLIVRANCE DES BILLETS PAR LES BUREAUX DE VILLE DE LA Cie, AGENCES ET HOTELS

Tous les bureaux de ville de la Compagnie à Paris, et certains Hôtels, délivrent à l'avance, pour tous les trains du jour et du lendemain, des billets de toutes classes, *simples* et *d'aller et retour*, à destination des gares du réseau et des gares des autres Compagnies françaises avec lesquelles la gare de Paris-P.L.M. est en relations directes. Certains bureaux de ville de Paris délivrent également, dans le plus court délai possible, les billets de villes d'eaux, de bains de mer, de vacances, de stations hivernales, etc.

Les bureaux P. L. M. sont ouverts tous les jours; ils sont fermés les dimanches et jours fériés.

" PETIBAN "

Tabouret de pied "Petiban" se pliant sous une forme très réduite et très peu encombrante, en vente (0 fr. 60 et 1 fr.) dans les bureaux de tabac-bazars des grandes gares.

OREILLERS ET COUVERTURES

Mis en location dans certaines gares, à raison de 1 franc par oreiller ou couverture.

GARDE-PLACES

Des appareils Garde-Places, en service dans certains trains, assurent aux voyageurs munis de titres de parcours, la possession indiscutable de leur place.

CONSIGNES DU COMMERCE

En vertu d'un accord avec un certain nombre de magasins d'*Alais*, de *Lyon*, *Dijon*, *Besançon*, *Nîmes*, *Paris*, *Valence*, *Auxerre*, *Saint-Étienne*, *Clermont-Ferrand*, *Avignon*, *Mâcon*, *Chalon-sur-Saône*, *Melun*, *Chambéry* et *Grenoble*, ces Magasins sont autorisés à remettre en dépôt à la gare de la localité les objets qui leur sont achetés par les voyageurs.

Ces objets sont remis à la gare par les soins et aux frais du vendeur qui délivre un bulletin de dépôt sur la présentation duquel l'acheteur retire ou fait retirer ses colis moyennant le paiement de la taxe prévue par le tarif pour le dépôt des bagages.

ENREGISTREMENT DES BAGAGES DANS DIVERS BUREAUX A PARIS

Les bureaux de ville de Paris, situés 88, rue St-Lazare, 6, rue Ste-Anne, 45, rue de Rennes, délivrent des billets et enregistrent les bagages pour toutes les gares du réseau P. L. M. et les au delà. Les bagages sont transportés à la gare de Paris-Lyon moyennant le paiement d'une taxe de factage.

Les bureaux de ville P. L. M. sont ouverts de 8 heures du matin à 7 heures du soir; ils sont fermés les dimanches et jours fériés.

DEPOT DES BAGAGES

Il est perçu pour la garde des bagages déposés dans les gares sous la responsabilité de la Compagnie, soit avant le départ, soit après l'arrivée des trains, un droit fixé par article, à 5 cent. pour la 1re période de 24 heures; 5 cent. pour la 2e période; 5 cent. pour la 3e période; 10 cent. pour la 4e période; 15 cent. pour la 5e période; 20 cent. pour chaque période de 24 heures en sus des précédentes. Minimum de perception: 0 fr. 10.

En ce qui concerne certains objets tels que: glaces, pianos, petites voitures, voitures d'enfants, de malades, de marchands ambulants, bicyclettes, tandems, tricycles, voitures automobiles, etc., les taxes sont doublées lorsque ces objets restent à la consigne après avoir été transportés comme bagages, ou lorsqu'ils y ont été déposés par une personne qui, au moment du retrait, présentera un billet de place ou une carte équivalente. Elles sont quadruplées lorsque le déposant ne présente pas cette pièce justificative.

BAGAGES NON ACCOMPAGNÉS (G. V. 110)

Les objets à l'usage personnel des voyageurs ou de leur famille, et les *échantillons des voyageurs de commerce* peuvent être enregistrés pour toute gare des grands réseaux français ouvertes au service des bagages *sans que les voyageurs aient à se munir de billets de place.*

SERVICE SPÉCIAL POUR L'ENLÈVEMENT ET LA LIVRAISON DES BAGAGES A DOMICILE A PARIS, DIJON, LYON ET AVIGNON *(toute l'année)*

CANNES ET NICE *(du 1er novembre au 15 mai)*

AIX-LES-BAINS ET VICHY *(du 1er juin au 30 septembre)*

L'opération comporte : au départ, la descente des bagages des étages, leur transport à la gare et l'enregistrement pour la destination. Le bulletin des bagages et les billets sont remis aux voyageurs à leur arrivée à la gare contre paiement de leur montant et sur la présentation du reçu délivré lors de la commande ; a l'arrivée : le transport des bagages de la gare au domicile et la montée aux étages.

TRANSPORT DES AUTOMOBILES

Matériel de grande vitesse, entièrement clos. — Réduction de 50 p. 100 pour le transport des automobiles en retour dans le délai de quatre mois. — Réduction de 25 p. 100 pour l'ensemble des trajets successifs, avec ou sans solution de continuité, et retour par chemin de fer au point de départ dans le délai de 3 mois.

TERMINUS-HOTELS P. L. M. A LYON-PERRACHE, MARSEILLE, BRIANÇON VEYNES *(Éclairage électrique, Chauffage central)* ET SAINT-MAURICE-EN-TRIÈVES

COUPÉS ET OMNIBUS DE FAMILLE A PARIS AUTOMOBILES OU A CHEVAUX

La Compagnie met à la disposition des voyageurs des coupés et omnibus de famille, soit pour les conduire à domicile à leur arrivée à Paris, soit pour les prendre à domicile et les amener à la gare de Paris Lyon : les prix varient suivant la zone.

OMNIBUS DE FAMILLE A LYON, MARSEILLE GENÈVE, MONTPELLIER *(toute l'année)*

CANNES, MENTON *(1er octobre-15 juin)*

SAINT-RAPHAEL - VALESCURE *(15 octobre-15 juin)*

WAGONS - RESTAURANTS

dans tous les trains de luxe, ainsi que dans certains trains rapides ou express.

PLACES DE LUXE

Couchettes, Coupés, Fauteuils, Lits-Salon avec draps, Salon à lits complets, Lits-Salon, Compartiment pour le transport des malades, Wagons-Salons.

Les places de luxe sont louées soit à l'avance, soit au départ par place isolée ou par compartiment entier; les salons à lits complets, les compartiments pour le transport des malades, les wagons-salons ne sont loués à l'avance que par compartiment entier. Le public n'a droit qu'aux places de luxe existant dans le train.

AVIS IMPORTANT. — Pour tous renseignements, consulter le Livret-Guide-Horaire P. L. M. : 0 fr. 60 dans toutes les gares du réseau.

CHEMINS DE FER
PARIS-LYON-MÉDITERRANÉE

AGENDA P.L.M.

1914

RÉSEAU P. L. M.

ET LIGNES INTERNATIONALES EN CORRESPONDANCE AVEC LE RÉSEAU

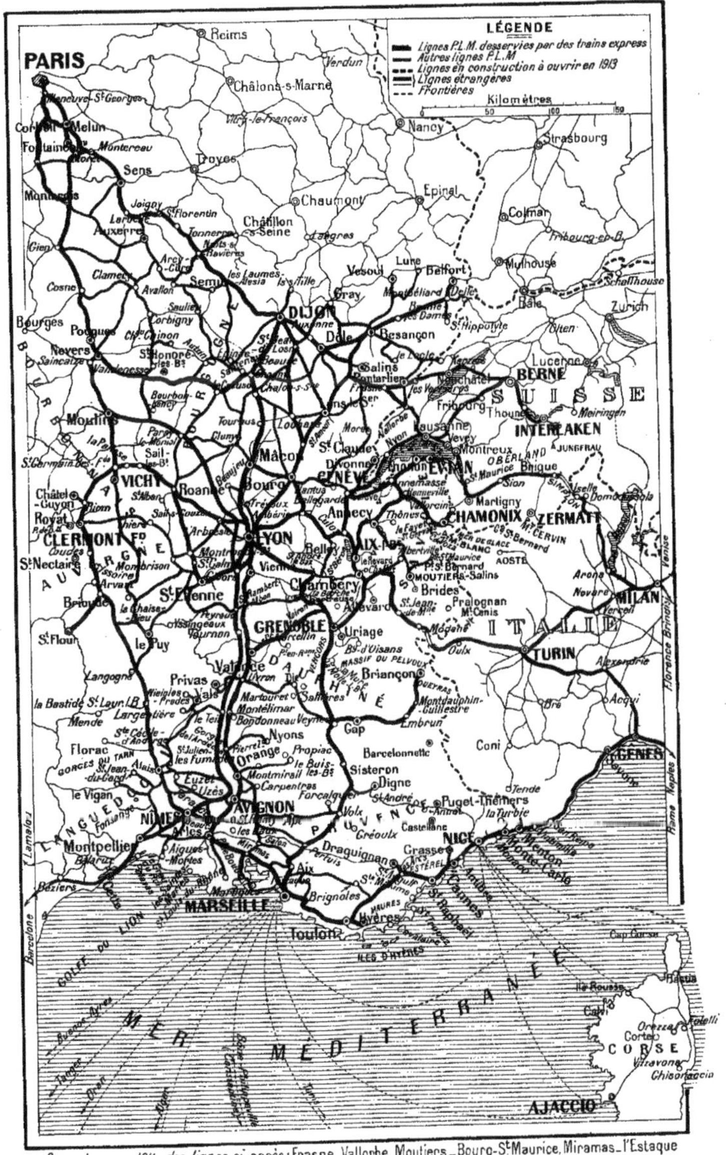

Ouverture en 1914 des lignes ci-après: Frasne_Vallorbe, Moutiers_Bourg-St Maurice, Miramas_l'Estaque

SUR LES PENTES DU MONT BLANC

Le Mont Blanc ! Quel est l'alpiniste ou même le simple touriste qui, en admirant cette imposante montagne, ses contreforts d'une blancheur éblouissante, n'a pensé que le panorama, du haut de ce sommet, dominant toutes les cimes environnantes, devait être grandiose et n'a éprouvé le désir de le contempler ?

Relativement peu de personnes — 150 à 200 environ chaque année — réalisent ce rêve qui vaut pourtant la peine d'être vécu.

Le Mont-Blanc ne constitue pas une véritable ascension dans le sens alpiniste du mot. Pour y parvenir, nulle escalade n'est nécessaire ; tout bon marcheur bien entraîné par quelques excursions progressives dans la montagne peut parvenir à son sommet sans fatigue excessive.

Rendons-nous, vers la fin de juillet, un soir, sur la place de l'Eglise de la capitale des alpinistes, Chamonix, et au milieu de la foule bruyante et animée des touristes et des guides qui discutent avec animation des probabilités de beau temps pour le lendemain, cherchons de solides montagnards, car il ne serait pas prudent d'entreprendre cette longue course avec le premier venu. Voici l'un de ceux qui nous ont été recommandés : c'est un grand garçon à l'air franc et loyal, peu bavard, pas buveur ; il se trouve libre, il a déjà fait 32 fois l'ascension, nous sommes vite d'accord. Il nous garantit le beau temps et nous quitte pour aller de suite chercher des porteurs et préparer les provisions.

CHAMONIX
La place de l'Eglise

Le lendemain, au petit jour, à quatre heures, le réveil..... Un léger brouillard promet une superbe journée.

A cinq heures, tout le monde se trouve réuni devant la porte de l'hôtel, équipé, chaussé de solides brodequins ferrés, armés les uns du bâton, les autres du piolet. Les sacs des guides sont prêts, bourrés de lainages, pittoresquement entourés des cordes qui serviront à traverser le glacier.

Le premier guide jette un coup d'œil connaisseur et satisfait, s'assure que rien ne manque, que personne n'a oublié

AVANT LE DÉPART

les indispensables lunettes fumées..... Mais les mulets qui doivent porter les dames jusqu'à Pierre-Pointue sont inexacts. Enfin, à 5 h. 30, au moment où la caravane allait se mettre en route sans les attendre, ils apparaissent conduits par leurs propriétaires endormis et maussades qui, pour toute excuse, déclarent que nous avons bien le temps.....

Nous traversons l'Arve, nous quittons Chamonix et, par de jolis sentiers ombragés, nous commençons la montée par le chemin de la cascade du Dard.

La végétation devient de plus en plus rare, les sapins sont remplacés par les jolies roses des Alpes. Le soleil illumine déjà les pentes du Brévent qui se dressent, vis-à-vis de nous, sur l'autre versant de la vallée. Nous arrivons à Pierre-Pointue où cesse le sentier muletier.

Les dames doivent mettre pied à terre ; elles se déclarent enchantées de quitter ces rustiques montures qu'elles regretteront un peu plus haut.

Le sentier devient tout à fait étroit, au bord du précipice nous devons marcher en file indienne, un guide en tête, les autres précédant les dames pour leur tendre la main dans les passages difficiles.

De loin en loin, quelques marmottes troublées dans leur solitude matinale se sauvent en faisant entendre leur sifflement.

Une plaque de rochers presque verticale semble infranchissable, mais de petites marches creusées rendent au contraire facile ce passage pittoresquement appelé " le Pas de la Grenouille "; plus haut, à côté de la Moraine, vers 2.400 mètres, les guides

LE DÉPART

nous montrent un bloc, " Pierre à l'échelle ", sous lequel les premiers ascensionnistes plaçaient l'échelle leur permettant de franchir les crevasses.

Voici enfin le début

CARAVANE DE RAVITAILLEMENT

de ce glacier que, pendant de longues heures, nous devrons gravir avant de parvenir à notre but. L'entrée n'en est pas toujours d'un accès commode et tous les ans des imprudents sans guides s'y égarent et parfois même doivent y passer la nuit. Il

ON COMMENCE L'ASCENSION

ENTRÉE GLACIER

ne faut pas s'y attarder à cause des avalanches de pierres qui tombent sur les pentes de l'aiguille du Midi qui nous domine. Les guides nous pressent, mais le mauvais passage ne dure que quelques minutes ; après l'avoir franchi, nous sommes en pleine sécurité.

SÉRACS ET CREVASSES

Il ne nous reste plus qu'à éviter les crevasses bien visibles qui ne présenteront quelque difficulté qu'à la Jonction, dans ce chaos indescriptible formé par la réunion des deux glaciers du Taconaz et des Bossons. C'est la halte habituelle, l'endroit classique du déjeuner, le seul point sur ce glacier où l'on soit assuré de trouver de l'eau. — Après la Jonction commence la pénible montée dans les pentes de neige très raides où celui qui trace la route, enfonçant dans la neige molle jusqu'à mi-jambe, devra faire de nombreux lacets avant de parvenir au rocher des Grands-Mulets isolé au milieu du glacier, à 3.050 mètres, point terminus de la première étape de l'ascension du Mont Blanc.

L'auberge qui y a été édifiée par la commune de Chamonix est assez confortable. De la petite terrasse taillée sur le rocher autour de l'hôtel, la vue est très étendue sur la vallée et sur tous les sommets des environs. C'est une des plus belles excursions de montagne qu'il soit possible de faire, et l'une des plus faciles depuis que la section du Club Alpin a fait aménager un nouveau sentier sur la montagne de la Côte, permettant le retour par un deuxième itinéraire qui évite de passer sous les pentes de l'Aiguille du Midi, précisément à l'heure où elles sont dangereuses.

RAVERSÉE D'UNE CREVASSE

La journée s'écoule vite à l'auberge des Grands-Mulets où les distractions ne manquent pas. Ce sont les caravanes qui montent et dont on peut contempler les pénibles efforts sur les dernières pentes, les pas trébuchants dans la neige molle qui font oublier que, quelques minutes auparavant, on offrait soi-même semblable spectacle.

Puis les voyageurs qui descendent fièrement ayant gravi le sommet. Ils racontent leurs exploits, les uns exagérant un peu les périls de la route, les autres affectant de trouver cette promenade tout à fait facile : tous ravis, enthousiasmés.

UNE HALTE

PASSAGE SUR LA NEIGE

LA DESCENTE

Vers six heures, le froid se fait sentir ; nous sommes à plus de 3.000 mètres au milieu des glaces ; tous rentrent dans la salle commune bien chauffée ; la table est prête, les guides nous informent que la nuit sera belle et qu'il faudra partir à une heure du matin.

Dans l'obscurité complète, sous un ciel admirable ou brillent les étoiles, la caravane s'attache à la corde et à la faible lueur tremblotante des lanternes portées par les guides, descend les degrés taillés dans le rocher, puis reprend la marche lente et monotone sur le glacier verglassé.

Au bas du Petit Plateau, nous contournons la crevasse qui se reforme tous les ans à cet endroit où, en 1902, périt le malheureux porteur Culet qui, en toute hâte, courait chercher du secours pour tenter de ranimer ses voyageurs, MM. Mauduit et Staeling, morts de froid pendant une tempête de neige.

Un peu plus haut, nous laissons à notre gauche la route de Balmat et de de Saussure, aujourd'hui abandonnée. Après une pente très raide, nous voici sur le Grand Plateau où, en 1870, un ouragan de neige causa la plus terrible catastrophe du Mont Blanc, faisant disparaître une caravane de 10 personnes. Nous élevant toujours, mais lentement, avec de fréquentes pauses pour ne pas essouffler les débutants, nous gagnons le refuge des Bosses à 4.362 mètres, à côté de l'observatoire de M. Vallot. Ce refuge des Bosses est l'endroit critique de l'ascension que beaucoup de touristes, atteints du mal des montagnes, n'ont pu dépasser.

Les vaillants n'ont plus qu'à gravir les pentes étroites et dangereusement inclinées des Bosses, la partie la plus impressionnante de l'ascension, où cependant jamais aucun accident ne s'est produit.

A chaque pas, l'intérêt devient plus puissant, le panorama plus étendu. Nous voyons maintenant les paysages italiens tout ensoleillés, l'air vif vient nous fouetter le visage, enlevant l'oppression que nous éprouvions en grimpant les pentes abritées du Grand et du Petit Plateau.

LES GRANDS MULETS

Un dernier effort, une dernière côte et, subitement, sous la forme d'un plateau d'une cen-

PASSAGE DIFFICILE

PASSAGE D'UNE ARÊTE DE GLACE

taine de mètres, nous apparaît ce sommet tant désiré que nous venons de conquérir. — Nous foulons à nos pieds la cime du Mont Blanc.

Les touristes heureux, favorisés par un temps clair, distingueront les environs de Lausanne, les rochers de Naye, la Vallée du Rhône, les Diablerets, les beaux glaciers de l'Oberland Bernois, les cimes de l'Eiger, de la Jungfrau, le Saint-Gothard, le Weisshorn, le Cervin, le Mont Rose, le Val d'Aoste, le Grand-Paradis, le Mont Cenis, le Val d'Isère, les Ecrins, la Meije.

Un tel panorama ne ferait-il pas oublier n'importe quelle fatigue ?

Si la brume nous le cache, nous nous consolerons en songeant que nous avons fait preuve d'énergie, de volonté, que nous avons escaladé la plus belle cime d'Europe, que nous reviendrons livrer un nouvel assaut à cette montagne coquette qui ne veut souvent laisser entrevoir toutes ses beautés qu'à ceux qui se montrent dignes d'elle et qui savent pratiquer cette grande vertu de l'alpiniste : la Persévérance.

LUCIEN TIGNOL,
Président de la Section de Chamonix
du Club Alpin Français.

PENDANT L'ASCENSION

L'EMPEREUR DU MIDI

M. Max Nordau, qui n'est pas suspect d'un excès de bienveillance envers les Français, écrivait dernièrement : " Le père de Mireille n'est pas un grand poète. Il est le poète ". Ce jugement est une fleur de plus à ajouter au bouquet de Frédéric Mistral.

Vous pensez s'il doit être blasé sur les louanges. Depuis un demi-siècle, elles lui sont prodiguées. Mais c'est un vin dont on ne saurait plus se passer, quand, une fois, on y a trempé les lèvres. Mistral se trouve un peu dans la situation où se trouvait Victor Hugo, pendant les dix années qui précédèrent sa mort. Il a passé l'heure des combats, il se repose sur ses anciennes victoires ; il est devenu le Maître, l'Aïeul, celui qu'on vénère et qu'on ne discute plus. Comme à l'auteur des *Burgraves*, les écrivains débutants lui envoient des vers, les femmes du monde lui demandent des autographes. Et j'imagine que l'Ermite de Maillane n'oppose pas de refus à ces prières. Il se fait un devoir d'être paternel envers la jeunesse et galant envers les dames. C'est la rançon de la gloire.

Roumanille et Aubanel, ses frères d'armes, ne jouirent pas d'un prestige si retentissant. Leur renommée eut un caractère moins universel. Roumanille vivait isolé dans son humble imprimerie avignonnaise, et ses contes, si finement ironiques, si "attiquement" gaulois, n'étaient lus et compris que de ses compatriotes. Aubanel, dont l'âme fut grande et l'inspiration parfois divine, fuyait le bruit. "Mieux vaut être aimé que d'être célèbre", écrivait-il. Et il demeura fidèle à sa devise, travaillant à l'ombre de son jardinet, entouré de deux ou trois amitiés passionnées et abrité par elles contre les curiosités banales. Son œuvre apparaît superbe, mais d'une splendeur grave et même un peu triste. L'œuvre de Mistral est plus accessible, son génie plus souple et plus varié. Mistral est bien, selon le mot du pauvre Mariéton, le miroir de la Provence. Il en résume, il en reflète les aspects multiples. Il a composé des poèmes virgiliens, il a rimé d'indulgentes satires, des galégeades, où le caractère méridional est malicieusement observé et raillé avec bonhomie. Joignez à

MAISON DE MISTRAL

LA TABLE DE FAMILLE

cela le rayonnement de Mireille, figure inoubliable popularisée par la peinture, la sculpture et la musique. Vous comprendrez qu'une auréole entoure le nom de Mistral.

Toutes les nations lui vouent cette estime, cette admiration. Les docteurs allemands traduisent, commentent en chaire ses ouvrages, qu'ils assimilent aux classiques français. Les élèves d'Oxford et de Cambridge récitent ses poèmes comme ceux d'Homère. La Suède lui a attribué les deux cent mille francs du prix Nobel. Chaque année, les dons lui arrivent. Il est comblé de legs comme l'Institut. Il n'use pas personnellement de ces richesses et les verse à son cher Musée Arlaten. L'Amérique l'eût couvert d'or, s'il eût voulu aller rendre visite au Président Roosevelt. Il n'y a pas consenti. Il n'est pas l'homme des expéditions lointaines. Il est l'homme du terroir.

LE MUSÉE ARLATEN

Le félibrige a beaucoup contribué à élargir, à répandre au loin sa réputation. Les félibres ne se sont jamais tant remués que depuis quelques années. Ils sont vingt ou trente à Paris qui font du bruit comme dix mille. Ils organisent des fêtes, inaugurent des statues, boivent des vins d'honneur, et surtout ils débitent des harangues. Ces hommes infatigables savent l'art d'agiter l'opinion publique. Chaque année ils célèbrent à Sceaux la mémoire de Florian, et choisissent, pour présider la cérémonie, un personnage illustre qui est presque toujours un homme du nord. C'est ce qu'ils appellent " une fête de famille ". Vers le mois d'août, ils entreprennent un vaste pèlerinage en Provence.

Y vient qui veut... Les étrangers y sont accueillis à cœur ouvert... Les félibres accrochent une cigale de bronze à leurs boutonnières et les voilà partis. Et nous assistons à un phénomène d'auto-suggestion. Tous ces braves gens, qui, en temps ordinaire, sont parfaitement pondérés et calmes, ces Parisiens gouailleurs, ces Normands pince-sans-rire, ces silencieux Bretons (car les félibres se recrutent sous toutes les latitudes) deviennent soudain bavards, impétueux, plus méridionaux que le Midi et plus chauds que le soleil. Dès qu'ils ont mis le pied en Provence, ils se transforment, ils " croient que c'est arrivé "; ils crient, ils se démènent! Ils mangent de l'aïoli et prennent de " l'assent ".

L'un d'eux me frappa, durant les dernières fêtes auxquelles j'eus le plaisir d'assister. C'est un de nos confrères et vous me permettrez de ne le point nommer. Il a dû naître, si j'en juge par son parler onctueux et gras et par la lourdeur

CHAMBRE A COUCHER ARLÉSIENNE

de sa démarche, vers le centre de la France ; il a l'allure tranquille et le regard placide d'un paysan berrichon, et il écrit comme il parle, sentencieusement... Je ne l'aurais pas reconnu... La métamorphose était complète. Il s'agitait comme le diable au fond du bénitier, se levait de table à chaque minute pour porter un toast. Et le soir, dans les rues d'Avignon, c'étaient des confidences, de touchantes familiarités. Il s'épanchait, nous étions intimes. Il avait pris mon bras et son âme débordait d'allégresse.

SALLE DU MOBILIER

BERCEAU DE MISTRAL

— Quel pays ! me disait-il, quel ciel, que d'étoiles !... que cette brise est rafraichissante ! que cette terre est douce ! qu'il y ferait bon mourir !

Tandis que mon confrère s'abandonnait à l'enthousiasme, je regardais les vrais Avignonnais et les vraies Avignonnaises assis sur le pas de leurs portes. Ils paraissaient fort paisibles. Pas un murmure ne sortait des maisons assoupies. Tandis que ceux du Nord faisaient leur sabbat, ceux du midi dormaient...

Mistral lui-même, le chef de la tribu félibréenne, est — du moins en apparence — le plus placide des hommes. Il demeure impassible au milieu des clameurs, et reçoit, immobile comme un dieu d'Orient, l'encens de la foule idolâtre. Il parle peu. Peut-être ce grand homme est-il timide ?

Je me rappelle qu'un certain soir, après la représentation d'*Œdipe* à Orange, il vint souper chez un habitant de la ville qui avait convié quelques poètes de passage et les artistes de la Comédie Française. En arrivant, il s'approcha de Mounet-Sully, et, sans mot dire, il l'embrassa sur les deux joues. Cette accolade valait un discours. Elle exprimait une admiration muette et d'autant plus vive. Mounet-Sully a gardé ce baiser comme Mlle Georges garda celui de Napoléon. Cest un des grands souvenirs de sa vie. Après boire, notre hôte demanda à Mistral de chanter la " Coupo santo ". L'Empereur du félibrige ne se fit pas prier. Il entonna l'hymne immortel, puis nous levâmes nos verres à sa santé, et il se retira suivi de son premier ministre, le chancelier du félibrige, qui était en ce temps déjà lointain, l'infortuné Paul Mariéton. Il accomplit ces rites avec une majesté pontificale. Nous avions devant nous le Grand Prêtre de la religion Félibréenne, le Pape et l'Empereur.

VITRINE DES TAMBOURINS

Vous voyez que les félibres sont de fins psychologues. Ainsi que les apôtres de l'ancienne Eglise, ils savent exalter l'imagination, stimuler la ferveur des fidèles. Si jamais la foi s'affaiblissait, s'il était besoin d'un miracle pour la réchauffer, soyez sûrs que ce miracle s'opérerait par leurs soins, et que, dès le lendemain, tous les journaux de France et d'Europe en répandraient la nouvelle, car ces Messieurs entretiennent avec la presse les relations les plus cordiales.

Je crains seulement que leur ambition, croissant avec le succès, ne devienne démesurée. On leur prête déjà des projets énormes. Ils rêvent de restaurer, sous le pavillon du roi René, l'alliance latine. Ils souhaiteraient que l'Italie, la France et l'Espagne marchassent unies, la main dans la main, et communiassent dans l'amour des lettres et de l'humanité. Je crains que l'égoïsme pratique de certains princes du nord ne contrarie ces plans généreux.

Ils voudraient aussi restaurer les cours d'amour, ressusciter les trouvères. Ce dessein est plus modeste et il est inoffensif. Une première tentative fut faite dans ce sens il y a quelque trente ans. Mme de Brancovan avait réuni dans sa villa d'Amphion, sur les bords du lac de Genève, une compagnie d'aimables femmes, d'artistes et d'écrivains. Mistral se trouvait parmi les convives. Dans la soirée, ils montèrent sur des bateaux ornés de fleurs et garnis de musiciens. A la poupe de chaque embarcation trônait une déesse sur des coussins de brocart, entourée d'un essaim de troubadours qui lui récitaient leur derniers poèmes. La " galère capitane " superbement décorée, portait Mme de Brancovan et Mistral... Tout à coup Mistral chanta... et l'on entendit sur les eaux pures glisser l'écho des " Iles d'Or "; il chanta Magali, il chanta la chanson des épis et la chanson des vignes, et les vers de la cueillette, et les amours de Vincent... Les nymphes du lac écoutaient attentives. Les assistants furent saisis d'une pieuse émotion.

Mistral, monarque débonnaire, continue de régner sur le Midi. Oui, son pays l'adore. Comment n'y serait-il pas aimé ? Il aime tant son pays ! A chaque page des " Olivades ", cet amour éclate en accents naïfs et joyeux. Dans un des morceaux les plus charmants du recueil, il compare la Provence à une bergère descendue des montagnes et qui, par ses grâces naturelles, fait la conquête d'un prince. " Si tu savais utiliser tout ce qui te rend belle, s'écrie-t-il, le ruban de tes cheveux, la fleur de ton corsage, ton parler mélodieux, toi aussi, sans argent, sans armée, rien que par ta séduction sans apparat, tu serais reine. " Et ce sont des litanies, des hymnes, des strophes ailées pleines d'extase, des descriptions

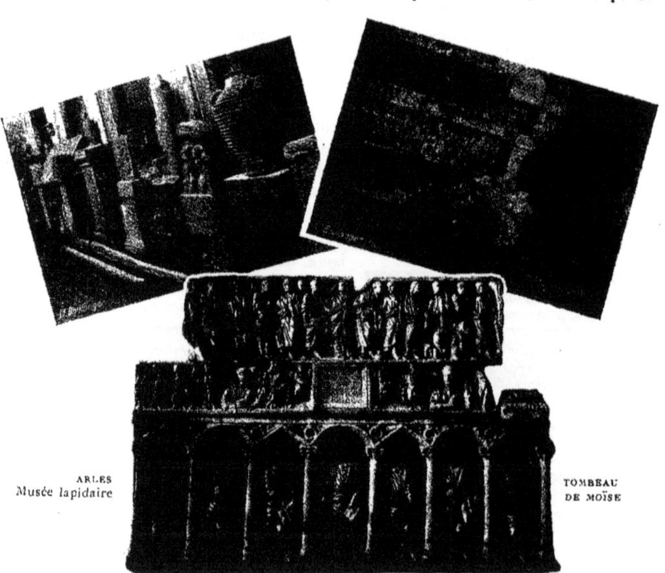

ARLES
Musée lapidaire

TOMBEAU
DE MOÏSE

CAVALCADE A L'OCCASION DE LA FÊTE ANNUELLE DES SAINTES-MARIES-DE-LA-MER

familières où vibre une tendre joie. Pas une pierre, pas un brin d'herbe, devant lesquels le patriarche ne s'arrête, étonné et ravi. Il les connaît depuis l'enfance. Et il croit les découvrir à nouveau. Il regarde farandoler les brunes Arlésiennes. Qu'elles sont jolies!

Tu peux lorgner les dames de Paris, dit-il au lecteur, — les Italiennes, — les Castillanes, — tu peux lorgner les dames de Paris — et la beauté qui fleurit n'importe où ; — mais des poulettes, — des perles fines, — telles qu'en montre le riche nid d'Arles, — pour la noblesse, — la gentillesse, — tu n'en verras aucunes si charmeuses!

De même qu'il n'y a pas au monde des filles plus avenantes, il n'existe nulle part un horizon plus clair, un air plus léger :

Tu peux cingler vers la Grèce, là-bas, — là où le Pinde — s'élève limpide ; — tu peux cingler vers la Grèce là-bas, — là où le ciel est toujours cristallin ; — mais ses côtières — si agréables — et ses rochers couleur d'azur et d'or, — dans tes Alpilles, — ruches d'abeilles, — tu les revois en un ciel aussi pur.

Ces vers respirent le bonheur, la quiétude, l'ivresse de vivre. Mistral ignore le noir souci, l'amertume, les maux qui trop souvent servent de cortège à la vieillesse. Ayant la jeunesse du cœur, il ne saurait vieillir. La mort ne lui suggère pas de funèbres pensées. Oh! certes, il ne l'appelle point. Mais il l'attend avec calme. Il lui a bâti une chapelle. Il s'est construit un tombeau, là-bas, au bout du village, parmi les siens... Ainsi s'achève la carrière harmonieuse d'un sage, dédaigneux des vaines ambitions, désireux de s'éteindre là où il naquit.

" Rien ne trouble sa fin. C'est le soir d'un beau jour ! "

ADOLPHE BRISSON.

ARLÉSIENNE

NOS ALPINS

Mon lieutenant, ça souffle terriblement. Faut-il faire sonner au courrier ?

— Certainement, j'y vais ; faites appeler.

Dans le poste éclairé par les lampes fumeuses, embrumé par le bois qu'on brûle sans arrêt dans les fourneaux qui rougissent, retentit une petite sonnerie pimpante, un cor de chasse joyeux, auquel répondent gaiement des aboiements de chiens. Puis c'est un grand branle-bas et, dans le couloir sombre, éclairé par une petite lampe qui le fait paraître encore plus grand, éclatent des lazzis et des rires.

Dans la salle commune, où trône un écusson majestueux, salle des fêtes, salle de bal, viennent se grouper une dizaine de grands gaillards, hâlés, hirsutes, barbus et embroussaillés, énormes sous l'épaisse couche de vêtements qui les engoncent, mystérieux sous le passe-montagne qui leur couvre presque les yeux, lourdauds avec leurs snow-boots épais, leurs molletières chaudes et leurs raquettes blanches qui leur donnent un peu, mais très peu, la démarche élégante du canard.

Un petit coup au large béret qu'on tire en avant, corne en l'air, quand même, un appel rapide et c'est la sortie de la tanière.

C'est la neige à perte de vue, dans laquelle on enfonce quelquefois jusqu'au genou, tout petits et tout noirs dans l'immensité blanche. La petite troupe, en file indienne, déboule dans le lointain.

MARCHE À LA CORDE DANS LA NEIGE

DESCENTE A PIC

C'est tout simplement un poste alpin ; un poste des neiges, qui s'en va chercher des nouvelles et de la pâture.

A l'horizon majestueux, s'élève le Mont Blanc grandiose ; tout près, se dresse le Pourri ; dans le bas, serpente le Saint-Bernard en longs lacets enroulés, et plus bas encore pointe le toit du couvent où il y a, paraît-il, d'autres hommes.

L'on fait la trace. D'abord, importants, les chiens, qui ont fini de gambader, et savent où il faut passer, puis, à tour de rôle, les chasseurs, avec, en tête, le chef du courrier portant en bandoulière la grande corne d'appel, et qui, une fois la tâche faite, ira se reposer à l'arrière pour trouver le chemin déjà battu.

LE BIVOUAC

Un dernier petit effort, et c'est le relais. On est les premiers. Hurrah ! on va les attendre.

Bientôt là-bas quelques petits points grimpent et grossissent. C'est le poste d'en dessous qui arrive chargé et guilleret.

Bonjour. — Bonsoir. — Les nouvelles ? Le lieutenant ? La neige ? Les potins ? Les commissions. Le tabac. Les lettres. Ah, les lettres ! Que c'est joli une lettre qui arrive là-bas, dans la neige. Que c'est tentant à ouvrir ! Que c'est attendu ! Que c'est lu et relu ! — Les journaux pour le lieutenant, pour le médecin.

Ça y est. En route ! — On redescend, on remonte, et l'on revient, et l'on a faim. Là-haut, le mitron a fait de délicieux petits pains, le cuisinier s'est distingué, et le quart de vin est si frais qu'il a un goût exquis.

EN BATTERIE

C'est joyeux, c'est sain. C'est la vie du pôle sans le pôle, c'est la vie des solitudes avec des nouvelles, ce sont des

BATAILLONS ALPINS — Ecole des tambours et clairons

poumons qui se dilatent et des muscles qui se durcissent.

Il m'est arrivé souvent le soir, en plein boulevard étincelant de lumières, de penser que là-bas, dans un petit nid, au-dessus d'un petit poteau qui représente cette chose si prodigieuse de sens qu'on appelle une frontière, il est une quarantaine de gas de France, perdus dans la neige, qui voient des étoiles énormes, une lune immense, qui dorment, qui dansent, qui chantent, et qui mystérieusement veillent.

EN EMBUSCADE

Car il y a bal, et tous les soirs. Un vieil accordéon poussif, un vieux violon râcleux, et la bourrée s'élance, les talons rythment les petits pas, les chants fusent et, dans ce coin perdu des Alpes, passent en un tourbillon les veillées enfumées de la Haute-Savoie, les chants mélancoliques d'Auvergne, la douce mélodie de Provence, la chansonnette gavroche de Montmartre, comme si toutes les vieilles provinces de France venaient tenir compagnie à leurs petits qui sont là-haut.

C'est bruyant et c'est très doux : et ceux qui tournent seuls, éperdument, tournent avec le rêve de leurs amours et de leurs espoirs.

Puis c'est la grande fête, le cochon qu'on tue, les boudins qu'on prépare, c'est la lanterne magique, le vin chaud, la course en traîneaux.

ESCALADE

Parfois, le contrebandier passe, apportant un peu de nouveau, le bon Asti très spumante, le long cigare à bout de paille.

Et puis, c'est la marche écrasante, par un froid noir, où l'on se regarde le nez pour se le frotter, où l'on a peur de geler, où l'on ne chante plus, et où on se méfie

EN AVANT !

de la fée mystérieuse des neiges, qui vient de son sourire enchanteur vous inviter à se coucher dans sa chemise si blanche. Alors, c'est le sourire bête de l'hypnotisé, le rire sinistre, la goutte de rhum, la bourrade, la friction, la marche plus rapide. Et puis, c'est encore le coup de vent givré, farouche, comme si la mer venait défier la montagne. Les chiens se couchent, les hommes s'aplatissent sur leurs longs bâtons, les bras en croix, les avalanches déboulinent dans un bruit terrible de chemins de fer, comme si, très en retard, elles prenaient plusieurs rapides. Alors on part tôt, on rentre tôt : la neige tient mieux; on craint la croûte qui se détache, le grand tapis qui se soulève. On sait qu'il y en a eu d'enlevés... l'an dernier. On fait des petites croix de bois, pour que le diable passe...

Enfin c'est le grand soleil où l'on étouffe sur la neige.

Les jours passent, les mois passent... les pipes sont culottées... le toit se dégage, la lampe s'éteint, la fenêtre s'ouvre. Les premiers mulets arrivent... C'est la vie d'en bas qui monte, c'est le printemps qui pousse ses bourgeons jusque là-haut.

Le détachement de relève arrive avec les nouvelles des villes, car on dit qu'il y en a.

Et puis, c'est la revue ultime, la campagne finie. C'est l'adieu au chien, qui avait son lit comme un homme, la dernière visite à la cuisine où l'on a fricoté, la dernière nuit dans la chambrée qui fut si enfumée et si chaude, la dernière bourrée, le dernier couplet, le dernier coup d'œil au grand Blanc, le dernier petit sourire à la frontière qu'on a quand même rudement gardée, et c'est, très mélancolique, la descente, avec une touffe d'edelweiss, en laissant derrière soi beaucoup de vie saine, jeune et joyeuse.

Et il en est plus d'un qui, dans le cours plus ou moins rude de la vie, remonterait volontiers le chemin qu'il a descendu, irait encore repasser à moitié courbé les cols où le vent souffle si fort lorsqu'il est en colère, recommencerait à hâler jusque là-haut, les jambes enfoncées dans la neige, le tonneau qui roule et l'arbre qui dégringole, pour respirer à pleins poumons l'air vif des hautes cimes glacées, et pour rêver encore, le soir, par un de ces clairs de lune comme on n'en voit que là, au-dessus du petit poteau où il y a écrit " France ".

Dr MURET.

LES APPROVISIONNEMENTS

L'AMBULANCE

SKIEURS EN MANŒUVRE

A LA JEAN-BART

PLONGÉS dans le calme du soir, dont nous jouissions paresseusement, assis dans de confortables rockings, sur la terrasse de la villa de Jacques Charvin, la voix de notre hôte nous arracha, après un long silence, à la contemplation d'un admirable coucher de soleil sur la Méditerranée :

" Vous rêvez, dit-il, à je ne sais quoi, en regardant ces flots empourprés de soleil mourant et vous ne savez pas que, dans ce cadre splendide de verdure et de fleurs, au fond de cette baie si calme, repose un brick fameux avec son équipage ?... "

Comme il se taisait, un midship, venu de Toulon nous serrer la main avant d'embarquer pour les mers lointaines et que nous avions surnommé Smike, je n'ai jamais su pourquoi, l'interpella gaiement :

" Charvin, racontez l'histoire, voulez-vous ? Je les adore, et vous... vous en mourez d'envie ! "

Sans se faire prier, Charvin commença :

" Peut-être avez-vous entendu dire qu'en 1798, après Aboukir, un brick de vingt canons, le *Vautour*, commandé par un officier du nom de Parrel, ayant échappé par miracle à la flotte de Nelson, tomba, en regagnant nos côtes, sur un vaisseau anglais : la bataille fut rude, et, criblé de boulets, le *Vautour* vint couler en vue de la terre.

Les détails du combat sont moins connus ; pourtant ils dépassent en grandeur héroïque bien des faits d'armes souvent vantés.

Parrel, à force d'audace et d'adresse, était parvenu sans encombre presqu'au terme de son voyage. Assez endommagé aux côtés de Brueys, dans les eaux d'Egypte, son navire, malgré tout, se tenait bien encore et il pouvait se croire hors d'affaire une fois de plus. Des voiles suspectes, cependant, lui firent éviter Toulon. Il louvoyait dans ces parages, attendant un moment propice pour forcer le passage, quand il fut aperçu par un grand trois-ponts anglais de cent dix ou cent vingt canons, qui, croyant en faire une bouchée, chargea toute sa toile et marcha sur lui.

Fin voilier, le *Vautour* aurait pu éviter la bataille, mais la fuite répugnait à Parrel. L'anglais s'avançait : déjà l'on distinguait le va-et-vient précipité du branle-bas de combat. C'était une vieille connaissance, *Conqueror*, capitaine Burke, un rude marin tenant la mer depuis qu'il était en âge de fumer la pipe.

Très calme, Parrel fit armer ses pièces et le salut du *Vautour* pour son adversaire fut une volée de fer au milieu du tonnerre de dix pièces, crachant ensemble le feu, la fumée et la mort. La réponse de l'Anglais ne se fit pas attendre : une nappe de flammes jaillit de ses sabords et une trombe de boulets passa sur le *Vautour*. Des bois craquèrent, des cordages rompus battirent l'air où s'épaissit un brouillard intense fleurant la poudre. Une vergue s'abattit, tuant des hommes. Il y eut des cris, des jurons, puis le brick lâcha sa seconde bordée... Le duel était engagé.

Bientôt les lueurs seules des coups de canons déchirant la fumée guidèrent les combattants. Parrel, impassible, était partout, insouciant du danger. Des matelots tombaient autour de lui ; les autres continuaient à charger et à tirer.

C'étaient, certes, de braves gens, mais la partie n'était pas égale et, sous l'ouragan de mitraille, les canons du *Vautour*, un à un, se turent. Un coup, pourtant, partait encore d'un sabord ou d'un autre, chaque fois qu'un souffle de vent, balayant la fumée, permettait d'y voir un peu. Toujours, il portait juste, tantôt démontant une pièce, tantôt crevant la coque anglaise ou fauchant des hommes.

Il fallait en finir : Burke fit cesser le feu et commanda l'abordage. Bientôt les deux navires se touchèrent. Le *Vautour* ne tirait plus ; les grappins s'abattirent sur lui comme les griffes d'une bête de proie, et les " blue jackets ", hurlant comme ils savent le faire, se ruèrent la pique ou la hache au poing. Burke était le premier, comme toujours. Dès qu'il eut posé le pied sur le brick, lui qui avait vu plus de vingt combats, s'arrêta muet de stupeur et d'admiration. Derrière lui, ses hommes, béants, se pressèrent, les yeux agrandis.

Le pont était jonché de débris de toutes sortes, éclats de bois, cordages entremêlés. Partout, des cadavres et du sang. Appuyés contre les pièces ou les bastingages, des blessés râlaient, achevant de mourir. Parrel, qui, pointant lui-même, avait tiré les derniers coups avec deux matelots, attendait, immobile, au pied du grand mât demeuré debout par miracle.

Un officier de la marine anglaise s'y connaît en courage ; Burke s'avança et dit :

" — Monsieur, toute résistance serait folie. Votre navire ne tient plus et peut
" couler d'un moment à l'autre. Vous avez fait plus que votre devoir, gardez votre épée
" et passez à mon bord, vous ne serez pas mon prisonnier, mais mon hôte. Dès qu'il
" me sera possible, je vous débarquerai sur la côte française. "

" — Si le *Vautour* doit couler, répondit Parrel, il coulera avec son pavillon et " son capitaine, mais je demeurerai ici où est ma place ! "

" — Et votre équipage, Monsieur ? Vous avez quelques hommes, sans doute, à " l'entrepont et des blessés ? "

" — De mon équipage, il reste deux hommes, voici le premier — et Parrel " montrait à ses côtés un matelot farouche, un gros pistolet à la main — le second est " descendu à la sainte-barbe avec une mèche allumée. Si seulement je lève le bras, " celui-ci tire dans l'écoutille ; c'est le signal ; l'autre mettra le feu aux poudres... Donc, " croyez-moi, ne m'obligez pas, en restant ici, à nous faire sauter tous ensemble ! "

Burke salua.

" Capitaine, dit-il, vous êtes un brave. La marine française peut être fière de " vous. Je vous en conjure, renoncez à votre dessein et suivez-moi. Votre abandon sur " ce brick qui, déjà, voyez, donne de la bande, me serait un remords éternel. "

Le pont, en effet, commençait à pencher légèrement sur babord. Parrel l'avait bien remarqué, mais il secoua la tête et dit : "Non ! "

Il n'y avait pas à choisir, ce terrible homme eût fait comme il le disait. Les Anglais se retirèrent, larguèrent leurs grappins et prirent du champ.

Alors ils virent cette chose tragiquement sublime : Parrel et son " équipage " ayant étayé, Dieu sait comme, un reste de voilure, cette carcasse éventrée, jouet des lames et sans espoir, se remit en marche, son pavillon en loques flottant au vent.

Mais sur cet épave glorieuse le cœur de la France palpitait à côté du cœur de Parrel...

De loin, l'Anglais suivait, comme on suit un convoi funèbre, et ce vieux requin de Burke, qui eût canonné le diable lui-même s'il l'eût rencontré battant pavillon français, ému par tant de vaillance, avait fait parer une chaloupe pour recueillir, si possible, ces enragés.

Ce fut en vain. Le brick n'alla pas loin : au bout d'une heure, à peine, doucement, sans secousses, il descendit dans la mer...

Et le vaisseau de Sa Majesté *Conqueror* salua cette tombe où Parrel était entré, vainqueur malgré tout, debout sur sa passerelle et ses couleurs hissées fièrement au plus haut de leur drisse...

Tel est, Messieurs, le récit conservé à l'Amirauté britannique et presqu'ignoré chez nous... "

Charvin se tut. La nuit, maintenant, était venue ; nous regardions, pensifs, les flots noirs qui recouvraient l'éternelle demeure de ces héros...

Et Smike dit seulement : " C'est beau ! "

DENYS DARNAY.

Une Lettre inédite de Mme de Sévigné à sa Fille, Mme de Grignan

Décembre 168...

..... Je pense à vous, ma fille, et je m'ennuie de vous savoir si loin. Vous me marquez qu'à Grignan ce mois de décembre est tout ensoleillé. Ici, en plein Paris, il pleut à fendre l'âme. Je m'ennuie, et tous les bavardages du bien bon et de notre cousin de Bussy-Rabutin ne parviennent pas à chasser mes vilains papillons.

Cependant je vais vous faire bien rire d'une folie que nous rêvâmes tous les trois. Nous avions soupé au coin de mon feu, comme font nos fermiers des Rochers quand la bise souffle sous les portes. Le bien bon, parlant de votre dernière lettre, s'avisa que rien au demeurant n'était si doux que le soleil de Provence dont tous vos hivers sont réchauffés. Je m'écriai que si quelque enchanteur me pouvait transporter incontinent à l'autre bout de la France où vous êtes, je lui donnerais mille bénédictions. Alors, notre cousin prétendit que la chose serait possible prochainement, et que le génie des hommes, fort en progrès depuis le Discours sur la Méthode de M. Descartes, amènerait ce rêve à réalisation.

— Mais, dit le bien bon, nous serions étouffés par un voyage si rapide. — Je conçois, répondit Bussy-Rabutin, que nous ne pourrions aller de Paris à Grignan le temps d'ouvrir et de fermer les yeux, mais supposez qu'il nous suffise de huit ou neuf heures, au lieu des dix journées de poste auxquelles nous sommes condamnés, et voici une mère qui serait fort satisfaite. — Mais, monsieur mon cousin, quel cheval accomplirait cette prouesse ? — Je suppose un cheval construit par les hommes, tout en fer, et qu'un feu de forge pousserait. — Voilà, dit le bien bon, qui touche à la sorcellerie.

Nous dissertâmes sérieusement sur l'idée de Bussy-Rabutin, et le

bon abbé fut d'avis que pour aller si vite, il faudrait que notre diligence suivît une route spéciale et spécialement aménagée, où ne passeraient point de bestiaux ni de gens de la campagne, car il est incontestable qu'au contact de notre pot de fer, ils se briseraient tous comme pot de terre. Le bien bon voulait que cette diligence fût bien close, et qu'on n'y fût point trop secoué, ce qui, à une vitesse de vingt-cinq lieues à l'heure, est beaucoup exiger.

Voici donc notre carrosse établi, notre chemin construit, et notre cheval tout prêt à faire usage de ses bottes de sept lieues. Nous nous enfermons tous les trois, sous la conduite d'un forgeron qui dirigera notre course à l'abîme. Nous partons au matin. Paris, la grand'ville, disparaît en un clin d'œil, et déjà nous franchissons les forêts. Un instant, les tours de Fontainebleau remplissent notre horizon. Ce sont maintenant les rivières et les coteaux de Bourgogne, Sens, où l'on voit une église, Dijon où il en est près de cent, Mâcon où l'on fait de si bon vin. — Mon Dieu, dit l'abbé en riant, de grâce, arrêtons-nous un peu à Lyon pour nous dégourdir les jambes. Nous y regarderons la Saône se marier au Rhône.

— J'y consens, fit Bussy-Rabutin, mais faites vite, car Madame que voici est en grand'hâte d'embrasser sa fille. Déjà le soir descend sur les collines. En route. Suivons le Rhône impétueux. Cette ville majestueuse et d'allure romaine, n'est-ce point Valence ? — Laissez-nous souffler, pria l'abbé, car il n'est pas raisonnable d'entrer en Provence avant qu'il ne soit au moins six heures après midi. — Enfin, nous touchons à cette terre bénie que M. de Grignan gouverne de si heureuse manière. Ce sont bien les oliviers et les cyprès en alignements dont vous me faites une description qui rappelle par sa précision et son goût quelque paysage de Virgilius Maro.

Ainsi, ayant quitté au matin notre ciel de brouillard et d'ennui, nous arrivons avec la fin du jour dans votre paradis provençal, et surtout, ce qui me remplit le cœur, je vous serre dans mes bras, et j'admire sur vos joues ces roses de la santé, dont vous me marquez que vos dames de province sont jalouses avec tant de raison.

N'allez-vous pas dire que votre pauvre mère est un peu bien rapide dans ses imaginations? N'en déplaise à la folle du logis, Grignan est, et sera toujours, à dix jours de relais de Paris où le sort me confine. Le bien bon, d'ailleurs, se moquant de nos bavardages, a déclaré qu'il valait mieux que ce fût ainsi, et qu'il ne sortirait rien de bon pour la religion d'une si grande précipitation des hommes à s'en aller les uns vers les autres. Quant à Bussy-Rabutin, il a fait un grand éclat de rire, et puis s'en est allé à la comédie, où l'on joue une nouvelle tragédie de M. Pradon, qu'on dit bien mieux que la dernière de M. Racine.

Je vous embrasse. N'allez pas raconter à M. de Grignan mon rêve d'aller en un jour des pays de froidure aux pays du soleil, il se moquerait de mes billevesées. Et pourtant, ne peut-on espérer que le génie humain ne rapproche les distances, comme il a rapproché les intelligences par l'art de la lecture? Ce sera sans doute une mère comme moi qui, par amour pour sa fille, trouvera dans son cœur la façon de mener à bien ce nouveau progrès.....

MARIE DE RABUTIN-CHANTAL,
MARQUISE DE SÉVIGNÉ.

Pour copie conforme :
ANTOINE YVAN.

BARCE-LONNETTE

Cl. Giletta

LA MONTAGNE INCONNUE

LA Haute-Provence se dessine peu à peu, lorsque l'on remonte, vers le nord, la ligne qui, de Marseille, par Aix, Mirabeau, Sisteron, gagne l'austère et grandiose Dauphiné. Au fond de son énorme lit de cailloux blancs, coule, froide et vive, la Durance. D'autres vallées, remontant vers des sommets de plus en plus élevés, de plus en plus altiers, s'ouvrent au passage des rivières torrentueuses. Et c'est le Verdon, c'est la Bléonne, c'est, du côté de Barcelonnette, l'Ubaye. En ces solitudes accablées, le chant des eaux qui s'écroulent sans fin, captive le silence. Très haut, semble-t-il, le ciel, placidement pur et bleu, le beau ciel de Provence, oppose sa teinte franche aux tons d'ocre et parfois d'ardoise du sol rocailleux. Mais, le plus souvent, le blanc domine : un blanc d'éclatante poussière, un blanc d'Orient, qui s'assortit à miracle à ces petites villes, juchées sur les pentes, et qui, d'un peu loin, sont difficilement discernables de la montagne même, tellement le soleil en a patiné les toits aux tuiles pâles, en a cuit, pour ainsi dire, les murs aux nuances de pain, comme il a cuit, également, toute la pierraille des terres nues d'alentour.

***

Ces petites villes fortifiées de la Haute-Provence ont extrêmement de caractère. L'on peut croire que les Maures les ont quittées, la veille.
Il y a généralement une place centrale, à mi-côte, sur laquelle

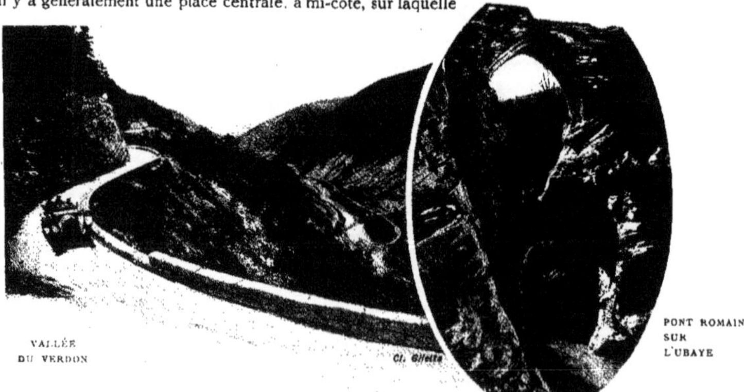

VALLÉE DU VERDON

Cl. Giletta

PONT ROMAIN SUR L'UBAYE

Cl. V. Fournier, éd.

l'église et l'hôtel de ville s'érigent, derrière quelques platanes ; puis, des rues tortueuses, étroites, rapides, qui escaladent le roc et montent, parmi des tours en ruines, vers une sorte d'acropole ou de citadelle.

Sisteron est bâti sur ce type. C'est une des plus curieuses villes des Alpes. A sa base, gronde la Durance. La pente est si forte que le rez-de-chaussée de la rue devient un étage supérieur dans la façade donnant sur la vallée. En sorte que l'on peut voir, du lit du torrent, cette étrange chose : des mulets qui vous regardent à la fenêtre d'un troisième étage !

SISTERON
La Guérite du Diable et la Gardette

GUILLAUMES

Outre les rues principales, qui sont déjà peu larges, il y a encore, à pente vertigineuse, des couloirs, perpétuellement sombres en plein été, pavés de marbres glissants et inégaux. Vienne un orage ; les eaux de pluie se précipitent du sommet entre les murs des maisons. Il n'y a plus rue ni ruelle, mais des torrents entre leurs bords escarpés. Ils grossissent en un clin d'œil, parfois cascadent sur des marches d'escalier. Et l'illusion est plus complète encore, d'étroites vallées, parce que peu de fenêtres s'ouvrent dans les murailles, que les toitures se rejoignent bord à bord, et que, souvent, une voûte à courbe romane enjambe robustement la ruelle.

* * *

SISTERON
Les Arceaux

En plein été, sous un implacable soleil, ces petites cités montagnardes prennent leur véritable sens. Si elles sont ainsi serrées autour du modeste forum, c'est comme les moutons — les transhumants venus de la plaine vers les herbes des hauts plateaux — pour mieux résister au mistral.

Et c'est, aussi, pour créer l'ombre, et, dans l'intérieur des demeures au sol carrelé, entretenir une fraîcheur comparable à celle d'un alcarazas. Energiques, presque brutales même, sont les oppositions d'ombre épaisse, absolue, avec la lumière de Juillet. Si, de la place inondée de clarté, vous franchissez, les yeux éblouis, le porche ancien de l'église, une nuit soudaine vous aveugle. Les fenêtres, en effet, ne sont que de rares meurtrières. Les murs ont une épaisseur de château fort. Le regard met quelques instants avant de pouvoir contempler les objets ; un souffle glacé vous serre aux épaules.

Dans les rues étroites, au plus fort de l'été, il y a toujours de l'ombre. L'ombre est le bienfait immense des pays du soleil. Et les femmes, causant entre elles devant leurs portes, sur des chaises rustiques en équilibre instable le long de la pente, s'occupent

UNE RUE DE SISTERON

à de menus travaux, sans hâler, outre mesure, la peau nue de leurs bras de cariatides.

***

A l'heure moins lourde du crépuscule, j'escalade un sommet voisin ou, si l'on veut, l'acropole même de la fière petite cité. Voilà des arbres au feuillage noirâtre, aux branches tordues et rabougries, qui peuplent les vergers. Au lieu de se détacher en clair comme les verdures du nord sur le sol brun, ils tachent, au contraire, de sombre, le sol pâle aux reflets d'or vif. Richesse de la Provence, je vous salue, oliviers, témoins nombreux de la douceur du climat. A moins, aussi que vous n'attestiez la violence du vent par vos formes tourmentées et décoratives !

TOUET-DE-BEUIL

Au sommet, une petite chapelle, très morne, avec un campanile où luit une cloche. On ramasse un caillou parmi beaucoup d'autres et on le lance sur la cloche qui rend un son de fer. C'est pour se convaincre que l'on n'est pas tout à fait seul.

ALLOS
Vallée du Verdon

Quelques pas encore, et l'on se trouve en société. On vit avec les géants. Autour de la vallée, qui se creuse en gouffre, les grands monts que dissimulaient des contreforts, apparaissent dans leur gloire. Ils sont là, silencieux, groupés pour la nuit qui s'avance, et pour toutes les nuits, du reste, et pour toutes les aubes et tous les jours.

***

A l'ouest, ces montagnes en chaîne, qui silhouettent des formes pures, sont de la même famille que le Ventoux et les poétiques sommets d'Avignon. Ils arrondissent leurs formes avec une grâce qui confine à la volupté. Le violet chaud du soir les pénètre, et l'on est certain qu'ils embaument l'essence de lavande, brins d'argent que les villageois distillent, sous le ciel, au long des lacets des routes.

Le Midi, harmonieux, accompagne en gamme descendante les rivières qu'appellent le Rhône et la mer. A l'orient, les sommets sont plus hostiles, plus hérissés, plus chargés d'inconnu et de redoutables énigmes. On imagine le vieux berger de l'Arlésienne, assis sur le flanc encore chaud de l'un d'eux. Il épèle les étoiles au livre de la nuit qui s'ouvre. Et derrière ces monts, il y a d'autres monts, et des routes qui tournent sans cesse, et qui les assiègent. Je crois cependant qu'elles finissent, après un patient et tenace labeur, par découvrir un col, un col aéré qui tombe sur l'Italie. Annibal est passé là, qui sait? avec ses guerriers à la peau brune, ses chariots en file, ses esclaves et ses éléphants.

Dans la torpeur d'une longue montée en "car alpin", vous voyez, parfois, tournoyer

PICS ET GLACIERS DAUPHINOIS

au ciel un point imperceptible. L'oiseau rapace resserre ses cercles et fond sur une proie que nous n'apercevons pas. Puis, il se perche, très gros, cette fois, sur un rameau chétif, et alors, nous discernons ses formes, aussi nobles que celles du lion. Le cocher dit : Un aigle !... Il a les ailes repliées, plus hautes que la tête, ainsi que sur les monnaies d'autrefois... Je songe au petit Corse qui franchit, un jour, ces immenses montagnes.

***

Mais il y a encore un côté plus captivant du panorama : Le côté de la neige et du nord, le pays du froid, le règne souverain des plus hautes cimes de l'air. Il est distant de combien de lieues ? L'on ne s'en rend pas compte, car l'atmosphère de la Haute-Provence doublement claire, et parce qu'elle est méridionale, et parce qu'elle a la pureté des montagnes, rapproche les objets, comme par l'effet d'un mirage.

Là-bas, l'olivier ne pousse plus. Les villages misérables sont agrippés à la pente des pics au profil terrible. Et l'on conçoit une solitude plus absolue encore, d'une plus religieuse horreur que celle qui, tout à l'heure, nous poignait.

C'est le Dauphiné, le pays des plus hautes montagnes françaises, un chaos de sommets suspendus au-dessus des abîmes. On comprend qu'un Berlioz y ait vu le jour. Je n'illustre pas autrement la Symphonie fantastique ou la chevauchée finale de la Damnation de Faust.

Ici, les torrents prennent naissance au pied de moraines gigantesques. Leurs eaux mousseuses ont une couleur d'un vert profond. Ou bien, ils sourdent, en grand mystère, de lacs d'indigo, aux moires changeantes, inquiètes, sensibles, comme des femmes, au vent des sommets — le vent qui "déshabille". Les torrents fous, délivrés, font des bonds gigantesques, se fracassent aux roches éboulées, parmi les mélèzes... à mi-côte, déjà.

Mais cela, nous ne le voyons pas, nous le devinons, de notre citadelle provençale. Elle semble un dernier rempart du monde latin contre le romantisme échevelé des Alpes plus hautes.

Le Dauphiné, vu de la claire Provence, c'est le mystère dressé du nord ; c'est la montagne inconnue, l'au-delà, le décevant, le décourageant inaccessible. Un ange de neige est agenouillé sous un ciel plus dur, parmi des orages, des nuées et des éclairs de Sinaï. Il nous voit sans doute, puisque nous l'apercevons, mais il voit encore d'autres choses que nous pouvons à peine pressentir.

***

.... Le train siffle dans la vallée. Il nous rappelle au réel, comme un berger son chien qui s'égare... Descente sur la ville... L'important est de ne pas buter contre les cailloux et les oliviers.

René d'Avril.

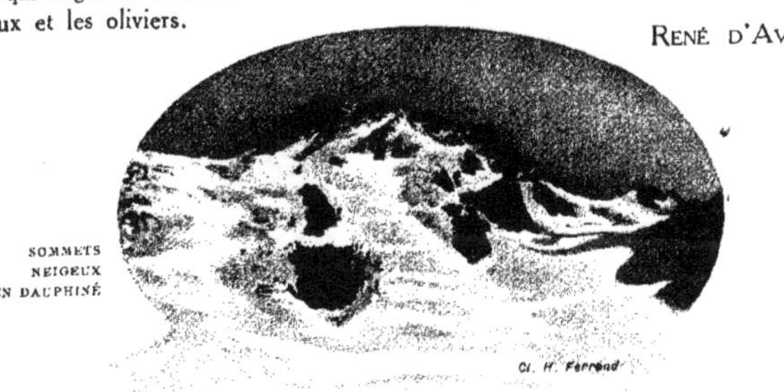

SOMMETS NEIGEUX EN DAUPHINÉ

Cl. H. Ferrand

Coup d'œil sur les Églises

LE réseau P. L. M. est non seulement un des plus vastes et des plus beaux, il est aussi l'un des plus variés. La Provence ensoleillée et les Alpes neigeuses sont dans son domaine ; dans son domaine également, les montagnes verdoyantes d'Auvergne et les rochers arides du Jura, les gorges sauvages de l'Ardèche et les causses mystérieuses du Tarn.

Et pourtant ce ne sont point là ses seules richesses ; tout son parcours est émaillé de monuments curieux, châteaux, donjons, manoirs, mais surtout, ceux-ci sont les plus répandus : églises, cloîtres, abbayes de tous styles et de toutes époques, vieux édifices souvent curieux à voir, toujours intéressants à visiter, car ils détiennent bien des souvenirs d'antan et gardent, dans leurs antiques murailles, maintes pages de notre histoire.

***

Au sortir de Paris, voici CORBEIL ; son église, construite au Xe siècle par Hamon, premier comte de Corbeil, est vouée à saint Exupère que les habitants ont eu la fantaisie de baptiser *Saint-Spire*.

Là-bas, sur la rive droite de la Seine, surgit la flèche fine et élégante d'une des églises de MELUN, *Saint-Aspais*, au portail et au chevet curieusement sculptés ; plus loin, c'est *Notre-Dame*, datant du XIe siècle, autrefois propriété d'un couvent de religieuses.

Sur un coteau de la rive gauche, à DAMMARIE, subsistent les ruines fort belles de l'antique *Abbaye du Lys* que fonda Blanche de Castille.

De son ancien château, fréquenté par des rois, depuis Louis VII jusqu'à François Ier, il ne reste à MORET qu'un vieux donjon et une imposante église consacrée au XIIe siècle par saint Thomas Becket ; de même NEMOURS, l'ancienne capitale du Gâtinais, n'a gardé, à part son château, qu'une église mi-partie gothique, mi-partie Renaissance, mais fort belle malgré ses caractères différents.

A LARCHANT est une église du XIIe siècle surmontée d'une haute tour des XIIIe et XVe siècles. CHATEAU-LANDON a, outre sa paroissiale *Notre-Dame*, une église et une maison abbatiale, *Saint-Séverin*, une tour romane et les ruines de *Saint-Thugal* et de *Saint-André*.

MELUN
Église St-Aspais

***

SENS, vieille ville qui fut la capitale du Sénonais, détient une des plus belles cathédrales de France : *Saint-Etienne*, qui dispute à Saint-Denis l'honneur d'être le premier des monuments gothiques français.

La cathédrale garde dans son capitulaire les actes de mariage de saint Louis et de Marguerite de Provence (1234) et l'acte de dépôt de la vraie couronne d'épines par saint Louis et son frère Robert d'Artois.

L'église fut longue à ériger, l'art gothique était à sa naissance. Les "tailleurs d'imaiges" cherchaient encore leurs éléments de décoration sculpturale, aussi certains chapiteaux ont-ils la flore pour motif tandis que d'autres ne laissent que par exception apparaître l'imitation d'objets naturels. Les trois portails de la façade, ornés de sculptures représentant les Vierges folles et les Vierges sages, sont de toute beauté. Dans leurs niches trilobées, des apôtres dressent tristement leurs corps décapités à la Révolution. Le portail latéral nord est un des chefs-d'œuvre de l'art français de l'époque. Dans l'intérieur de la cathédrale sont des vitraux superbes, un retable, chef-d'œuvre sculpté, le tombeau du dauphin — père de Louis XIV — et de son épouse, dû au ciseau de Coustou, etc... Le "trésor" de Saint-Etienne est un des plus riches de France.

VILLENEUVE-SUR-YONNE est dominé par une haute tour carrée aux curieuses gargouilles, clocher d'une église où se mêlent les styles du XIIIe siècle, de la Renaissance, du XVe et du XVIe siècle.

Sur les pentes escarpées de la Côte Saint-Jacques, se pelotonne JOIGNY dont l'*Eglise Saint-Jean* fut la chapelle du château que Renard le Vieux y construisit au Xe siècle ; moitié Renaissance et moitié gothique ogival, elle a de remarquable sa voûte en berceau ornée de figures, œuvre d'une hardiesse inouïe. Joigny possède deux autres églises : *Saint-André* et sa jolie porte Renaissance, *Saint-Thibaut* et sa statue équestre du patron de l'édifice.

A AUXERRE, le style gothique champenois s'accuse dans la cathédrale dédiée à saint Etienne; les sculptures du portail rappellent l'antique, celles de la façade sont mutilées, mais celles des voussures, taillées dans la pierre de Tonnerre brunie par le temps, restent fines et élégantes. *Saint-Germain*, autre église de la ville, fut érigée, dit-on, par sainte Clotilde pour y enfermer les reliques de saint Germain. La crypte, vraie église souterraine du IXe siècle, fut bâtie par Conrad, oncle de Charles le Chauve; elle abrite les tombeaux de tous les évêques d'Auxerre depuis saint Germain.

L'*Eglise abbatiale de la Madeleine* (1096) à VÉZELAY, curieuse ville fondée au IXe siècle autour d'un monastère de Bénédictins, au sommet d'une colline dominant la *Cure*, est le plus grand monument roman de la France : longueur totale 120 mètres;

RUINES DE L'ABBAYE DU LYS
Environs de Melun

AUXERRE — La Cathédrale

SENS
La Cathédrale

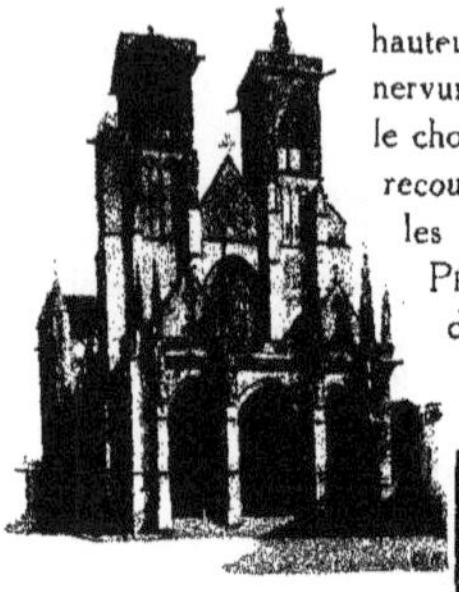

hauteur, sous la voûte, 22 mètres. Son porche, ses voûtes à nervures ogivales, la salle capitulaire sont remarquables; sous le chœur se cache une crypte du Xe siècle dont les murs sont recouverts de peintures. C'est à Vézelay que furent prêchées les seconde et troisième croisades. Aux environs, SAINT-PÈRE-SOUS-VÉZELAY garde une église du XIIIe siècle, dominée par une tour à trois étages à statuettes et colonnes du plus gracieux effet.

SEMUR
Église
Notre-Dame

AVALLON détient une ancienne collégiale dont les portails sont de pur style roman. Au milieu des donjons féodaux de SEMUR, surgit *Notre-Dame*. A l'une des portes latérales, la porte " des Bleds ", se trouve la fine et délicieuse légende dorée de saint Thomas.

DIJON comporte plusieurs églises : d'abord la *Cathédrale Saint-Bénigne*, un des plus beaux types du pur style ogival bourguignon. Successivement, voici *Saint-Jean*, où fut baptisé Bossuet; *Notre-Dame*, consacrée en 1334, remarquable par sa façade à deux étages d'arcatures formant galerie hérissée de trois étages de gargouilles, disposition unique dans les monuments gothiques. A droite de la façade, une tourelle porte le célèbre " Jacquemart " pris à Courtrai par Philippe le Hardi qui en fit don au chapitre. Très différente, mais très curieuse, est l'église *Saint-Michel*, de l'époque Renaissance, et dont la décoration sculpturale marie, de façon originale, la mythologie païenne à l'iconographie chrétienne : Minerve, Apollon, Vénus s'y coudoient avec Salomon, Judith, etc.

VÉZELAY
Basilique de la Madeleine

DIJON
Église
Saint-Michel

A BESANÇON, la cathédrale, plusieurs fois détruite, fut enfin réédifiée en 1148. L'*Abside du Saint-Suaire* mérite d'être vue ainsi que la célèbre *Rose de Saint-Jean*, ancien marbre sacré datant de l'époque de Constantin, et la chaire où prêcha saint François de Sales.

Notre-Dame, à BEAUNE, est une ancienne collégiale copiée sur la cathédrale d'Autun; plus complète que le modèle, elle est construite en matériaux indestructibles. Sans heurt, le style bourguignon du XIIe siècle s'y mêle à celui du XIIIe siècle.

Saint-Philibert, à TOURNUS, est l'une des plus vieilles églises romanes de Bourgogne. Le *Cloître Saint-Aubain*, aujourd'hui chapelle, donne accès à la salle des Aumônes où gisent deux très intéressants sarcophages en grès.

AUTUN, qu'on surnomme la " Rome celtique ", est à visiter plus pour ses anciens vestiges romains que pour ses églises, dont l'une pourtant, la *Cathédrale Saint-Lazare*, qui détient le célèbre tableau d'Ingres : " Le Martyre de Saint Symphorien ", est un assez curieux monument du XIIe siècle.

Il est, en Bourgogne, un pèlerinage célèbre : celui de PARAY-LE-MONIAL qui dut son importance à un couvent fondé au Xe siècle. La *Basilique Saint-Pierre* est un beau monument du XIIe siècle dominé par trois tours qui pointent au-dessus des arbres de l'*Enclos des Chapelains*, vaste parc où ont lieu les réunions de pèlerins. Aux environs : LA BÉNISSONS-DIEU (*église remarquable* des XIe, XIIe et XVe siècles, reste d'une puissante abbaye cistercienne fondée en 1138). — CHARLIEU, la " cité monumentale du Forez ", célèbre par son *Abbaye bénédictine* (datant de 872), son cloître du XVe siècle, sa salle capitulaire, son ancien prieuré, son donjon, etc... Paray-le-Monial dépendait jadis d'une abbaye voisine, fameuse entre toutes : CLUNY, dont l'église était, après Saint-Pierre de Rome, la plus vaste de toute la chrétienté. Il ne reste de l'abbaye que quelques bâtiments transformés en Ecole des Arts et Métiers.

Dans un des faubourgs de la ville de Bourg brille un délicieux joyau : l'*Eglise de Brou*, la merveille bourguignonne. BROU fut d'abord un village obscur, mais devint célèbre quand, au XVIe siècle, s'éleva sur son terrain l'œuvre splendide due au vœu de Marguerite de Bourbon, réalisé par Marguerite d'Autriche.

Toutes les ressources de l'ornementation sont ici épuisées : plates-bandes, cintres, ogives, anses de panier, roses. La flore y est interprétée avec une incomparable finesse, une variété inouïe. Les figures y sont admirables. Les volants en dentelle, les entre-deux de guipure tissés dans la pierre s'agencent et s'entremêlent sans que rien ne choque et l'on reste des heures à admirer, à fouiller les détails, à considérer l'ensemble, et " saisi qu'on est d'admiration et de joie, dit un chroniqueur du XVIIe siècle, on s'y applaudit, on se remercie en secret de la peine qu'on a prise de la venir voir ".

Une petite église voisine, à CEYZÉRIAT, garde sous une dalle funéraire les restes du flamand Loys Van Boghem, *maistre masson*, auquel Brou doit l'achèvement de son incomparable église " *sur les patrons que Marguerite luy avoit baillés* ".

Parcourez le Jura : un peu partout vous rencontrerez des monuments intéressants blottis dans les vallées ou juchés sur les plateaux.

A NANTUA est une ancienne prieuriale célèbre : la *Cathédrale Saint-Pierre*. Sa vaste nef est remarquable et presque unique de disposition : appuyée sur des piliers évidés, elle semble une carène de navire légèrement renflée. L'aspect est étrange, la perspective inattendue.

BESANÇON
Église
Madeleine

Dominant les rochers de la gorge du Tacon, la *Cathédrale de Saint-Claude* dresse fièrement son clocher, seul reste de la vieille abbaye détruite par le feu en 1799.

Ses stalles sculptées sont inspirées de sujets bibliques, de sujets cynégétiques et de diableries. D'autres stalles à sujets grotesques meublent la très originale *Eglise de Salins*, mélange de roman et de gothique, bâtie au XIe siècle par Hugues de Salins, archevêque de Besançon.

* * *

L'*Eglise Saint-Etienne*, à NEVERS est un type précieux de l'art roman-auvergnat; la *Cathédrale Saint-Cyr* avec sa crypte, son sépulcre de pierre et son escalier à jours, est une des curiosités.

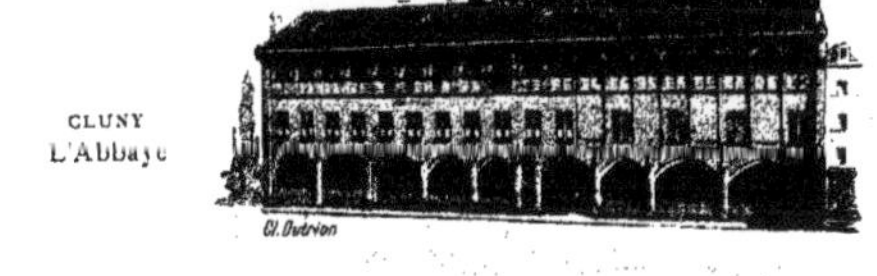

CLUNY
L'Abbaye

Cl. Ouvrion

La *Cathédrale* de MOULINS, *Notre-Dame*, est une ancienne collégiale à chapelles disposées de façon originale, datant des XVe et XVIe siècles. Elle conserve une " Vierge noire " vénérée au moyen âge et une piscine Renaissance impressionnante avec son cadavre sculpté rongé par les vers.

Le pays auvergnat est riche en édifices; plusieurs sont remarquables; passons d'abord rapidement à GANNAT, dont l'*Eglise Sainte-Croix* attire l'attention

PARAY-LE-MONIAL
Basilique du Sacré-Cœur

Cl. X.

par son chœur et son rond-point, et l'*Eglise Saint-Etienne* par ses bas-côtés voûtés à l'auvergnate, c'est-à-dire en demi-berceaux. A AIGUEPERSE, l'*Eglise Notre-Dame* fut, au XIIIe siècle, construite en granit ; sa *Chapelle des Morts*, en pierre de Volvic, sépulture de la famille J. de Bourbon, est à deux salles superposées.

RIOM fut dotée au XIIe siècle d'une collégiale, *Saint-Amable*, à la triple nef, au clocher central à coupole, au chœur à rond-point accentuant le style français des XIIe et XIIIe siècles tandis que le maître-autel en marbre est Louis XV et que les boiseries de la sacristie sont du XVIIe siècle. Aux environs de Riom, à MOZAT, sont les restes de l'abbaye fondée au XIe siècle par saint Calmin " sénateur d'Auvergne ".

La *Cathédrale Notre-Dame*, à CLERMONT-FERRAND, fut commencée au XIIIe siècle, consacrée au XIVe siècle. Elle est bâtie en lave de Volvic, comporte deux tours, dont l'une inachevée, des portails latéraux d'une grande richesse, une tourelle, " La Bayette ", surmontée d'un campanile en fer Renaissance. La disposition des arcs-boutants et les dessins des fenêtres à beaux vitraux sont remarquables. C'est à Clermont-Ferrand que se trouve *Notre-Dame du Port*, considérée comme un des prototypes du style roman-auvergnat et présentant cette particularité d'être construite en pierres noires et blanches qui la font sembler un monument en marqueterie.

MONTFERRAND, la vieille cité, avait sous Louis XII une collégiale royale, l'*Eglise Saint-Robert* ; son riche portail est gothique, la cage extérieure de l'horloge frappe par son originalité. Mais voici, émergeant d'un nid de verdure, un curieux édifice : l'église de ROYAT, construite aux XIe et XIIe siècles sur crypte ; entourée d'ouvrages de fortifications très intéressants, renfermant aussi les restes d'un antique prieuré, elle a plus l'air d'un fort défendant la vallée que d'un monument religieux jouissant paisiblement d'un merveilleux panorama.

ISSOIRE a, pour son *Eglise Saint-Austremoine*, épargnée au XVIe siècle lors de la destruction de la ville, fidèlement copié Notre-Dame du Port, y ajoutant une chapelle carrée qui n'existe pas à Clermont.

S'-CLAUDE
Fragment des Stalles de la Cathédrale

A SAINT-NECTAIRE, le style roman régit la remarquable église du XIIe siècle également. Les voûtes sont supportées par 98 colonnes ou colonnettes engagées avec très curieux chapiteaux.

BRIOUDE a choisi pour son église l'emplacement où fut martyrisé saint Julien, auquel elle est dédiée. Reconstruite aux XIe-XIIe siècles, restaurée de nos jours, elle reste l'un des plus caractéristiques édifices religieux d'Auvergne.

BROU — La Basilique

SAINT-FLOUR n'a guère que sa cathédrale du XIVe s. remplaçant une basilique du XIe siècle. Elle porte en façade les armoiries de l'Eglise : écusson de gueules à trois A gothiques d'or.

BROU
Tombeau de Marguerite d'Autriche

THIERS est certes une des villes les plus pittoresques d'Auvergne. Son église *Saint-Genès* écrit elle-même son histoire dans une inscription apposée sur ses murs. L'autre paroisse, l'*Eglise du Moûtier*, n'a pas grand caractère ; sa seule curiosité est une porte, fortifiée avec deux tours du XVe siècle, drôlement modifiée pour servir d'habitation.

Nous voici arrivés à l'un des plus fameux endroits d'Auvergne : LA CHAISE-DIEU. Très considérable abbaye de bénédictins fondée en 1044 par

Robert d'Aurillac, elle fut un des centres artistiques d'Auvergne. Après Clermont, c'est l'édifice le plus important d'Auvergne, c'est aussi le plus élevé de France au-dessus du niveau de la mer (environ 1125 mètres d'altitude).

L'intérieur renferme des richesses : stalles merveilleusement sculptées de sujets historiques, bibliques et satiriques, mais surtout tapisseries d'une incommensurable valeur représentant, deux par deux, des sujets du Nouveau Testament accotés à des sujets de l'Ancien. C'est Jacques le Sénectaire qui les aurait commandées en Flandre au XVIe siècle. — On en a offert deux millions, le chapitre a refusé de s'en défaire. — Une des curiosités extérieures est la tour Clémentine, au-dessus de la sacristie ; rectangulaire, elle s'engage obliquement dans le chœur de l'église et se termine par un chemin de ronde à mâchicoulis et basse toiture.

*
* *

Ici est la ville singulière, déconcertante, par excellence : LE PUY. Tout en haut de la ville, au pied du rocher Corneille, siège la *Cathédrale Notre-Dame*, une des plus bizarres églises de France. Commencée au XIIe siècle sur des substructions de temple gallo-romain, elle est d'un roman mi-auvergnat, mi-bourguignon. Soixante marches alternant de couleurs y conduisent et se continuent jusque dans le porche à trois arcades. Un cloître, multicolore aussi, s'adosse à un grand bâtiment à mâchicoulis, du XIIIe siècle, rattaché à des murailles qui le séparent de la cité. Une magnifique tour isolée, au nord du chœur, couronne le curieux édifice dont la nef centrale, voûtée aux coupoles, octogonale à la base, s'éclaire de côté par d'immenses fenêtres ; l'aspect est surprenant. Sur un dyke volcanique élancé et pointu se dresse l'*Eglise Saint-Michel d'Aiguilhe*. Sa porte romane donne accès aux 250 marches qui montent à l'enceinte ; 22 autres marches vont à l'église bâtie au Xe siècle en dehors de toutes données. Elle forme une sorte d'ovale avec pointe à angle droit à l'une des extrémités. Au-dessus de la porte, superbement sculptée, s'élance un clocher, réduction de celui de la cathédrale. Une chapelle octogonale du XIIe siècle, blottie au pied du dyke, complète l'ensemble de cette originale construction.

NEVERS
La Cathédrale
Cl. L. L.

ROYAT
L'Eglise

CLERMONT-FERRAND
La Cathédrale

Auprès du Puy, les autres édifices des Cévennes semblent presque banaux, pourtant SOLIGNAC eut une abbaye célèbre dont l'église subsiste. Monument à coupoles et orné d'arcatures, elle est périgourdine dans ses dispositions principales, mais limousine et auvergnate dans ses détails.

Au fur et à mesure qu'on approche de LYON, se dessine plus nette la silhouette de *Notre-Dame de Fourvière*, couronnant la colline droite de la Saône.

L'édifice est moderne, il fut érigé d'après un vœu porté à l'autel en pleine guerre, octobre 1870, par l'archevêque Ginouilhac. A côté, reste la vieille chapelle qui devait son nom au forum romain dont elle avait pris l'emplacement et avec les débris duquel elle fut construite.

Au pied du coteau de Fourvière s'appuie la *Cathédrale Saint-Jean*, un des édifices les plus originaux de France présentant cette particularité que le style roman le plus pur et l'ogival le plus beau s'y mêlent dans l'ensemble et les détails sans la moindre faute d'harmonie. Les portails constituent une véritable broderie dont l'ornementation se continue de l'un à l'autre, mariant les sujets profanes aux sujets religieux. L'intérieur de la cathédrale s'éclaire de vitraux magnifiques.

Non loin est la basilique *Saint-Martin-d'Ainay*; c'est la plus ancienne église de la ville. Elle faisait partie d'une abbaye qui subsista jusqu'au XVIIIe siècle.

D'autres endroits nous attirent :

A VIENNE, riche en antiquités : l'*Eglise Saint-Maurice*, superbe, finement et richement sculptée, flanquée de deux tours dominant le Rhône ; *Saint-André-le-Bas*, dont l'extérieur est remarquable pour ses arcs-boutants et sa tour romane plantée obliquement au-dessus de l'abside ; *Saint-Pierre*, précieux édifice des VIIIe et IXe siècles, orné de briques incrustées formant dessins, surmonté d'un étrange clocher.

LA CHAISE-DIEU Intérieur de l'Église

La *Cathédrale Saint-Apollinaire*, à VALENCE, est célèbre. Son porche en marbre de Crussol à colonnes aux chapiteaux variés a un grand caractère. Valence possède, en outre, *Notre-Dame de Soyons*, de style Pompadour, et d'autres églises diversement transformées.

ISSOIRE Église St-Paul

SAINT-FLOUR La Cathédrale

* * *

Le Dauphiné, cette splendide province de France couronnée de montagnes neigeuses, détient, entr'autres monuments curieux, le domaine de la *Grande-Chartreuse*, le célèbre monastère fondé par saint Bruno, en 1035, et dont la visite demeure l'excursion classique des Alpes françaises. Ses bâtiments et les gorges sauvages où ils furent construits ont été si souvent décrits qu'y insister ici nous semble superflu.

Citons ensuite : ROMANS et son ancienne *Collégiale Saint-Bernard*, montrant dans son portail un des plus beaux spécimens de l'architecture du XIIe siècle.

Près de Saint-Marcellin, à SAINT-ANTOINE, s'élève une magnifique église gothique. Commencée à la fin du XIIe siècle, terminée à la fin du XVe, elle dépendait d'une abbaye dont on peut voir encore les vastes bâtiments reconstruits aux XVIIe et XVIIIe siècles.

A VINAY a lieu, en l'*Eglise Notre-Dame de l'Osier*, le pèlerinage dit du Mont Sibelin au pied duquel sont les constructions d'un ancien couvent.

GRENOBLE est doté d'une très belle cathédrale surmontée d'une tour dont le porche, à deux portes romanes, est aussi intéressant à l'intérieur qu'à l'extérieur. Les voûtes des nefs gothiques sont comprises d'après le système rhénan. Sur un des flancs de la cathédrale, l'*Eglise Saint-Hugues* (XIIIe siècle) a pris la place de *Saint-Vincent*, basilique de la ville avant le XIIIe siècle. *Saint-André*, du XIIIe siècle ; *Saint-Laurent* à église supérieure et église souterraine du IXe siècle, est, avec Saint-Pierre de Vienne,

VIENNE
Église
St-Maurice

LE PUY
Église
St-Michel

LYON — Basilique de Fourvière

le monument le plus ancien du Dauphiné. *Sainte-Marie-d'En-Haut*, dépendance d'un ancien monastère, est à voir également, ainsi que le célèbre monastère de *Notre-Dame de la Salette*, juché au milieu des montagnes à plus de 1800 m. d'altitude et dont l'église, de beau style roman, avoisine la chapelle de la Vierge, but de nombreux pèlerinages depuis le milieu du XIXe siècle, époque où, d'après la légende, la Vierge y vint converser avec de jeunes bergers.

***

Une incursion en Savoie permettra de voir, à CHAMBÉRY, l'*Église de Lemenc* et la cathédrale possédant des cryptes des IXe et XIe siècles et, attenant au château, la *Sainte-Chapelle* gothique précédée d'un porche Renaissance.

Sur la rive gauche du merveilleux lac du Bourget, au pied du Mont du Chat, s'élève la célèbre *Abbaye de Hautecombe*. Fondée en 1125, elle fut et reste desservie par les cisterciens. Sa *Chapelle des Princes* est le lieu de sépulture des seigneurs de la Maison de Savoie. Leurs mausolées et leurs sarcophages, ainsi que les fresques anciennes de Gonino et des Vacca, sont les parties éminemment remarquables du curieux monastère.

***

Quittons les montagnes neigeuses pour les plaines ensoleillées et pénétrons en Provence.

C'est d'abord AVIGNON, ville des plus intéressantes. Comme monuments religieux citons : *Notre-Dame des Doms*, édifiée sur les ruines d'un temple païen, refaite au XIe siècle et dont le porche est orné de fresques admirables de Simon Memmi. C'est au maître-autel de cette église qu'officiaient les papes. Dans l'un des tombeaux, abrités sous les voûtes, sont les restes du "brave Crillon". Tandis qu'à *Notre-Dame la Principale*, ancienne église des Cordeliers, dorment ceux de la Laure de Pétrarque. SAINT-AGRICOL s'orne des fresques de P. de Cortone et de tableaux de Mignard. Tableaux rares aussi à la *Chapelle des Pénitents noirs*, richesse d'ornementation à celle des *Pénitents gris*.

En face, à VILLENEUVE-LES-AVIGNON, se dresse sur un rocher le Fort Saint-André ; son enceinte renferme une chapelle romane, *Notre-Dame de Belvezet* et une abbaye fondée au Xe siècle par des bénédictins. Dans la ville, outre l'église du XIVe siècle et son cloître ogival, subsistent les restes assez importants de la *Chartreuse du Val Bénédiction* (1356) comprenant l'église, deux cloîtres, la salle capitulaire, une cellule dans son état primitif, etc.

La *Cathédrale Saint-Siffrein*, à CARPENTRAS, est du XVIe siècle ; sa porte latérale très ornée a, parmi ses motifs, une sphère curieuse dénommée la "Boule aux Rats". D'intéressants restes de cathédrale romane l'avoisinent.

C'est dans les rues tortueuses d'ARLES que gite un des plus beaux monuments religieux de France : *Saint-Trophime* bâti sur les ruines du *Palais du Prétoire*. Le grand portail du XIIe siècle, orné de statues et couronné d'un fronton surbaissé, est coupé par un obélisque que surmonte une magnifique arcade. Toute la façade est sculptée de scènes bibliques : des tombeaux, des mausolées, des souvenirs antiques garnissent l'intérieur de l'ancienne primatiale. Mais la merveille de Saint-Trophime réside dans son cloître de styles divers, IXe, XIIIe, XIVe et XVe siècles, surprenant de variétés, admirable d'ensemble.

Les ALYSCAMPS sont célèbres. Cette vaste nécropole garde des tombeaux païens et chrétiens, notamment ceux des consuls d'Arles. Dans son enceinte, sont les ruines de l'*Eglise Saint-Honorat* (XIe siècle) et des chapelles *Genouillade* et *Sainte-Accurse*.

Il faut aller voir, à six kilomètres d'Arles, l'Abbaye de *Montmajour*, fondée au VIe siècle, reconstruite aux XIe, XIIe et XIIIe siècles, portant tour de défense à mâchicoulis, avoisinée d'un singulier édifice du XIe siècle : la *Chapelle Sainte-Croix*.

SAINTES-MARIES-DE-LA-MER est un endroit célèbre par ses pèlerinages suivis de réjouissances publiques. Son église fortifiée, du XIIe siècle, comporte de remarquables sculptures et renferme les tombeaux des saintes Maries : Marie, mère de saint Jacques le Mineur et Marie Salomé.

Au centre de la vieille ville d'ALAIS est la *Cathédrale Saint-Jean*, vaste édifice quelque peu hétéroclite ; l'ensemble est Louis XV, la façade est du XIIe siècle, le porche est surmonté d'une grosse tour gothique.

L'église de BOURG-SAINT-ANDÉOL, à triple nef et transept voûté en berceau, conserve le précieux sarcophage de son patron, apôtre et martyr local du IIe siècle, auquel la ville doit son origine et son nom ; ce sarcophage, qui avait été d'abord sépulture gallo-romaine, est d'un côté orné de sculptures païennes, de l'autre, de sculptures chrétiennes.

UZÈS a flanqué sa cathédrale *Saint-Théodorite* — petit édifice malheureusement abîmé aux XVIIe et XVIIIe siècles — d'une délicieuse tour dénommée *tour Fenestrelle*, haute de quarante mètres, ornée d'un campanile rond à jours du plus charmant effet. A l'intérieur, sont de bizarres tribunes du XVIIe siècle à grilles en fer forgé et des tombeaux qui méritent attention.

NIMES, la ville aux monuments romains, a bâti sa *Cathédrale Notre-Dame et Saint-Castor* sur les ruines d'un temple d'Auguste ; elle garde les traces de l'art romain dans le soubassement de la façade et

SAINT-ANTOINE
L'Abbaye

LA SALETTE
La Basilique

ARLES
Chapelle St-Honorat

AVIGNON
St-Pierre

LES SAINTES-MARIES-DE-LA-MER
L'Église

MONTMAJOUR
L'Abbaye

de la tour, mais l'ensemble est roman et gothique. A quelques kilomètres, la vieille cité d'AIGUES-MORTES s'élève au milieu des étangs. Jadis petit village, saint Louis la transforma en ville maritime. Ses monuments religieux sont peu nombreux : L'*Eglise Notre-Dame des Sablons* est ornée de quelques tableaux plus intéressants par leurs sujets que par leur mérite pictural. La chapelle des *Pénitents gris* enferme un retable riche et gigantesque, celle des *Pénitents blancs* des peintures de Sigalon et de Glaize.

C'est SAINT-GILLES-DU-GARD qui détient la plus belle façade romane de la contrée, œuvre de l'école poitevine du XIIIe siècle ; l'église est flanquée de deux tours, la célèbre " vis de Saint-Gilles " (escalier), conduit à l'une d'elles ; c'est le pèlerinage obligé des tailleurs de pierre, en souvenir d'un maçon du pays, Martin de Porquières, qui bâtit la nef.

Dans la vieille cité de MONTPELLIER il n'est à voir que la *Cathédrale Saint-Pierre* et la chapelle, souvenir de l'abbaye de bénédictins fondée en 1634 par le pape Urbain V. Aux environs, dans la presqu'île de MAGUELONE, s'élève une cathédrale restaurée, dont le portail de marbres multicolores à reliefs sculptés date des XIe et XIIe siècles.

***

MARSEILLE. Deux églises haut perchées semblent veiller sur le vieux port marseillais, animé et bruyant, hérissé de mâts et de cordages. L'une est la *Cathédrale*, moderne, bien que de style byzantin mitigé par des réminiscences romanes et classiques, elle est construite en pierres vertes de Florence et en pierres blanches de Calissanne et surmontée de cinq dômes ; l'autre, *Notre-Dame de la Garde*, également moderne, également byzantine, ornée à l'intérieur de marbres de toutes sortes : marbre blanc de Carrare, marbre rouge d'Afrique, marbre vert des Alpes, tandis que la chapelle, au-dessous de l'édifice, est pavée de mosaïques. Comme monument ancien nous ne voyons à citer que *Saint-Victor*, reste d'une vieille abbaye fortifiée, de style roman-ogival, sous laquelle sont des catacombes.

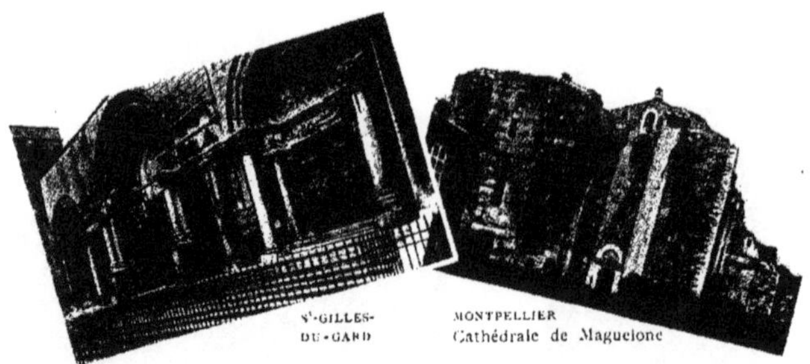

St-GILLES-DU-GARD

MONTPELLIER
Cathédrale de Maguelone

A Aix-en-Provence deux églises sont à voir : *Saint-Jean-de-Malte*, du XIIe siècle, surmontée d'un haut clocher d'un siècle plus jeune ; la *Cathédrale Saint-Sauveur*, dont la façade gothique est superbe ; le portail très ciselé se ferme par de remarquables vantaux ; l'intérieur de l'édifice montre un baptistère du VIe siècle provenant du vieux temple d'Apollon.

Toulon est célèbre par son port plus que par ses monuments. Comme églises elle a une ancienne cathédrale, *Sainte-Marie-Majeure*, gothique ogival de transition ; l'*Eglise Saint-Louis*, au joli péristyle d'ordre toscan, à la coupole intérieure en rotonde s'éclairant d'en haut et soutenu par dix colonnes.

Draguignan possède une chapelle, " *l'Observance*, " du XVIe siècle et les restes de l'église de l'ancien *Couvent des Augustines*.

Fréjus garde les restes d'un temple des IIIe et IVe siècles ; l'ancienne épiscopale et les tours de la *Cathédrale Saint-Etienne* renferment, dans leurs parements, des portions de pilastres païens. Sa chapelle octogonale est à colonnettes antiques d'une seule pièce en granit gris, celles de son cloître sont en marbre blanc.

***

Il faut arrêter ici notre nomenclature. Même en ne consacrant que quelques lignes à chacun d'eux, il faudrait un *volume* pour parler de tous les édifices enclavés entre les lignes du P. L. M. Nous en avons cité quelques-uns ; le hasard des excursions en fera rencontrer bien d'autres dont nous vous laissons la surprise.

Gustave FRAIPONT.

MARSEILLE
Église St-Victor

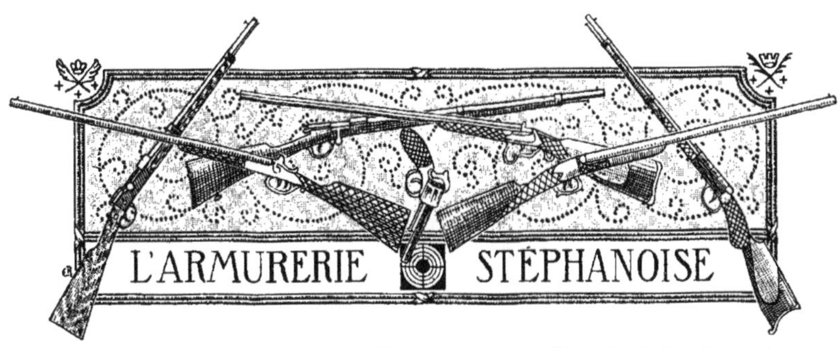

L'ARMURERIE STÉPHANOISE

A Saint-Etienne, qui fut à l'origine un pauvre village de charbonniers et de forgerons, on commença par fabriquer des armes blanches. Cette ville, jusqu'à la fin du XVIIIe siècle, posséda une corporation émérite de fourbisseurs d'épées, graveurs, ciseleurs à laquelle le roi donna des statuts en 1659. Mais la création en 1730, en Alsace, de la manufacture royale de Klingenthal (dont le nom se lit encore sur les lames de fleurets), manufacture transférée en 1819 dans un centre de coutellerie, à Châtellerault, porta un coup terrible à la fabrication stéphanoise des armes blanches. En effet, depuis cette époque, toutes les épées des armées du roi furent fabriquées à Klingenthal. Les fourbisseurs de Saint-Etienne perdirent donc le fonds de leur clientèle. De 90.000 épées qu'on fabriquait annuellement dans cette ville au commencement du XVIIIe siècle, la production tomba à 6.000 épées à la veille de la Révolution. Les graveurs, ciseleurs, et incrusteurs, qui étaient en communauté avec les fourbisseurs, s'employèrent dès lors à la décoration des armes à feu, où ils exécutèrent des merveilles d'art. Des fusils et des pistolets, ornés de garnitures en or ou en argent, furent offerts aux Rois de France, aux souverains barbaresques, aux Consuls de la République française.

***

Le fusil a eu pour ancêtre l'arquebuse à mèche, puis l'arquebuse à rouet. Les premiers pistolets étaient désignés sous le nom " d'arquebuses courtes ". L'arquebuse céda

MUSÉE D
ST-ÉTIEN

la place au mousquet, puis au fusil à silex, dont le premier modèle réglementaire français porte la date de 1717, et le dernier modèle de l'ancien régime la date de 1777. La Révolution, qui fit table rase du passé, ne pouvait se dispenser

ATELIER DES FRAISEUSES

ATELIER DE LA CANONNERIE

de changer le système de dénomination des modèles d'armes, basé sur la chronologie, sinon les modèles eux-mêmes. En transformant légèrement le fusil 1777, elle décida que cette nouvelle (?) arme prendrait le nom de fusil n° 1. Malheureusement pour les innovateurs, il n'y eut jamais de fusil n° 2, car les Gouvernements suivants revinrent à l'ancien mode de dénomination. Le successeur du n° 1 porta, en effet, le nom de "modèle de l'an IX", qui n'était d'ailleurs que le fusil à silex 1777 perfectionné, le plus glorieux de nos fusils puisqu'il fit les campagnes du premier Empire. Sa portée, très modeste par rapport à celle de nos fusils actuels, n'était que de 200 mètres.

Ce fusil fut remplacé par le modèle 1822. Vinrent ensuite : le fusil à percussion (1840-42), le fusil à aiguille allemand (1861), le Chassepot français (1866), le fusil Gras (1874), le fusil à répétition Lebel (1886), les fusils et carabines à chargeurs.

En même temps, le fusil de chasse évoluait : fusils à piston ou à baguette ; fusils système Lefaucheux (canons basculants), à broche ou à percussion, avec chiens extérieurs ; fusils à canons fixes, avec culasse tournante ou à glissement ; fusils Hammerless, c'est-à-dire à percussion et à chiens intérieurs.

***

Une tradition, non vérifiée par l'histoire, attribue au roi François Ier et à son ingénieur languedocien Georges Virgile la création de la fabrication des armes à feu à Saint-Etienne. Ce qui est certain, c'est que, dans cette ville, au milieu du XVIe siècle, des *fusetiers*, appelés plus tard *arquebusiers*, vinrent s'ajouter aux arbalétriers, forgeurs de fers de lances, fourbisseurs et javelinaires. Le mot *armuriers* ne désignait que les fabricants d'armures. On distinguait les *armuriers heaumiers*, qui faisaient le heaume ou casque, des *armuriers heaubergiers*, qui faisaient le haubert ou cuirasse. Toutefois cette distinction n'existait que dans quelques grandes villes, notamment à Paris. Plus la localité était restreinte, moins la division du travail était accentuée.

Cette industrie arquebusière ou armurière de Saint-Etienne vécut dans l'obscurité jusqu'au moment où Colbert, puis Louvois jetèrent les yeux sur cette peuplade de forgerons spécialisés et en firent un véritable atelier du Roi pour la fabrication des armes à feu destinées à l'armée et à la marine. Des commissaires royaux y représentèrent ces deux départements ministériels et y pressurèrent par moments

FABRICATION DE CROSSES DE FUSILS

les ouvriers. Au lieu de faire directement des commandes aux artisans, ils se servirent dans la suite de l'intermédiaire d'entrepreneurs, qui, progressivement, s'assurèrent le monopole de la livraison des armes. La Manufacture royale était fondée.

Elle prit, avec le temps, de l'importance. Un inspecteur des fabrications de l'artillerie y fut détaché en permanence et assisté de contrôleurs. Il devint le grand chef de la collectivité arquebusière stéphanoise. Il réglementa même la fabrication pour le commerce. Ses pouvoirs ne furent limités à la fabrication militaire qu'en 1782, époque où les deux manufactures (militaire et commerciale) furent séparées, la fabrication commerciale relevant désormais du Roi et des pouvoirs civils : intendant de Lyon et Conseil de ville de Saint-Etienne.

Vint la Révolution. Pour combattre l'invasion, les deux manufactures — ou plutôt les deux collectivités dont la réunion formait l'arquebuserie stéphanoise — furent réunies de nouveau, sous le pouvoir terrible des représentants du Peuple en mission. Il fut défendu de fabriquer d'autres armes que des armes de guerre. Malheureusement, l'ouvrier étant payé en assignats et la matière première faisant défaut ou étant de mauvaise qualité, les armuriers de Saint-Etienne, après avoir fourni un effort considérable, désertèrent une industrie où le pain manquait totalement.

La manufacture militaire fut réorganisée suivant les anciens principes, sous le Consulat. On plaça à sa tête un officier pour contrôler la fabrication et un entrepreneur pour en prendre la responsabilité commerciale. Les ouvriers, bien payés et exemptés de la conscription, garnirent de nouveau les ateliers. D'énormes livraisons d'armes furent faites aux armées françaises. L'intensité de la fabrication ne put cependant suffire aux besoins des troupes lors des invasions de 1814 et de 1815, malgré les réquisitions générales et l'embauche de tous les individus sachant travailler le fer.

Depuis cette époque, l'industrie privée des armes a prêté son concours à l'industrie d'Etat à toutes les époques de notre histoire nationale : en 1830 et en 1848, lors de l'armement des gardes nationales, quand on craignait la guerre étrangère ; en 1870, pendant l'invasion allemande.

BANC D'ÉPREUVE DES ARMES A FEU

Longtemps, ces deux manufactures ont vécu dans les mêmes quartiers stéphanois, avec une population flottante travaillant dans ses propres ateliers, soit pour l'Etat, soit pour le commerce, l'Etat conservant en permanence un noyau d'ouvriers "immatriculés" pour les fabrications courantes. Mais depuis 1866-69, époque de la construction des bâtiments actuels de la Manufacture nationale, dans le quartier du Treuil, l'Etat a concentré cette fabrication dans de vastes bâtiments, agrandis en 1886 pour la fabrication du fusil Lebel. Jusqu'à 10.000 ouvriers y ont travaillé simultanément. On y fabriquait alors 1.500 fusils par jour, c'est-à-dire 450.000 par an. Aujourd'hui la Manufacture, la "Manu" comme l'appellent les Stéphanois, n'est plus spécialisée dans la fabrication des fusils, mousquetons ou carabines. Elle fabrique aussi des revolvers, des caissons d'artillerie, enfin et surtout des mitrailleuses, ces canons-revolvers nouveau modèle qui ont remplacé les mitrailleuses de 1870, formées de vingt-cinq canons de fusils réunis en faisceau, dont un mécanisme analogue à celui du "moulin à café" déclanchait la charge.

Il est inutile de demander à voir la Manufacture nationale. La consigne, très sévère, en interdit l'entrée à ceux qui ne sont pas du bâtiment, sauf sur une autorisation spéciale du Ministre de la Guerre.

* * *

La fabrication commerciale est exercée en majeure partie, aujourd'hui comme autrefois, dans les petits ateliers que possèdent les maîtres ouvriers à Saint-Etienne et dans la banlieue immédiate, ainsi qu'à Saint-Héand, à La Tour-en-Jarez, dans le canton de Saint-Bonnet-le-Château, etc... Il y a autant de maîtres ouvriers et de compagnons qu'il existe de pièces différentes dans le fusil. Le canon, qui est la pièce

ARMURERIE

MUSÉE D'ARMES DE ST-ÉTIENNE

la plus importante, a ses fabricants spéciaux ayant un nombre d'ouvriers variable et un outillage en rapport avec l'importance de chaque maison.

Le fabricant d'armes proprement dit fait le montage ou l'assemblage de ces différentes pièces et il exerce la partie commerciale. La plupart du temps, ses magasins et ses bureaux sont dissimulés à un étage ou dans une cour. Une enseigne sommaire sur la rue constitue le plus souvent toute sa réclame dans le pays de fabrication.

De plus en plus, des usines mécaniques, inconnues il y a trente ans, tendent à s'implanter à côté de cette ancienne organisation (1).

Dans ces usines on produit ou on tend à produire toutes les pièces de l'arme, même le canon en acier, successeur de l'ancien canon *damas* dans la fabrication duquel se sont illustrés tant de maîtres canonniers de Saint-Etienne.

Le nombre des fabricants d'armes, usiniers ou autres, n'est pas inférieur à quatre-vingts.

L'armurerie *bourgeoise* de Saint-Etienne — c'est le nom qui lui était donné autrefois pour la distinguer de la manufacture d'armes de guerre de la même ville — est groupée dans les quartiers de Chavanelle et de Saint-Roch, où jadis la manufacture de guerre avait son siège social et ses établissements. Cette industrie gravite autour du *Banc d'épreuve des armes de commerce à feu*, administré par la Chambre de Commerce. Cet établissement, reconstruit et agrandi en 1903-1908, a pour mission, comme son nom l'indique, d'éprouver les armes avant la mise en vente. On éprouve d'abord les canons des fusils par séries, disposées sur un banc (d'où le nom "banc d'épreuve"), puis les fusils finis. Les charges d'épreuve, soit aux poudres noires, soit aux poudres pyroxylées, sont déterminées par des règlements officiels. Des poinçons, apposés sur le tonnerre, indiquent que l'arme a résisté à l'épreuve et que la visite effectuée après l'opération a été satisfaisante. Ces poinçons varient suivant l'épreuve subie. Le poinçon principal de l'épreuve du canon, aussi ancien que l'épreuve elle-même, reproduit les armoiries de la ville de Saint-Etienne : les palmes en *sautoir*, les croisettes en *pointe, dextre* et *senestre*, la couronne en *chef*. Déjà sous la Révolution, ce poinçon était connu des peuples les plus étrangers à notre langue et aux caractères de notre écriture. C'est dire qu'à cette époque les fusils de Saint-Etienne s'expédiaient déjà jusque chez les peuples les moins civilisés.

(1) Les vues d'intérieur d'ateliers mécaniques émanent de la Société de la Manufacture française d'armes et cycles.

MANUFACTURE NATIONALE D'ARMES DE GUERRE DE ST-ÉTIENNE

Il y a douze ou quinze ans, l'armurerie privée ou bourgeoise de Saint-Etienne fabriquait bon an mal an 40.000 fusils au maximum. Aujourd'hui la production annuelle oscille régulièrement entre 80 et 100.000.

La Ville de Saint-Etienne possède un magnifique musée d'armes, moins vaste que le musée d'artillerie et le musée de l'armée de l'Hôtel des Invalides, mais plus riche peut-être en pièces rares. Les premières collections importantes furent achetées à la succession du maréchal Oudinot, en 1851. Elles n'ont cessé d'être augmentées par des conservateurs éminents appartenant à la corporation, comme Jalabert père, premier en date, et comme M. Grivolat, conservateur actuel, à qui nous devons les belles photographies du musée reproduites ici. On peut suivre dans ce musée l'histoire complète, aussi bien de l'arme de guerre que de l'arme de chasse et, à cette étude de l'art de la balistique, joindre celle de la grande décoration artistique des armes anciennes, incontestablement supérieures sous ce rapport aux armes modernes.

MUSÉE D'ARMES DE ST-ETIENNE
Salle des Armures

Le musée d'armes est installé, depuis 1861, avec le musée de la rubanerie, le musée d'histoire naturelle, le musée des beaux-arts et la bibliothèque de la ville, dans le Palais des Arts, monument d'une élégante sobriété. Ce palais est situé au pied de la colline de Sainte-Barbe, patronne des mineurs et des artilleurs et en face du monument des combattants de 1870-71. Un superbe bas-relief de ce monument rappelle les nombreuses livraisons d'armes effectuées par l'industrie stéphanoise au Gouvernement de la Défense Nationale à l'heure des désastres.

Puissions-nous ne jamais revoir cette heure funèbre, puissions-nous être toujours prêts à refouler le torrent dévastateur !

L.-J. GRAS,
Auteur de l'*Historique de l'Armurerie stéphanoise*.

ÉCOLE RÉGIONALE DES ARTS INDUSTRIELS DE ST-ÉTIENNE

Sensations de Carnaval

1er Janvier 1914.

Le premier jour de l'an, j'ai l'habitude de m'enfermer chez moi et de dévisser le timbre de ma sonnette. C'est une journée, unique dans l'année, où l'on n'a pas trop de temps pour savourer l'amertume des regrets et l'illusion des espoirs. Pour ce qui est des regrets, leur compte est bientôt réglé : je n'ai pas, comme Mürger, le goût des vieux calendriers ; celui qui est là, sous ma main, encadré de son filet de papier doré, tout battant neuf, a de bien autres séductions. Rien que d'y jeter un coup d'œil, je goûte par avance mille joies délicates. Quoi de plus évocateur que le seul nom des mois : *Mars*, les giboulées, les resplendissants coups de soleil sur la campagne mouillée ; *Avril*, la feuille qui nait, les arbres fruitiers en fleurs...

Mais, surtout, je cherche tout de suite où se place le Carnaval, et s'il sera, cette année, tôt ou tard en saison... Je ne parle pas du Carnaval de Paris, bien entendu, mais de celui de Nice : c'est le seul qui vaille que l'on mette un faux nez...

Et, perdant la perception du froid qu'il fait et de la neige fondue qui tape aux carreaux, me voilà parti tout le long de la ligne de Lyon, dans ce rapide de la pensée qui détient le record de toutes les vitesses. Que de pays inutiles entre Paris et la Provence !... Aux neiges parisiennes a succédé le mistral, mais déjà la terre rousse et les murs calcinés annoncent que le soleil fréquente par ici... Marseille, Toulon, Nice... coucou, le voilà ! Il inonde de ses rayons la Côte d'Azur, ce merveilleux astre qui, comme dit la chanson, n'a pas son pareil ! Il y fait pousser des fleurs, de la joie et de la couleur. Les soieries, les satinettes, qui seraient insoutenables dans la brume de Paris, peuvent y éclore avec une naïve audace : on a le plaisir de voir évoluer en plein air les plus violentes crudités, les jonquilles, les verts pomme, les bleus ciel, les grenats, et ce rouge qui, selon Banville, est une si belle couleur qu'on ne saurait trop en voir.

Non content de nuancer les habits d'aveuglants reflets, il farde le visage des femmes avec l'outrance d'un pastelliste du dix-huitième. Sur les joues des jetteuses de confetti, il pose un pied de rouge, et, sur

leurs lèvres, la double tache de carmin où brille un point de lumière. Dans la furie des batailles de petits papiers, la parisienne oublie, aussi bien que les distinctions de sa pâleur, les réserves de son sourire, elle rit sans façons, et laisse entrevoir entre ses dents des profondeurs de satin rose. C'est la griserie du parfum des fleurs ensoleillées qui l'a saisie : on ne joue pas impunément avec mille et mille autres masques dans cette atmosphère de lumière que sature l'odeur entêtante des mimosas, lorsque le vent de la mer secoue les grappes de petites fleurs jaunes et sème leurs parfums tout le long de la Riviera.

Parfois cette joie est intérieure, c'est-à-dire qu'elle est cachée sous le petit masque coloré à barbe de soie dentelée : alors c'est, parmi le vacarme des fantaisistes instruments de musique, trompes et bigophones, la gaité des cris qui vous la révèle, et les gestes de combat pour rire, qui motivent le tourbillonnement des dominos, ce tournoiement au son des tambourins qu'aimait Verlaine.

Ces masques de Nice — à part quelques marquis, pierrots, moines et mousquetaires, qui ne sont là que pour empêcher la monotonie — sont presque tous semblables, quant à la forme : habit-culottes bouffantes de clown avec la collerette et le feutre pointu pour les hommes et les travestis, domino à capuchon pointu ou froncé pour les femmes — mais ils fourmillent de cent mille couleurs. La palette de Fortuny et celle de Chéret semblent foisonner sous vos yeux, à l'infini. Pour les peintres, il y a cette remarque à faire que, s'il est très difficile d'harmoniser quelques couleurs, beaucoup de couleurs s'harmonisent toutes seules, car c'est ici le hasard qui les dispose, le hasard, ce mystérieux artiste qui compose l'aile des papillons et orchestre les symphonies veloutées des lichens sur les vieux murs. Le hasard donc fait sa mise en scène avec ces brillantes couleurs que fond, sous un glacis, la poussière d'or des rayons de soleil. C'est lui qui éparpille à souhait les rayures, les zébrures, les carreaux, les damiers, les pois, les pailletages, toute cette décoration des costumes qui vient encore compliquer le bariolage. C'est lui qui dissémine ou masse artistement les nuances des feutres, celles des collerettes, celles des habits de

clown, des camails et des dominos. Les trois couleurs, doublées par leurs complémentaires, rompues ou éclairées par les blancs et les noirs, se multiplient comme les sept notes de la gamme, qui suffisent pour une symphonie, pour cent mille symphonies... Et la fête des yeux devient prodigieuse, unique, on a la sensation de vivre dans un ailleurs coloré dont les bals de l'Opéra, au temps de leur splendeur, ne donnaient qu'une idée très vague et très sommaire.

On a beaucoup parlé des ballets russes, le ballet niçois, qui se danse dans l'avenue de la Gare et sur la place Masséna, est d'une bien autre splendeur, car c'est tout un peuple qui y figure. Le haillon carnavalesque du plus humble vieux niçois vient parfois apporter au tableau une rare touche de couleur, celle qu'un Bakst trouverait pour faire chanter habilement l'ensemble de son tableau.

Et ce qui surprend, dans cette foule en folie, c'est la bonne humeur dont elle ne se départit jamais ; alors qu'à Paris, les jours de confetti, la police toute entière est sur pied, il suffit, à Nice, du geste apaiseur de la main gantée de blanc d'un agent pour calmer les énervements.

— Té Tchouadja... oh la bruta certoia ! Veux-tu donc finir !...

Et Françoise, blanchisseuse du quartier de la Gare, modère aussitôt la gaîté et les gestes qui dépassent la mesure. Et non seulement Françoise, mais le plus brutal des exotiques subit cette ambiance de gentillesse et de bonne camaraderie qui est l'atmosphère particulière des fêtes niçoises.

Aussi la chasse à courre aux pardessus et aux chapeaux melons qui veulent mêler leur tristesse aux rires et aux papillottements de la mascarade est-elle dénuée de toute cruauté. La trombe enragée qui s'attache aux trousses de l'intrus n'a pour objectif que de l'aveugler et de le noyer sous le vol des petits papiers et de le faire fuir vers l'hôtel d'où il n'aurait point dû sortir et où il sera très bien dans la société des maîtres d'hôtel et des garçons de salle, ses pareils en vêtements mélancoliques et moroses.

LOUIS MORIN.

L'Électrométallurgie sur le Réseau P. L. M.

N ingénieur soucieux de pittoresque pourrait définir ainsi l'électrométallurgie : " l'art de fondre un canon au moyen d'un fil de fer accroché à un torrent ". Si la définition manque de rigueur, elle a du moins l'avantage de donner en peu de mots une idée générale assez exacte des résultats merveilleux obtenus par cette nouvelle utilisation de l'énergie hydraulique.

En dehors de l'éclairage et du transport de force motrice, l'industrie de la houille blanche se confina d'abord dans l'électrolyse, méthode dérivée de la galvanoplastie, qui consiste à décomposer, par le courant électrique, des substances salines *dissoutes* (voie humide), ou des substances salines *fondues* (voie ignée). On obtient ainsi soit des métaux, soit des produits chimiques. Le métal issu de ces procédés est, en général, d'une pureté remarquable, mais d'une contexture grenue peu solide qui, dans la plupart des cas, oblige à transformer par fusion son état moléculaire ; il revient à un prix excessif qui en limite l'emploi.

Au lieu de réaliser une action chimique, l'électrométallurgie utilise le courant électrique comme source de chaleur ; avec l'écume des torrents elle allume des fours puissants où le métal se transforme en rivières de feu qui resplendissent dans les vallées alpestres du réseau P. L. M. Chose curieuse, en dehors de l'aluminium et du carbure de calcium, c'est au plus vulgaire des métaux, au plus anciennement traité par les civilisations naissantes, mais qui demeure le plus " vital " et le plus utile à nos civilisations raffinées, c'est au fer, presque exclusivement, que s'attaque aujourd'hui l'industrie basée sur une des plus étonnantes découvertes de la science moderne.

On sait que le fer se présente sous trois aspects : fonte, fer, acier. La fonte, produit brut de la fusion du minerai de fer, contient une certaine proportion de carbone

CHUTE SUPÉRIEURE DES CLAVAUX

BARRAGE DE S' GERVAIS

Cl. Usines Paul Girod

Cl. Usines des Clavaux

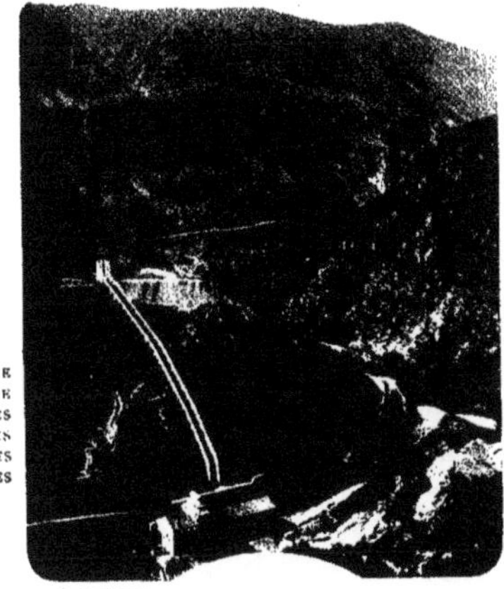

L'USINE DE MADIÈRES ET SES CONDUITES FORCÉES

Cl Boulanger

et de nombreuses impuretés, notamment du soufre et du phosphore ; le fer est une fonte affinée, complètement débarrassée de carbone ; l'acier est un fer renfermant une légère proportion de carbone, au maximum 1,50 °/o. La fonte est cassante, le fer est malléable ; l'acier, à la malléabilité, ajoute des qualités d'élasticité et de résistance qui varient suivant son degré de pureté et sa teneur en carbone.

Il y a une vingtaine d'années, on imagina d'allier à l'acier divers métaux, parfois des métaux rares, qui lui communiquent des propriétés particulières. On a ainsi créé une gamme d'*aciers spéciaux* qui ont permis de réaliser des progrès considérables dans un grand nombre d'industries.

Le plus répandu de ces alliages est l'acier au chrome. Contenant en moyenne 1 à 3 °/o de chrome, très dur et assez élastique, il sert à confectionner des outils, des arbres d'hélice, les cuirasses des cuirassiers, la pointe des projectiles de rupture, etc.

UNE CONDUITE FORCÉE FRANCHISSANT LES GORGES DE LA DURANCE

Cl. Boulanger

L'acier au nickel présente une résistance à la traction bien supérieure à celle de l'acier au carbone ; son emploi dans les grands ponts métalliques soumis à des efforts énormes tend à se généraliser en Amérique et ne tardera pas à s'imposer sur notre continent. A la teneur d'environ 36 °/o, l'acier au nickel prend le nom d'*invar* ; indilatable jusqu'à 350°, il est précieux pour les spirales de montres et pour les instruments de géodésie. A la teneur de 56 °/o, nous avons le *platinite*, qui possède un coefficient de dilatation égal à celui du verre et qui remplace aujourd'hui le platine pour le montage du filament des lampes à incandescence.

USINES DE CHEDDE

Cl. Usines de Chedde

L'acier au tungstène, d'une dureté exceptionnelle, incapable de se détremper, même à chaud, est préféré à tous autres pour les aimants et pour la construction d'outils à tourner ou de raboteuses qui enlèvent des copaux de 40 à 60 mètres de fer par minute. Les fameux rasoirs de Sheffield doivent leur qualité à une légère teneur en tungstène qui fut longtemps ignorée par ceux même qui les fabriquaient.

USINES D'UGINE

En résumé, dureté et élasticité, résistance au choc et à la compression, résistance à la traction et faculté de s'allonger au lieu de rompre, telles sont les qualités que l'on arrive à répartir dans les aciers spéciaux, souvent avec une précision de laboratoire.

Pour des raisons techniques, ces aciers spéciaux ne sont pas fabriqués directement. On les prépare dans les aciéries, en incorporant à l'acier ordinaire une proportion convenable, en général assez faible, de métaux spéciaux. Ces derniers ne sont pas incorporés purs, mais sous la forme de ferros-alliages, appelés par abréviation *ferros*, qui sont des alliages de fer avec un métal spécial, ce dernier en forte proportion.

USINES DES GORGES DE CHAILLES

Le mélange des ferros et de l'acier s'opère par les procédés courants, aux températures ordinaires ; mais certains ferros ne peuvent eux-mêmes s'élaborer que sous l'influence d'une température extrêmement élevée. En outre, leurs propriétés dépendent beaucoup du degré de pureté et de la régularité du dosage. Aussi, presque tous les ferros, ferro-chrome, ferro-nickel, ferro-tungstène, ferro-silicium, etc., sont obtenus au moyen du four électrique.

USINES DES CLAVAUX

Ce four est un appareil d'une merveilleuse simplicité, en principe de tous points semblable aux lampes à arc qui éclairent nos boulevards. Le globe de verre est remplacé par une vaste caisse en maçonnerie où on jette la fonte ; au centre sont disposées deux barres de charbon constituant les électrodes. Il suffit de tourner une manette pour faire jaillir, entre ces électrodes, un arc voltaïque qui dégage une température pouvant atteindre pratiquement 2500 à 3000°, tandis que la température des hauts fourneaux ne dépasse guère 2000°.

On utilise des fours de divers systèmes. Les fours les plus puissants aujourd'hui en service peuvent contenir une vingtaine de mètres cubes de matière et fournir environ 20 tonnes par 24 heures, alors qu'un haut fourneau produit, en moyenne, 200 tonnes par jour, soit 60.000 tonnes par an. Dans nos grandes usines des Alpes, nombre de fours à ferros absorbent une puissance de 4000 chevaux ; leurs électrodes sont de véritables blocs de charbon aggloméré mesurant 60 à 80 centimètres de côté sur environ 1 m. 60 de longueur, et pesant 1000 à 1500 kilos. Elles coûtent environ 300 francs la tonne.

FABRICATION DES OBUS

Cl. Usines Paul Girod

Comme les autres industries de la houille blanche, l'électrométallurgie met en valeur des régions nouvelles, elle donne à l'ouvrier l'air et l'espace. On lui reproche souvent d'abimer nos montagnes ; les conduites forcées à ciel ouvert, surtout, exaspèrent les dilettantes bien intentionnés qui occupent leurs loisirs à défendre les sites pittoresques. Ces gros tubes d'acier courant sur le rocher ou sur le gazon n'ont certes rien de gracieux ; mais, dans les paysages pittoresques des Alpes, on a parfois réussi à les dissimuler.

UN FOUR ÉLECTRIQUE

En Savoie. comme dans le Dauphiné, berceau des industries de la houille blanche en France, l'électrométallurgie achève d'enrichir, sans porter une atteinte sérieuse à leur charme, les plus belles des vallées alpestres où le réseau P. L. M. déverse chaque saison des flots de touristes.

Une des plus anciennes usines est celle de Chedde. Nichée dans un coin de la vallée de Chamonix, n'occupant guère plus de place que la gare où stoppe le train électrique un instant après avoir quitté Le Fayet, elle apparaît bien minuscule dans l'immensité du paysage que dessinent les cimes environnantes. Avec une chute de 140 mètres, elle produit de l'aluminium, et achève un explosif terrible qui a emprunté le nom du pays, la cheddite.

Non loin de là, à Ugine, les usines électrométallurgiques couvrent une superficie de 35.000 mètres carrés. De ces vastes bâtiments, presque silencieux, on voit sortir les projectiles monstres que réclament les exigences modernes de la paix, des blocs d'acier de vingt tonnes dans lesquels on peut creuser plusieurs canons, des ferros variés. Une trentaine de fours sont alimentés en partie par les eaux de l'Arly dont l'écume transparente continue à éclairer le fond des gorges sauvages que nous connaissons tous.

Dans une région voisine, en plein cœur du Dauphiné, les forges électriques prospèrent à côté des papeteries, sur les bords de l'impétueuse Romanche. Entre Vizille et Bourg-d'Oisans, les usines des Clavaux et de Livet utilisent près de 25.000 chevaux. Le Guiers lui-même, l'étroit ruisseau descendu du massif de la Grande-Chartreuse, actionne des turbines aux gorges de Chailles, près de St-Béron.

Nous pourrions citer d'autres centres d'électrométallurgie en Savoie, dans la Maurienne et, en Dauphiné, dans le Grésivaudan (vallée de l'Isère). Bornons-nous à mentionner que, sur 500.000 chevaux hydrauliques aujourd'hui aménagés dans la région des Alpes, 60.000 sont absorbés par l'électrochimie, 160.000 par les distributions d'électricité pour la lumière et la force motrice, et 225.000, soit près de moitié, par l'électrométallurgie.

En 1912, cette dernière industrie a fourni 28.000 tonnes de ferros divers contre 11.000 en 1905. Dans la même période la production de lingots d'acier passait de 600 tonnes à 12.000 tonnes. Ce sont là des chiffres encore minimes, comparés à la production des hauts fourneaux français qui traitent, chaque année, 4 à 5 millions de tonnes de fonte et 4 millions de tonnes d'acier.

En général, la houille blanche coûte en France beaucoup plus cher que le pensent les profanes et, dans l'état actuel de la technique, la plupart des aciers spéciaux sont des produits peu économiques auxquels on ne recourt que dans les cas où ils sont employés en quantités si minimes ou présentent des avantages tels que la différence de prix devient négligeable ou rémunératrice. Ils coûtent, en effet, de 3 à 10 fr. le kilo et parfois davantage, alors qu'un bon acier au carbone vaut environ 2 fr. 50.

Mais il ne faut pas oublier que l'électrométallurgie est à ses débuts ; son essor rapide semble un gage certain de son développement futur. Dès maintenant, du reste, l'énergie de 225.000 chevaux qu'elle emprunte à nos torrents correspond à celle que fourniraient deux millions de tonnes de charbon achetées à l'étranger.

La nouvelle industrie, loin de s'édifier sur des ruines comme l'exige souvent la loi du progrès, ne fera qu'accroître, sans dommage pour personne, la richesse nationale, en mettant en valeur d'immenses régions, telles que les Alpes françaises, qui ne semblaient exister que pour être admirées.

F. HONORÉ.

USINE P. L. M. Ligne électrique de Chamonix

Cl. Giletta

L'HEURE DU DINER

AH ! enfin ! c'est toi !

— Bédame.

— Ce n'est pas malheureux.

— Comment ?

— Deux minutes plus tard, tu ne m'aurais pas trouvée, je partais de Brunoy...

— Où allais-tu ?

— A la morgue.

— Drôle d'idée !

— Pour voir si tu y étais.

— Je ne t'y avais pas donné rendez-vous.

— Oh ! je t'en prie, ne sois pas badin... ça ne te va pas d'être badin.

— Ma petite chérie, je vois que tu as encore envie de me faire une scène... tu m'en as fait une, ce matin, avant mon départ pour le bureau... dans la journée, tu m'as laissé tranquille... il est vrai que tu n'étais pas avec moi... mais comme je rentre, tu éprouves le bi-quotidien plaisir de ronchonailler... eh bien, ma douce compagne, ronchonaille... puisqu'il ne faut que ça pour te satisfaire, mais tu trouveras bon que pendant ce temps-là, je me mette à mon aise. Je vais, je t'en fais le timide aveu, n'ayant pas de secrets pour toi, me déchausser, prendre mes pantoufles, et confortablement installé dans ce vieux crapaud, souvenir de ta chère mère, je lirai la *Presse*. Va, ma jolie ! du courage... que mon silence ne t'intimide pas ! parle... je ne t'écoute pas.

— Tu as fini de faire de l'esprit ?... Oh ! on sait que tu en as... tu en as à revendre... tu n'as même que ça... parce que chez toi, ce n'est pas le cœur qui prend toute la place. Ainsi, tu t'étonnes que te sachant toujours d'une exactitude chronométrique, je m'émotionne en voyant que tu n'es pas rentré pour diner à six heures et demie quand tu es toujours là au quart.

— Pardon ! j'étais ici à vingt-huit... puisque tu es si précise.

— Eh bien, tu trouves que treize minutes d'attente nerveuse, d'anxiété fébrile...

— Dis aussi : d'angoisse mortelle. L'expression est à effet.

— Parfaitement : d'angoisse...

— Ajoute mortelle.

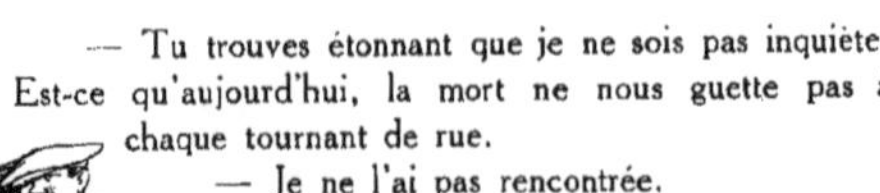

— Tu trouves étonnant que je ne sois pas inquiète. Est-ce qu'aujourd'hui, la mort ne nous guette pas à chaque tournant de rue.

— Je ne l'ai pas rencontrée.

— Un apache tire un coup de revolver sur un agent et si vous passez à ce moment-là. Pan ! c'est vous qui écopez.

— Je ne suis pas passé de ce côté-là.

— Ou bien, si vous êtes distrait, vous tombez dans une de ces crevasses folles, de ces fondrières qui sont de véritables abîmes comme on en voit en Suisse... et que le progrès multiplie de façon effarante.

— Je n'ai pas été distrait !

— Eh bien, et les autos... les accidents d'autos... tu vas me dire aussi qu'ils sont rares, les accidents d'autos... j'ai toujours peur que tu sois fracassé dans le tien... il va d'un tel train.

— Ah ! ça, tu rêves ! où prends-tu maintenant que j'ai un automobile ?

— Je ne te parle pas de bile, je te parle de bus.

— Ah ! l'auto-bus !

— Dame ! ce n'est pas une clarinette que tu prends pour revenir du bureau.

— Non, ça n'irait pas assez vite.

— Du reste, je suis bien bête de me faire de la bile...

— Ah ! tu vois... quand tu veux, tu dis bien : de la bile, pas de la bus.

— Quel idiot !

— Merci m'amour. Eh bien, maintenant que tu vois que je suis vivant, nous mettons-nous à table ?

— ... Dans cinq minutes. C'était le jour de la lessive, Anna s'est trouvée un peu en retard pour son dîner.

— Et tu m'attrapais pour treize minutes ?!!!

— C'était pour te faire patienter, mon bon loup.

FÉLIX GALIPAUX.

AU PAYS DES FLEURS

CHANSON

SOUVENIR DE LA RIVIERA

Poésie de XAVIER PRIVAS *Musique de* FRANCINE LORÉE-PRIVAS

II

Les corsages clairs des fillettes
Sont ornés de mille fleurettes :
Mimosas, jasmins, violettes,
Aux parfums discrets et subtils ;
Et les bébés sous leurs dentelles,
Que bigarrent des fleurs nouvelles,
Semblent de gais polichinelles
Dont le bonheur tire les fils.

III

Car, c'est la bataille fleurie,
Il faut qu'on s'amuse et qu'on rie,
Voici la splendide féerie
Des éblouissantes couleurs.
A triompher chacun s'apprête,
Le soleil se mêle à la fête,
Le ciel, la mer, pour la conquête,
Luttent d'azur avec les fleurs.

IV

Mais la bataille est engagée,
Chaque voiture est assiégée,
La lutte est à son apogée,
Quels seront les partis vainqueurs ?
La victoire reste aux plus belles,
A qui, messagères fidèles,
Les fleurs, promptes comme des ailes,
Portent une gerbe de cœurs !

Un Drame dans la Gare !

En gare de Traffigny-sur-Saône, à l'heure où va passer un train de marchandises. La troupe d'artistes du Cinéma « Pamont-Gauthé » a obtenu l'autorisation de se servir de la gare pour l'établissement d'une scène sensationnelle : « la Fille du Garde-Frein ». Le vieux cabot Raboulin, — trente ans de café du théâtre —, le chef orné d'une casquette galonnée d'or, représente le Chef de gare. Trompé par ce déguisement éphémère, le brave paysan Bouchut, qui vient prendre des nouvelles d'un envoi de volailles, s'adresse à lui respectueusement, la casquette à la main.

BOUCHUT. — Pardon excuse, Chef ! C'est pour les oies !...

RABOULIN *(majestueux)*. — Comment ? C'est pour les oies ?

BOUCHUT *(explicatif)*. — J'attends des oies.

RABOULIN *(le regardant)*. — Moi, je n'en attends plus.

BOUCHUT. — Vous n'avez pas vu mes oies ?

RABOULIN. — « Cet oiseau, qui, jadis, sauva le Capitole,
« N'est pas encor passé, Monsieur, par mon contrôle. »

BOUCHUT *(ahuri)*. — S'il vous plaît ?

RABOULIN. — « Mais je ne suis ici que simple intérimaire.
« Pour plus de documents, voyez le titulaire ! »

BOUCHUT. — Comment que vous dites ?

RABOULIN *(brusque)*. — Parlez au sous-chef, nom de nom !

Bouchut, épouvanté, se rabat sur un petit jeune homme qui passe. Pas de chance ! C'est un autre acteur du film, le jeune Lindor, espoir de la classe Truffier, au Conservatoire.

BOUCHUT. — Pardon, Monsieur ? Le sous-chef, s'il vous plait ?

LINDOR *(qui a suivi la scène, — d'un ton sec)*. — C'est moi !

BOUCHUT. — Hé là ! sous-chef !... si jeune !

LINDOR. — « Au P. L. M., Monsieur, pour les âmes bien nées,
« Le grade n'attend pas le nombre des années ! »

BOUCHUT. — J'vas vous expliquer : je viens pour mes oies...

LINDOR *(noblement)*. — Les oies, ça n'est pas ma partie. Je ne m'occupe que des dindes. ...Mais je me suis assez occupé de vous ! Adressez-vous au garde-frein, là-bas !

(Il lui désigne Robinet, le grand Robinet, le pensionnaire de la Comédie, — par un grand C, — qui remplit le rôle du garde-frein. — Robinet est renommé comme amateur de boxe.)

BOUCHUT *(à Robinet)*. — Monsieur le..... quoi ?

ROBINET *(s'avançant)*. — « Celui qui met un frein à la fureur des rounds,
« Et qui sait des express arrêter les compounds. »

BOUCHUT. — Je viens pour des oies... et aussi pour des cochons, si vous me permettez de les nommer.

ROBINET. — « Vous les avez nommés ! Je ne les connais plus ! »

Une voix impérieuse. — Attention, tas d'idiots ! Voilà le train ! On commence ! Et parlez ! parlez ! Que ce soit nature !

Arrive, lentement, le train de marchandises. Robinet saute dans le fourgon de queue, qui s'arrête en face de Lindor, lequel étreint frénétiquement dans ses bras la jeune Mistouflette, des Bouffes.

MISTOUFLETTE *(jouant)*. — Ciel ! Papa !

ROBINET *(idem)*. — Ma fille ! Arthur ! Misérables ! *(Du fourgon, il tire six coups de revolver sur Lindor, qui tombe dans une pose gracieuse.)*

BOUCHUT *(hurlant)*. — La police ! La police !

RABOULIN. — Quel vieux crétin !

Cependant, le train repart, entraînant Mistouflette échevelée, qui se cramponne au marchepied, dans un accès de folie.

BOUCHUT. — Cristi ! *(Il se précipite, et, d'un bras vigoureux, arrache du train l'actrice qui se débat pour de bon, cette fois.)*

MISTOUFLETTE. — En voilà, un vieux daim ! Mais laissez-moi donc, bon sang !

BOUCHUT. — Ah ! la jeunesse ! Elle allait se faire écrabouiller !

L'OPÉRATEUR *(furieux, secouant Bouchut comme un prunier)*. — Cent mètres de pellicules fichus ! Vieille bête !

Robinet, Lindor et Raboulin entourent Bouchut et lui donnent divers noms d'oiseaux. Ahuri, le paysan se sauve, grimpe sur sa carriole, et là.....

BOUCHUT *(ôtant sa perruque et ses favoris)*. — Pas si bête, patron !... Les oies, je crois que je les ai trouvées !...

Et la troupe, hébétée, reconnaît dans le paysan Bouchut, qui détale au grand trot de sa bête, Cottal, des Variétés, l'incorrigible fumiste que la maison Pamont-Gauthé a mis à la porte le mois dernier.

JEAN MARSÈLE.

PROFILS

DE LA

GRANDE ROUTE DES ALPES

EVIAN-THONON-NICE

Grand Service de Correspondance P. L. M. par AUTO-CARS

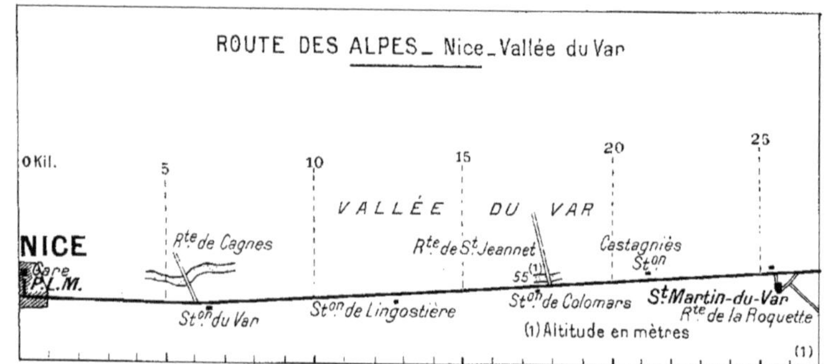

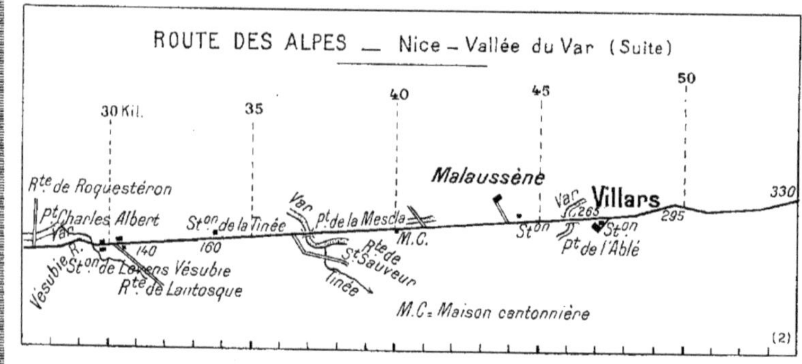

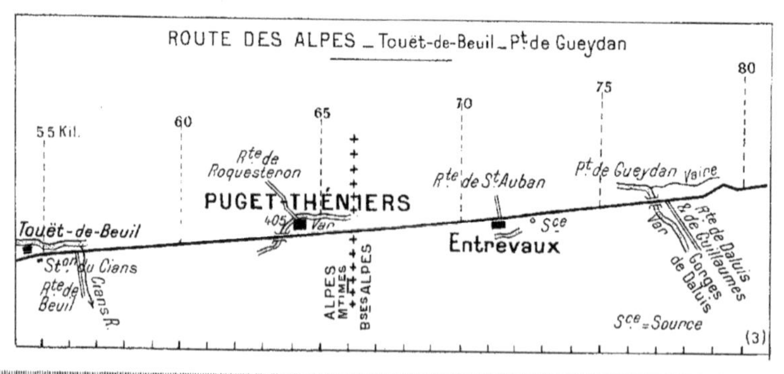

6*

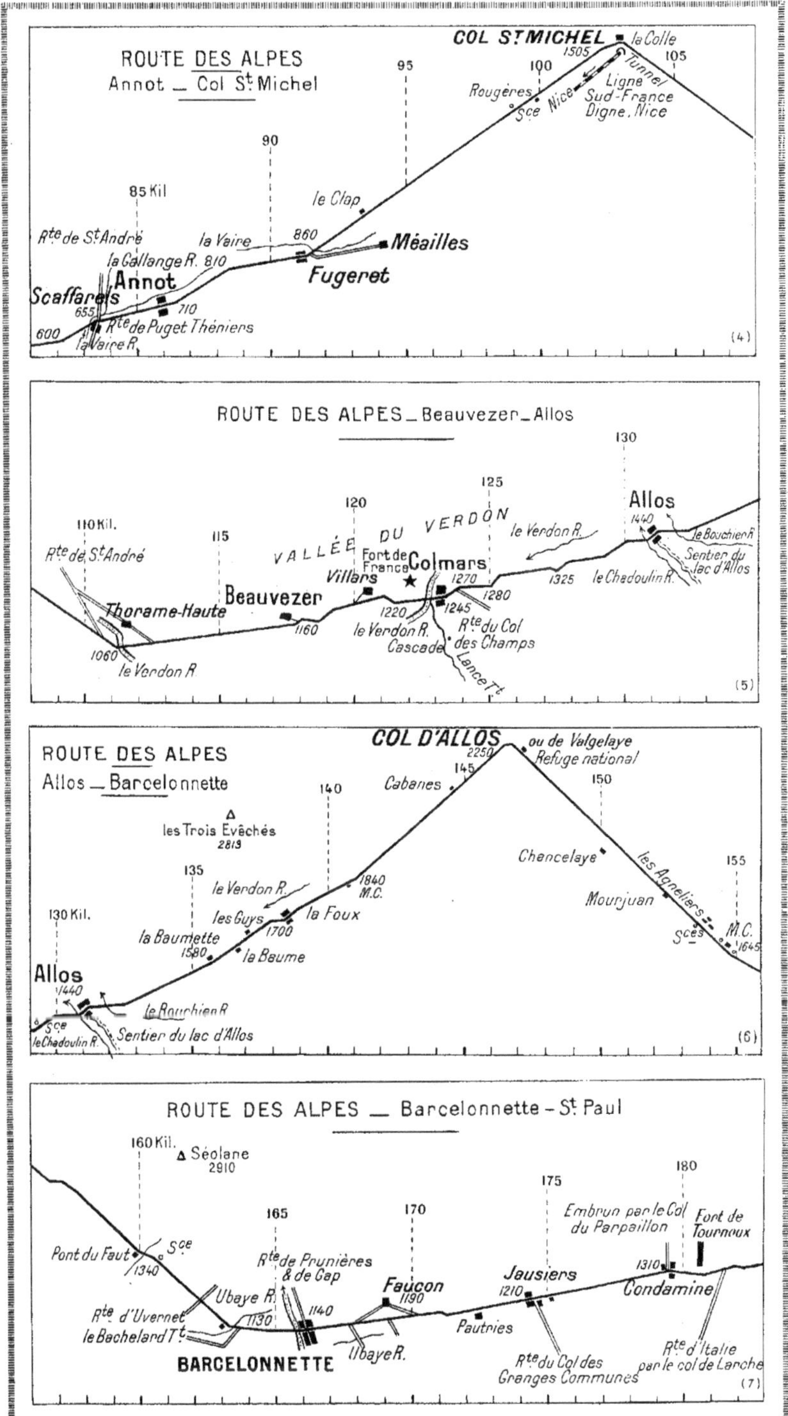
ROUTE DES ALPES
Annot _ Col St Michel
COL ST MICHEL
la Colle
1505
105
100
95
Rougères
Sce Nice
Tunnel
Ligne Sud-France Digne, Nice
90
85 Kil
le Clap
Rte de St André
la Vaire
860
Méailles
la Gallange R. 810
Annot
Fugeret
Scaffarels
655
710
600
Rte de Puget Théniers
la Vaire R.
(4)
ROUTE DES ALPES _ Beauvezer _ Allos
130
125
120
Allos
1440
110 Kil.
115
VALLÉE DU VERDON
le Verdon R.
le Bouchier R.
Rte de St André
Fort de France
Colmars
Sentier du lac d'Allos
Villars
1270
1325
le Chadoulin R.
Beauvezer
1280
Thorame-Haute
1220
1245
1160
le Verdon R.
Rte du Col des Champs
Cascade
1060
le Verdon R.
Lance Tt
(5)
ROUTE DES ALPES
Allos _ Barcelonnette
COL D'ALLOS
2250
ou de Valgelaye
Refuge national
145
140
Cabanes
150
les Trois Évêchés
2819
Chancelaye
135
1840
M.C.
le Verdon R.
les Agneliers
155
130 Kil.
les Guys
la Foux
Mourjuan
1700
la Baumette
M.C.
Sces
1645
1580
la Baume
Allos
1440
le Bouchier R.
Sce
le Chadoulin R.
Sentier du lac d'Allos
(6)
ROUTE DES ALPES _ Barcelonnette - St Paul
160 Kil.
Séolane
2910
180
175
165
170
Embrun par le Col du Parpaillon
Fort de Tournoux
Sce
Pont du Faut
1340
Rte de Prunières & de Gap
1310
Faucon
Jausiers
Ubaye R.
1190
1210
Condamine
Rte d'Uvernet
1130
1140
le Bachelard Tt
Pautries
Rte d'Italie par le col de Larche
Ubaye R.
BARCELONNETTE
Rte du Col des Granges Communes
(7)

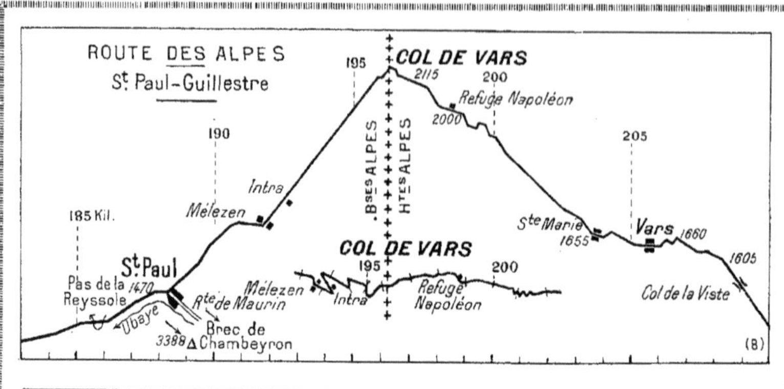
ROUTE DES ALPES
St Paul-Guillestre
COL DE VARS
2115
Refuge Napoléon
2000
Intra
Mélezen
Bses ALPES
Htes ALPES
Ste Marie
1655
Vars
1660
1605
185 Kil.
190
195
200
205
St Paul
Pas de la Reyssole
1470
Ubaye
Rte de Maurin
Brec de Chambeyron
3388
COL DE VARS
Mélezen
Intra
Refuge Napoléon
Col de la Viste
(8)

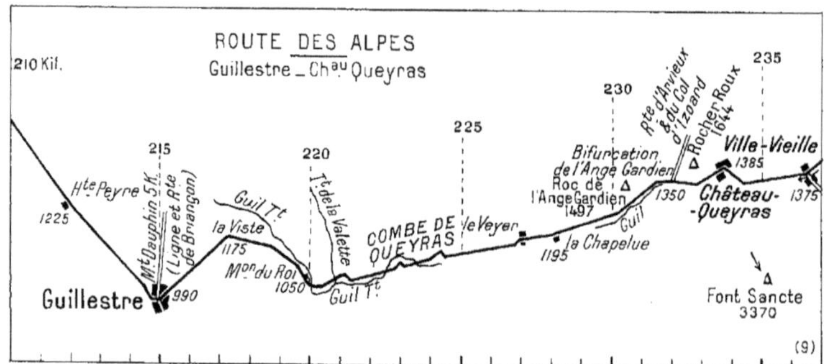
ROUTE DES ALPES
Guillestre _ Chau Queyras
210 Kil.
215
220
225
230
235
Hte Peyre
1225
Guillestre
990
Mt Dauphin 5 K.
(Ligne et Rte de Briançon)
Guil Tt
la Viste
1175
Mon du Roi
1050
Tt de la Valette
COMBE DE QUEYRAS
le Veyer
1195
la Chapelue
Bifurcation de l'Ange Gardien
Roc de l'Ange Gardien
1497
1350
Rte d'Arvieux & du Col d'Izoard
Rocher Roux
1644
Ville-Vieille
1385
Château-Queyras
1375
Font Sancte
3370
(9)

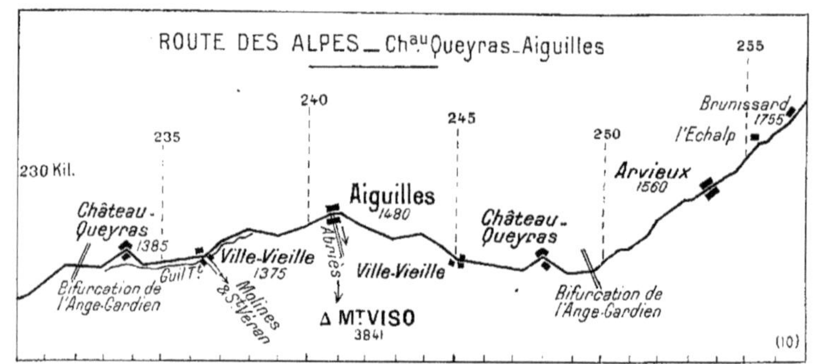
ROUTE DES ALPES _ Chau Queyras _ Aiguilles
230 Kil.
235
240
245
250
255
Château-Queyras
1385
Bifurcation de l'Ange-Gardien
Guil Tt
Ville-Vieille
1375
Molines & St Véran
Aiguilles
1480
Abriès
Δ Mt VISO
3841
Ville-Vieille
Château-Queyras
Bifurcation de l'Ange-Gardien
Arvieux
1560
l'Echalp
Brunissard
1755
(10)

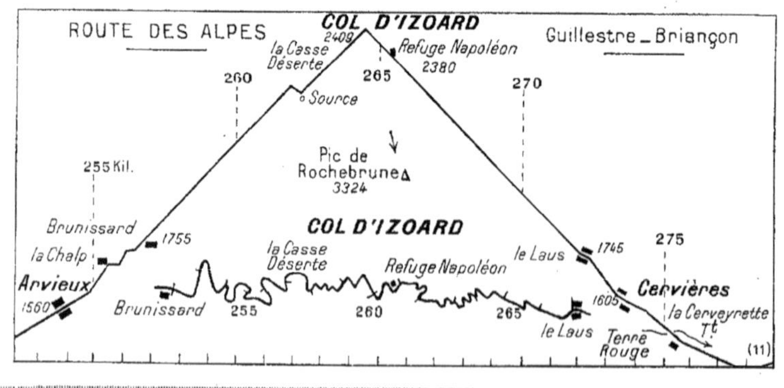
ROUTE DES ALPES
Guillestre _ Briançon
COL D'IZOARD
2409
la Casse Déserte
Refuge Napoléon
2380
Source
255 Kil.
260
265
270
275
Pic de Rochebrune
3324
Brunissard
la Chalp
1755
Arvieux
1560
COL D'IZOARD
la Casse Déserte
Refuge Napoléon
Brunissard
255
260
265
le Laus
1745
1605
Cervières
la Cerveyrette Tt
le Laus
Terre Rouge
(11)

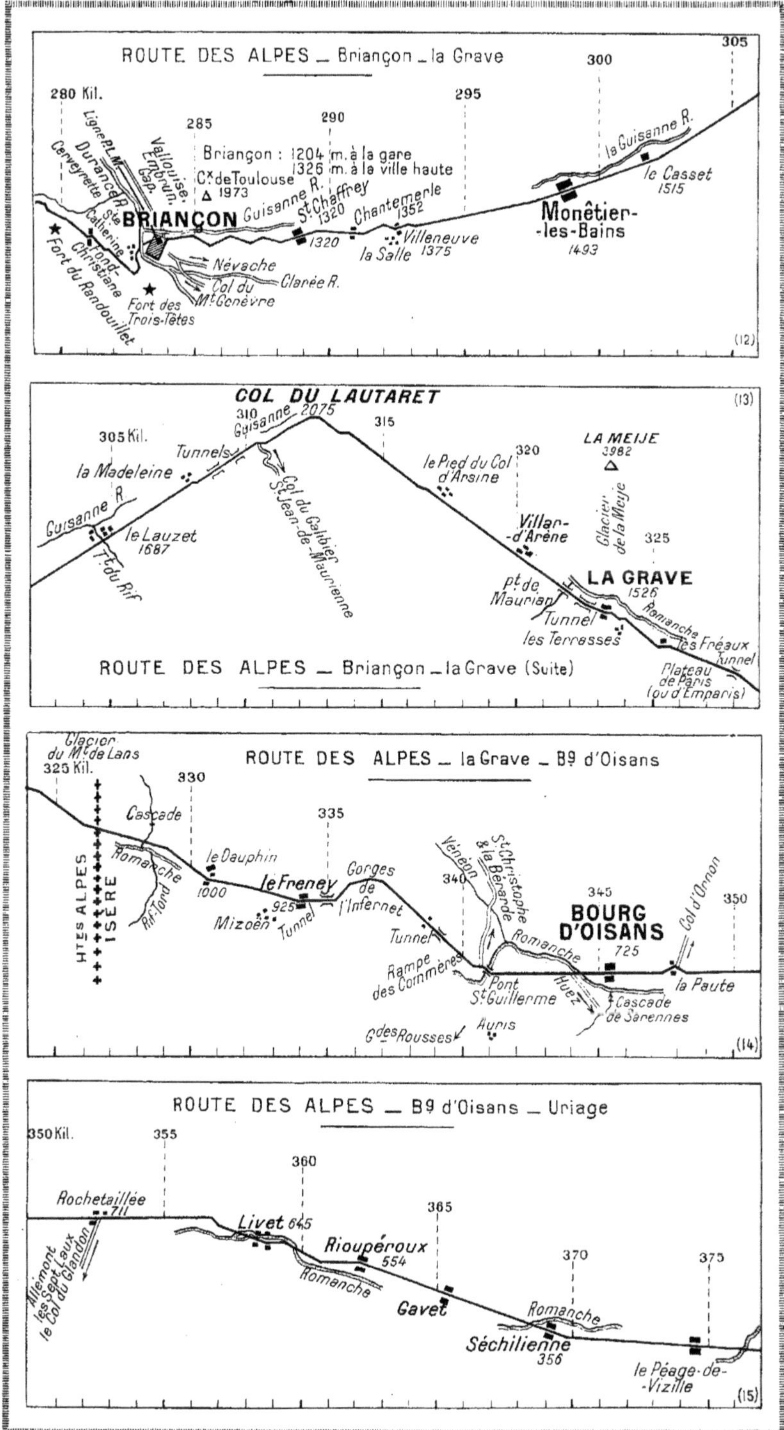
ROUTE DES ALPES — Briançon — la Grave
280 Kil.
285
290
295
300
305
Briançon : 1204 m. à la gare
1326 m. à la ville haute
Cx de Toulouse
1973
BRIANÇON
Guisanne R.
St Chaffrey
1320
Chantemerle
1352
Villeneuve
la Salle
1375
Monêtier-les-Bains
1493
le Casset
1515
la Guisanne R.
Névache
Clarée R.
Col du Mt Genèvre
Fort des Trois-Têtes
Fort du Randouillet
Fond-Christiane
Ste Catherine
Cerveyrette
Durance R.
Ligne P.L.M.
Vallouise. Embrun. Gap.
(12)
COL DU LAUTARET
310
2075
Guisanne
315
305 Kil.
Tunnels
la Madeleine
Guisanne R.
le Lauzet
1687
Tt du Rif
Col du Galibier
St Jean-de-Maurienne
le Pied du Col d'Arsine
320
LA MEIJE
3982
Glacier de la Meije
Villar-d'Arène
325
LA GRAVE
1526
Pt de Maurian
Tunnel
les Terrasses
Romanche
les Fréaux
Tunnel
Plateau de Paris (ou d'Emparis)
ROUTE DES ALPES — Briançon — la Grave (Suite)
(13)
ROUTE DES ALPES — la Grave — Bg d'Oisans
Glacier du Mt de Lans
325 Kil.
330
Cascade
Romanche
Rif Tord
HTES ALPES
ISÈRE
le Dauphin
1000
335
le Freney
925
Mizoën
Tunnel
Gorges de l'Infernet
Tunnel
Rampe des Commères
340
Vénéon
St Christophe & la Bérarde
Pont St Guillerme
Huez
Romanche
345
BOURG D'OISANS
725
Col d'Ornon
350
la Paute
Cascade de Sarennes
Auris
Gdes Rousses
(14)
ROUTE DES ALPES — Bg d'Oisans — Uriage
350 Kil.
355
360
365
370
375
Rochetaillée
711
Allemont les Sept Laux le Col du Glandon
Livet 645
Rioupéroux
554
Romanche
Gavet
Romanche
Séchilienne
356
le Péage-de-Vizille
(15)

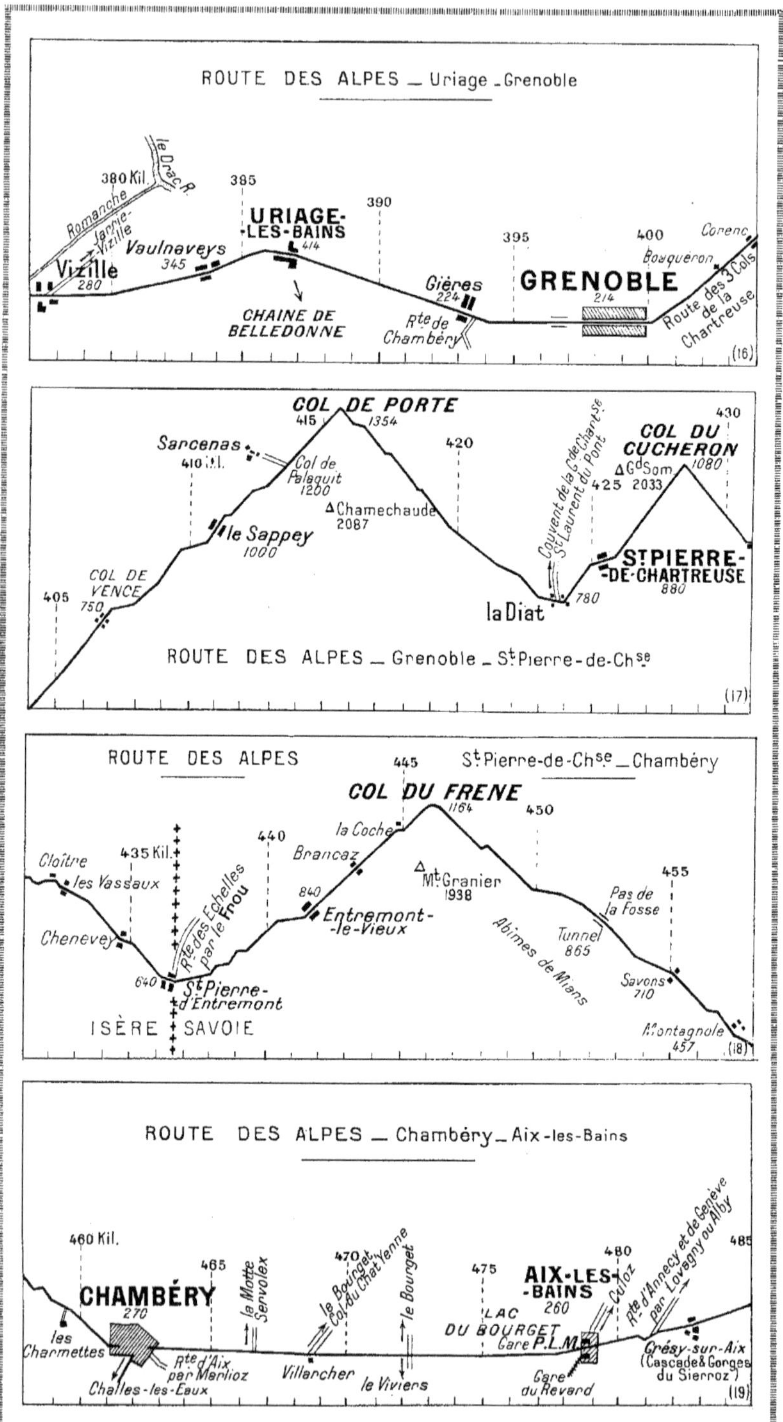
ROUTE DES ALPES _ Uriage _ Grenoble
380 Kil.
385
390
395
400
le Drac R.
Romanche
Jarrie-Vizille
Vizille
280
Vaulnaveys
345
URIAGE-LES-BAINS
414
CHAINE DE BELLEDONNE
Gières
224
Rte de Chambéry
GRENOBLE
214
Corenc
Bouquéron
Route des 3 Cols de la Chartreuse
(16)
COL DE PORTE
415
1354
Sarcenas
410 Kil.
Col de Palaquit
1200
△Chamechaude
2087
420
le Sappey
1000
COL DE VENCE
750
405
Couvent de la Gde Chartse
St Laurent du Pont
425
la Diat
780
430
COL DU CUCHERON
1080
△Gd Som
2033
St PIERRE-DE-CHARTREUSE
880
ROUTE DES ALPES _ Grenoble _ St Pierre-de-Chse
(17)
ROUTE DES ALPES
445
St Pierre-de-Chse _ Chambéry
COL DU FRENE
1164
450
la Coche
440
Brancaz
435 Kil.
Cloître
les Vassaux
Rte des Echelles par le Frou
840
Entremont-le-Vieux
△Mt Granier
1938
Abîmes de Mians
Tunnel
865
Pas de la Fosse
455
Chenevey
640
St Pierre-d'Entremont
ISÈRE
SAVOIE
Savons
710
Montagnole
457
(18)
ROUTE DES ALPES _ Chambéry _ Aix-les-Bains
460 Kil.
465
470
475
480
485
CHAMBÉRY
270
les Charmettes
Challes-les-Eaux
Rte d'Aix par Merlioz
la Motte Servolex
le Bourget Col du Chat Yenne
Villarcher
le Bourget
le Viviers
LAC DU BOURGET
AIX-LES-BAINS
260
Gare P.L.M.
Gare du Revard
Culoz
Rte d'Annecy et de Genève par Lovagny ou Alby
Grésy-sur-Aix
(Cascade & Gorges du Sierroz)
(19)

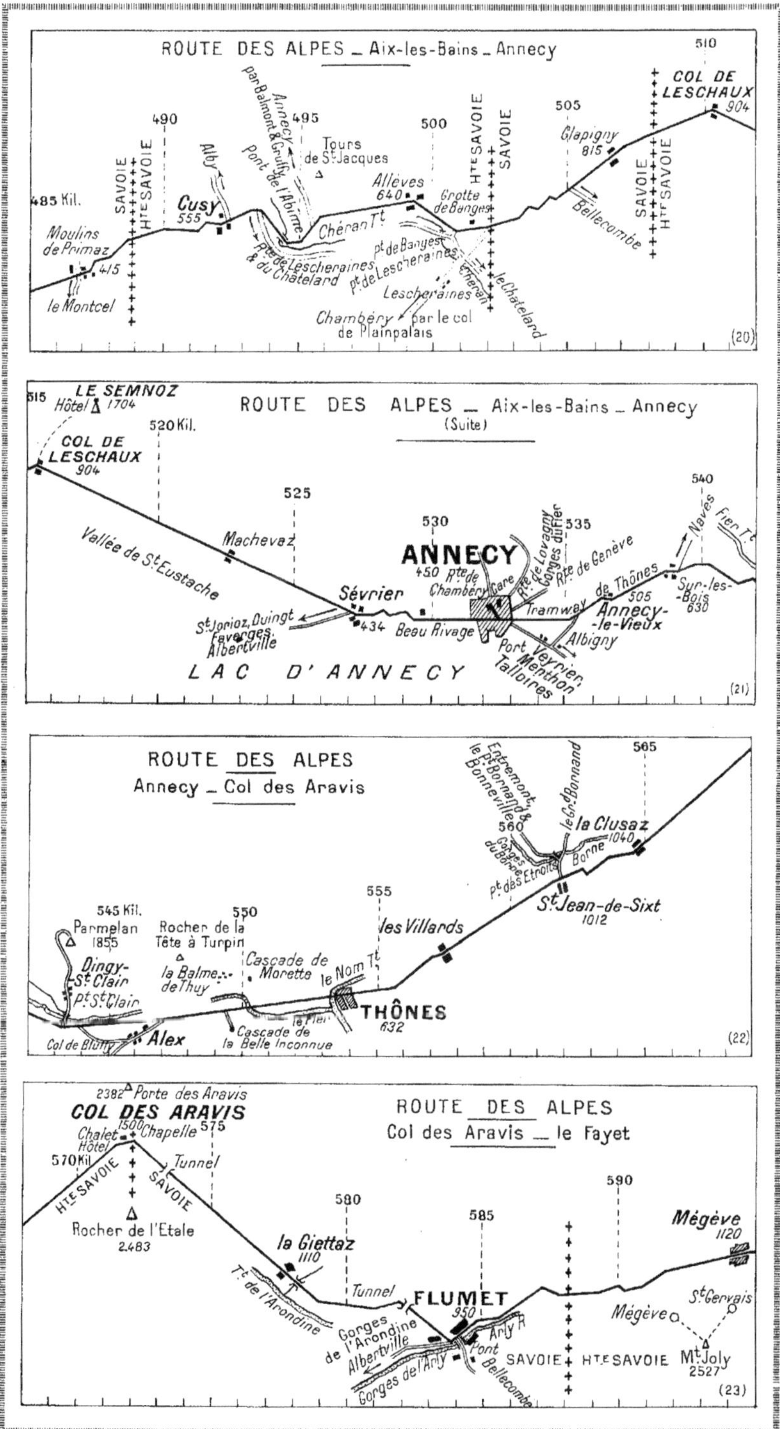
ROUTE DES ALPES _ Aix-les-Bains _ Annecy
485 Kil.
490
495
500
505
510
COL DE LESCHAUX
904
Moulins de Primaz
415
le Montcel
SAVOIE
HTE SAVOIE
Cusy
555
Alby
Annecy par Balmont & Gruffy
Pont de l'Abîme
Tours de St Jacques
Alleves
640
Grotte de Banges
Chéran Tt
Rte de Lescheraines & du Châtelard
Pt de Banges
Pt de Lescheraines
Lescheraines
Chambéry par le col de Plainpalais
le Châtelard
Glapigny
815
Bellecombe
(20)
ROUTE DES ALPES _ Aix-les-Bains _ Annecy
(Suite)
515
LE SEMNOZ
Hôtel 1704
520 Kil.
COL DE LESCHAUX
904
525
530
535
540
Vallée de St Eustache
Machevaz
ANNECY
450
Rte de Chambéry
Gare
Rte de Lovagny
Gorges du Fier
Rte de Genève
Sévrier
434
St Jorioz, Duingt Faverges, Albertville
Beau Rivage
Tramway de Thônes
Annecy-le-Vieux
505
Albigny
Port
Veyrier, Menthon, Talloires
Nâves
Fier Tt
Sur-les-Bois
630
LAC D'ANNECY
(21)
ROUTE DES ALPES
Annecy _ Col des Aravis
545 Kil.
550
555
560
565
Parmelan
1855
Rocher de la Tête à Turpin
Dingy-St Clair
Pt St Clair
la Balme de Thuy
Cascade de Morette
le Nom Tt
les Villards
THÔNES
632
le Fier
Cascade de la Belle Inconnue
Col de Bluffy
Alex
Entremont, le Pt Bornand & Bonneville
le Gd Bornand
la Clusaz
1040
Borne
Gorges du Borne
Pt des Etroits
St Jean-de-Sixt
1012
(22)
ROUTE DES ALPES
Col des Aravis _ le Fayet
2382 Porte des Aravis
COL DES ARAVIS
Chalet Hôtel
1500
Chapelle
570 Kil.
575
580
585
590
HTE SAVOIE
SAVOIE
Tunnel
Rocher de l'Etale
2483
la Giettaz
1110
Tt de l'Arondine
Tunnel
FLUMET
950
Gorges de l'Arondine
Albertville
Gorges de l'Arly
Arly R
Pont
Bellecombe
SAVOIE
HTE SAVOIE
Mégève
1120
St Gervais
Mt Joly
2527
(23)

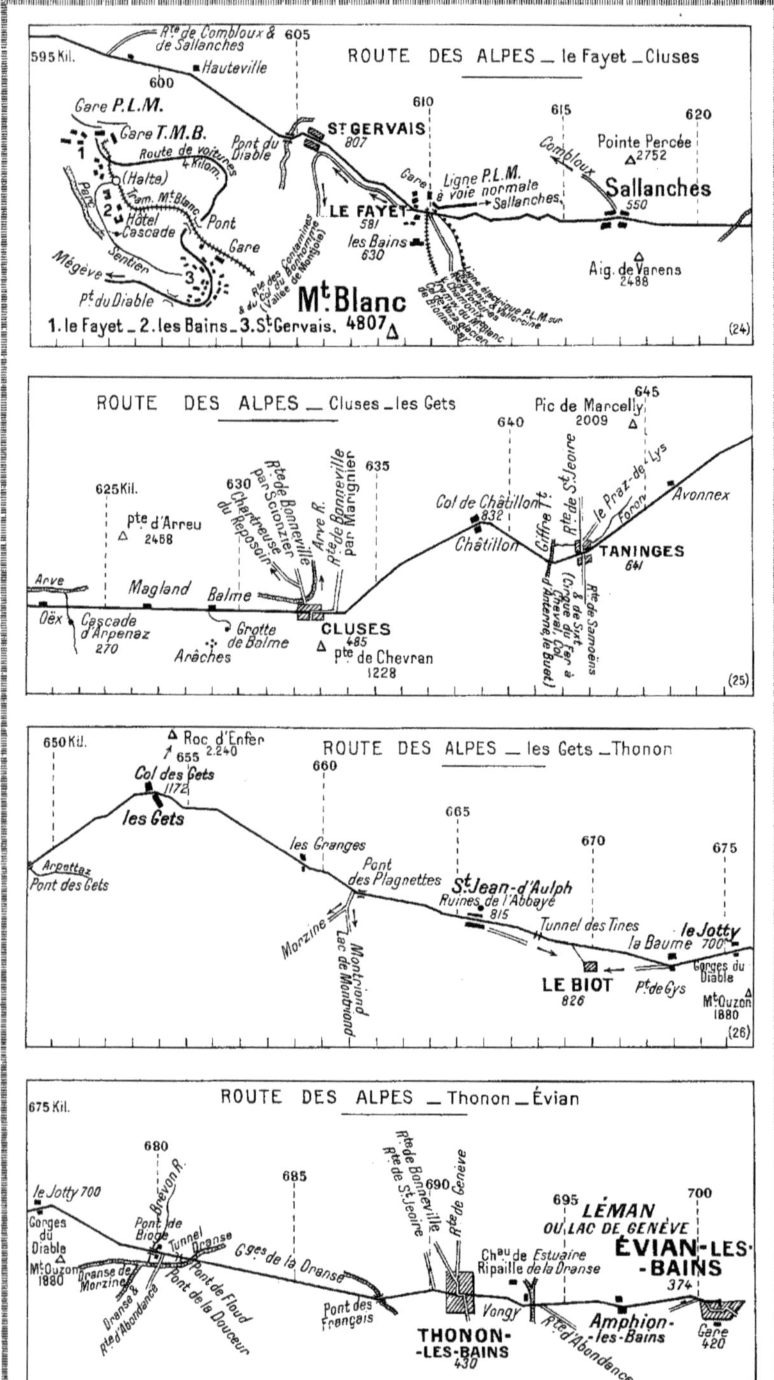
ROUTE DES ALPES — le Fayet — Cluses
ROUTE DES ALPES — Cluses — les Gets
ROUTE DES ALPES — les Gets — Thonon
ROUTE DES ALPES — Thonon — Évian
St GERVAIS
LE FAYET
Sallanches
Mt Blanc 4807
1. le Fayet — 2. les Bains — 3. St Gervais.
CLUSES
TANINGES
Col des Gets
les Gets
St Jean-d'Aulph
LE BIOT
THONON-LES-BAINS
LÉMAN OU LAC DE GENÈVE
ÉVIAN-LES-BAINS

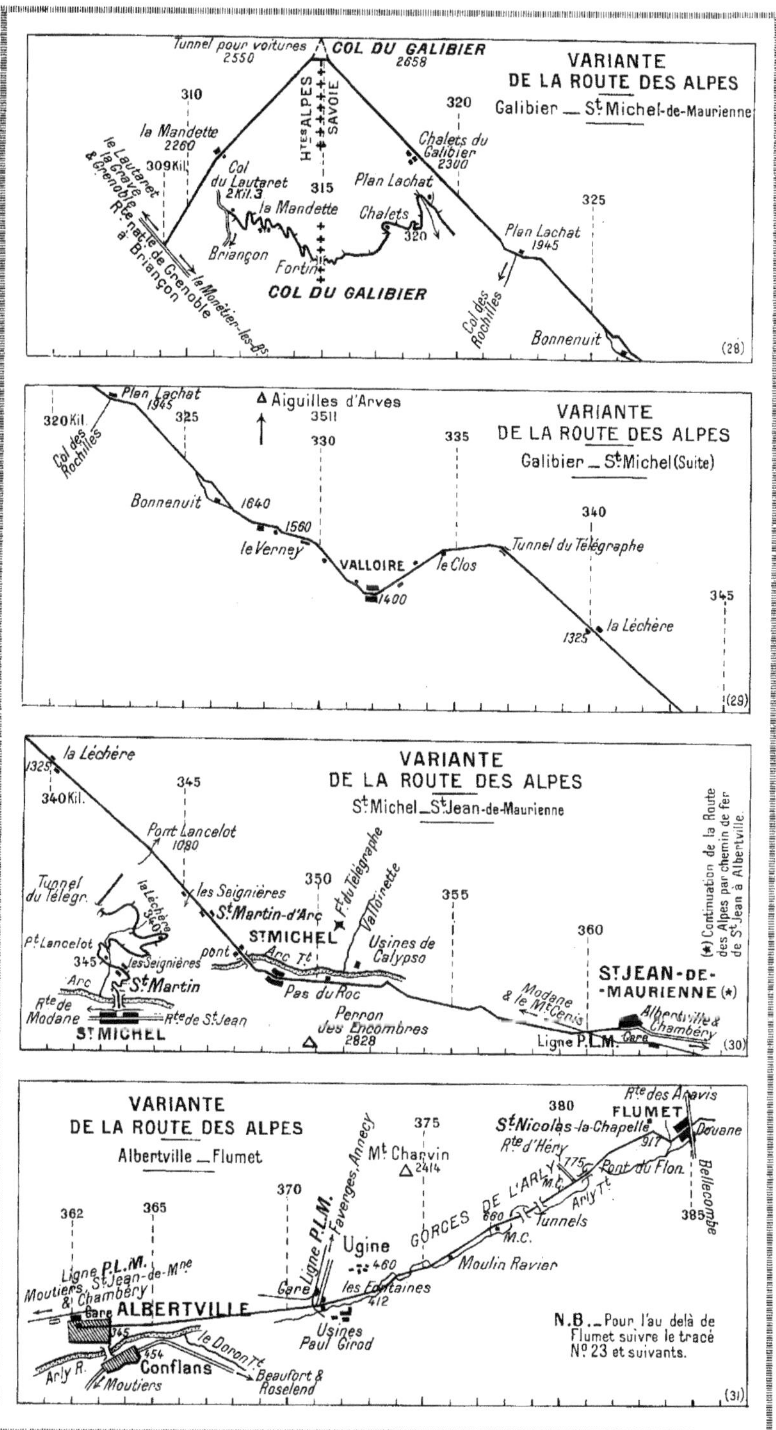

(Profils extraits de l'Album *Les Alpes Françaises*, de M. H. Dolin.)

Le Petit Parisien

Le plus fort tirage des journaux du monde entier

TROUVE auprès du public une faveur de plus en plus grande.

Pour cette popularité inouïe, dites-vous bien qu'il y a d'excellentes raisons. Les lecteurs ne s'y trompent pas.

Le Petit Parisien

est le journal le plus complet et le plus intéressant.

Ses nombreux renseignements sont sûrs.

Ses romans et nouvelles sont passionnants et inédits.

Le graphique ci-dessous montre la vente quotidienne croissante du PETIT PARISIEN, depuis sa fondation

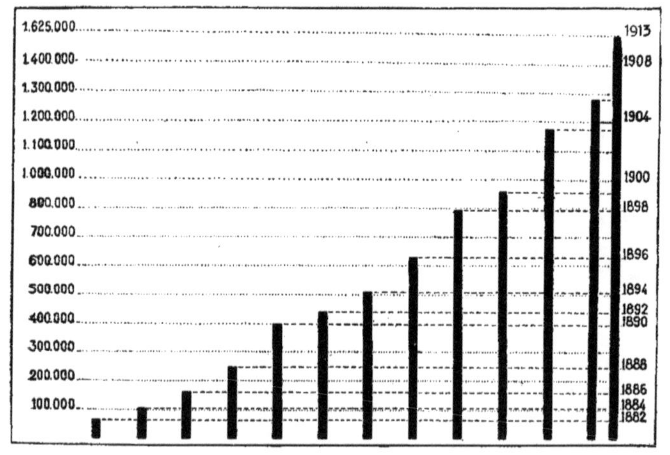

LA DÉPÊCHE DE LYON

JANVIER

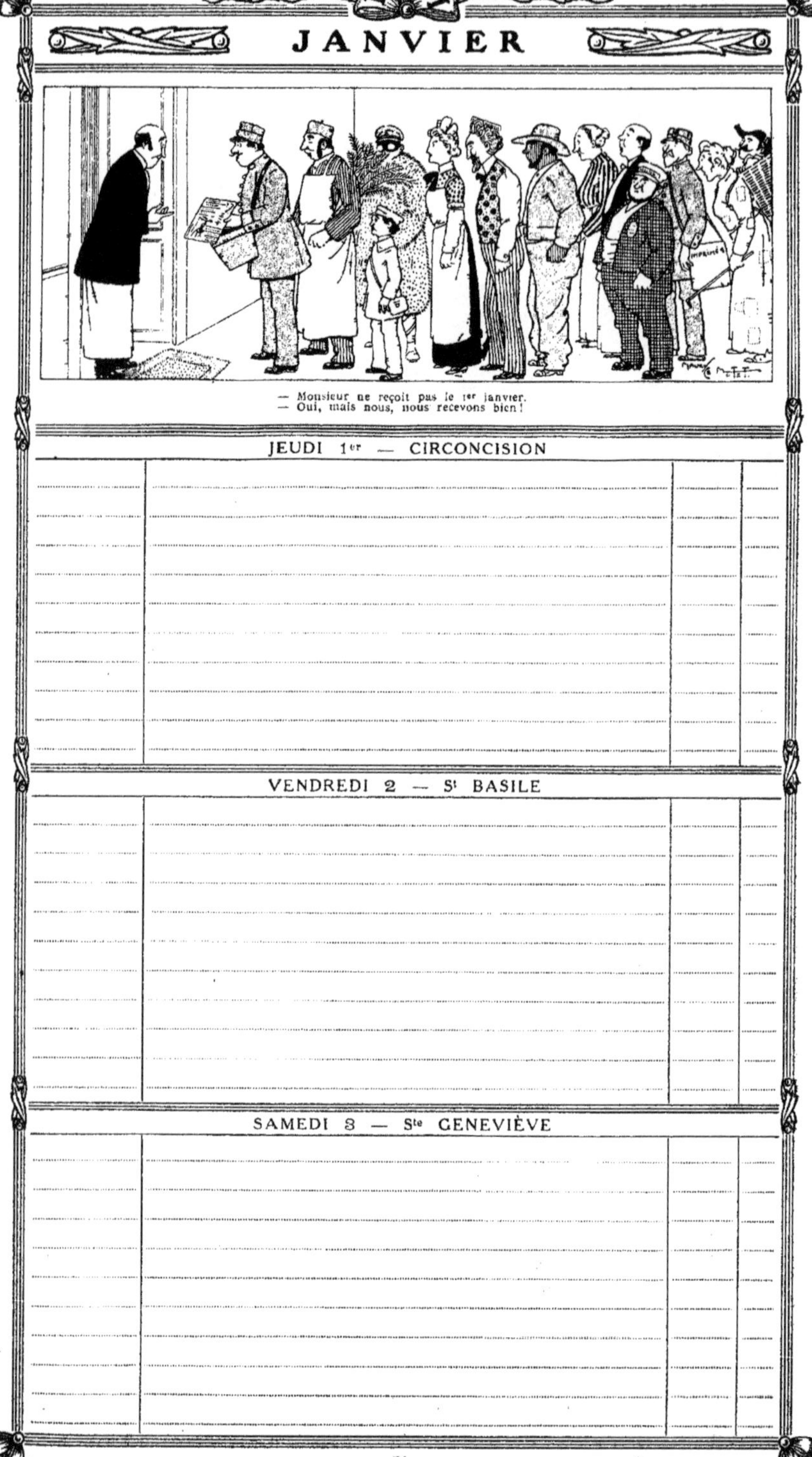

— Monsieur ne reçoit pas le 1er janvier.
— Oui, mais nous, nous recevons bien !

JEUDI 1er — CIRCONCISION

VENDREDI 2 — St BASILE

SAMEDI 3 — Ste GENEVIÈVE

JANVIER

DIMANCHE 4 — St RIGOBERT
LUNDI 5 — St TÉLESPHORE
MARDI 6 — ÉPIPHANIE

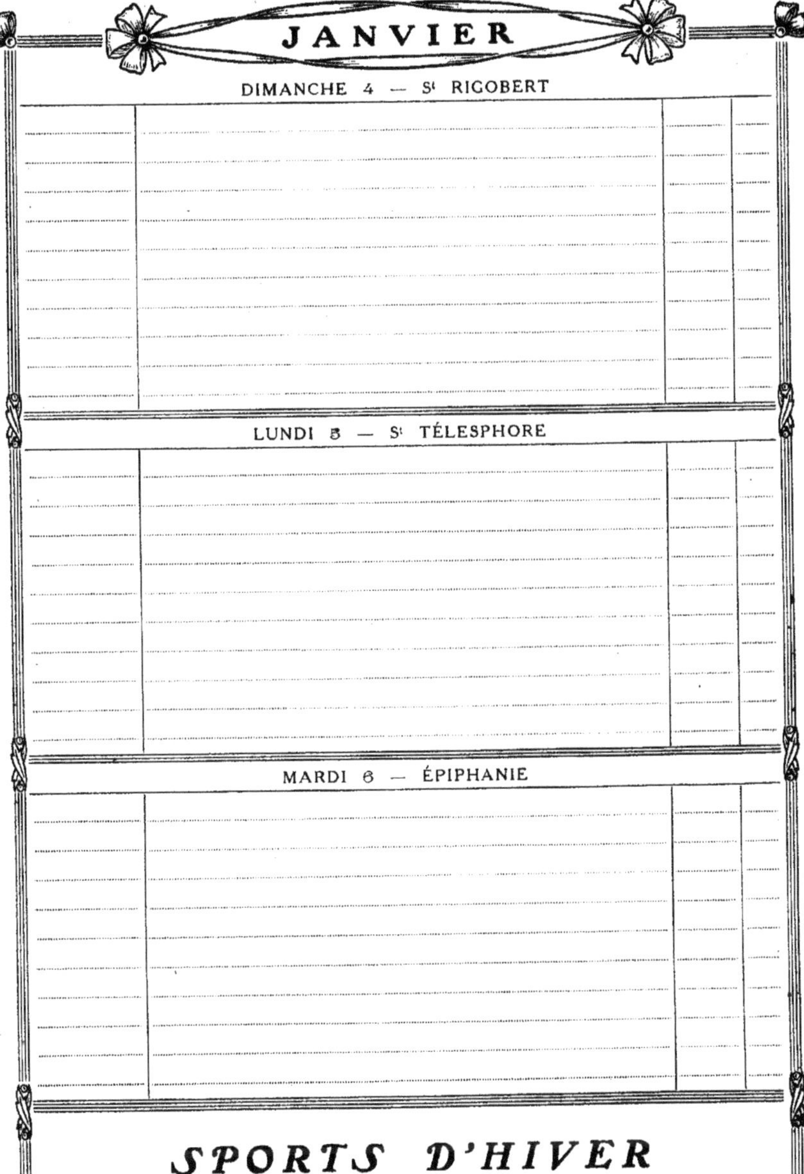

JANVIER

MERCREDI 7 — Ste MÉLANIE

JEUDI 8 — St LUCIEN

VENDREDI 9 — St JULIEN

1. LES DEUX ÉLÉPHANTS ET LE PAPILLON

Toby. — Ah ! le beau papillon, je vais le saisir...
Jumbo. — Non, laisse-moi le prendre !

JANVIER

SAMEDI 10 — St GUILLAUME

DIMANCHE 11 — St THÉODOSE

LUNDI 12 — St ARCADIUS

JANVIER

MARDI 13 — BAPTÊME DE JÉSUS-CHRIST

MERCREDI 14 — St HILAIRE

JEUDI 15 — St MAUR

2. LES DEUX ÉLÉPHANTS ET LE PAPILLON

Toby. — Cette fois, je le tiens..., non..., pas encore...
Jumbo. — C'est moi qui l'ai... Ah! il m'échappe...

JANVIER

VENDREDI 16 — St MARCEL

SAMEDI 17 — St ANTOINE

DIMANCHE 18 — CHAIRE DE St PIERRE A ROME

(Voir page 208)

JANVIER

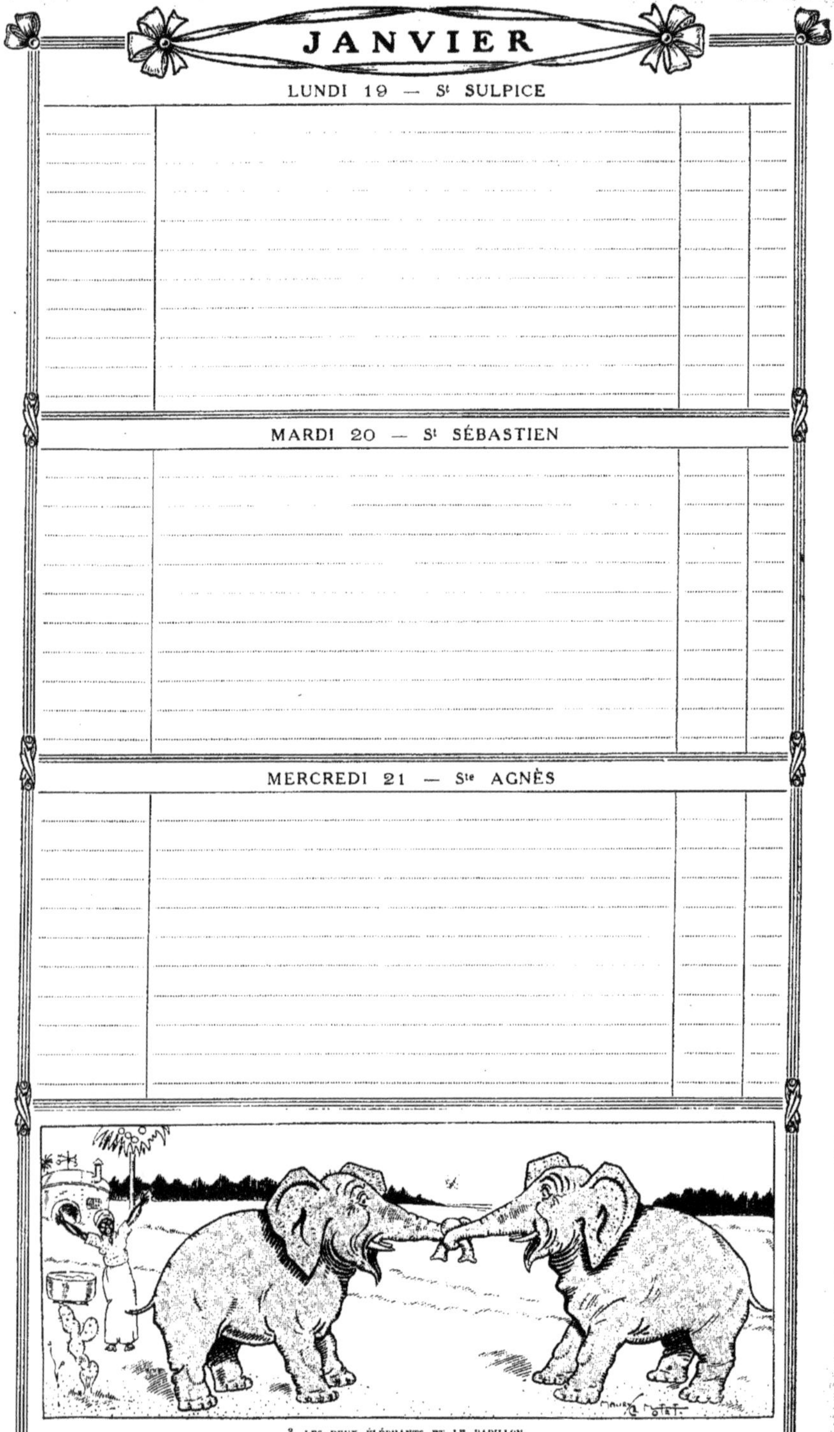

LUNDI 19 — St SULPICE

MARDI 20 — St SÉBASTIEN

MERCREDI 21 — Ste AGNÈS

3. LES DEUX ÉLÉPHANTS ET LE PAPILLON

Toby. — Eh bien, mon ami, je crois que le papillon nous a joué un drôle de tour !

JANVIER

JEUDI 22 — St VINCENT

VENDREDI 23 — St RAYMOND

SAMEDI 24 — St TIMOTHÉE

(Voir page 208)

JANVIER

DIMANCHE 25 — CONVERSION DE St PAUL

LUNDI 26 — Ste PAULE

MARDI 27 — St JEAN CHRYSOSTOME

I. LE JONGLEUR ET LE CHASSEUR

Le chasseur. — C'est pas possible, pour jongler avec des œufs sans les casser, ils ne doivent pas être vrais...

MERCREDI 28 — St CHARLEMAGNE

JEUDI 29 — St FRANÇOIS DE SALES

VENDREDI 30 — Ste BATHILDE

2. LE JONGLEUR ET LE CHASSEUR
... Il faut que je m'en assure!

SAMEDI 31 — Ste MARCELLE

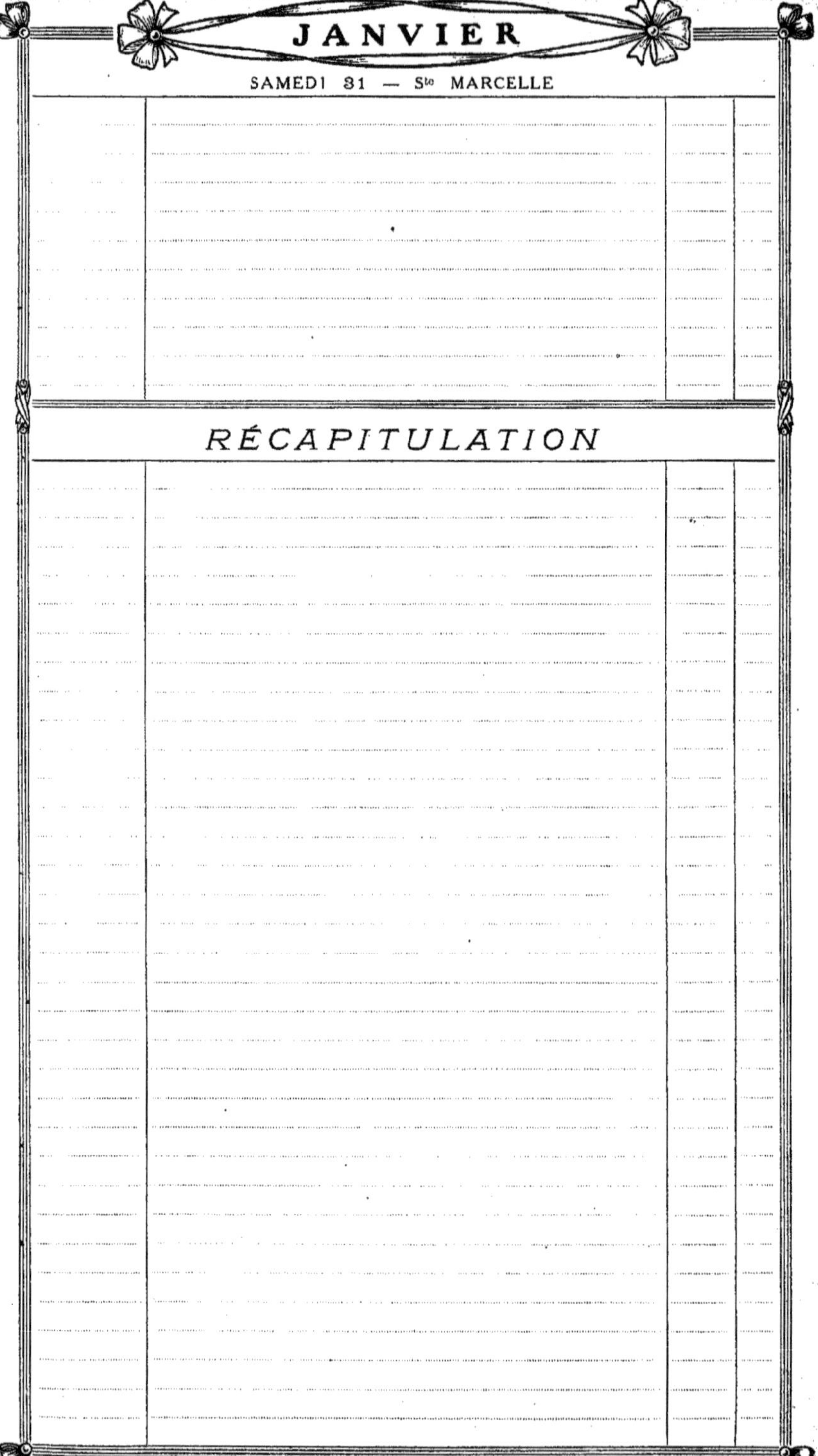

RÉCAPITULATION

La Côte d'Azur

SÉJOUR

à NICE, CANNES, MENTON, HYÈRES, GRASSE, etc.

BILLETS D'ALLER ET RETOUR COLLECTIFS

délivrés aux familles d'au moins trois Personnes voyageant ensemble

1° Du 15 Octobre au 15 Mai. — Valables 33 jours. — 1°, 2° et 3° Classes.

Pour **Cassis, La Ciotat, Saint-Cyr-sur-Mer-la-Cadière, Bandol, Ollioules-Sanary, La Seyne-Tamaris-sur-Mer, Toulon, Hyères,** et toutes les gares situées entre **Saint-Raphaël-Valescure, Grasse, Nice et Menton.** Minimum de parcours simple : 150 kilomètres.

2° Du 1er Octobre au 15 Novembre. — Valables jusqu'au 15 Mai. — 2° et 3° Classes.

Pour **Cassis et toutes les gares P. L. M. au delà,** sous condition d'un parcours simple minimum de 400 kilomètres. (Le coupon d'aller n'est valable que du 1er Octobre au 15 Novembre.)

PRIX. — Les 2 premières personnes paient le plein tarif, la 3° **personne** bénéficie d'une réduction de **50 °/.**, la **4° personne et chacune des suivantes** d'une réduction de **75 °/.**.

FACULTÉ DE PROLONGATION. — **Une ou plusieurs périodes de 15 jours** moyennant un supplément de 10 °/. du prix du billet pour chaque période.

ARRÊTS facultatifs aux gares situées sur l'itinéraire.

NOTA. — Demander ces billets 4 jours à l'avance à la gare de départ.

Des billets d'aller et retour de famille *analogues à ceux ci-dessus sont également délivrés par les gares P. L. M. pour les stations hivernales ci-après* des chemins de fer du Sud de la France (via Hyères ou Saint-Raphaël) : **San-Salvadour-Mont-des-Oiseaux, La Londe, Bormes, Le Lavandou, Cavalière, Cavalaire, La Croix, La Foux, Saint-Tropez, Sainte-Maxime-Plan-de-La-Tour.**

FÊTES SUR LA CÔTE D'AZUR

BILLETS D'ALLER ET RETOUR INDIVIDUELS (1re et 2e Classes)

pour Cannes, Nice, Monaco, Monte-Carlo et Menton

AU DÉPART DE : **Paris,** Dijon, **Lyon** (Perrache et Brotteaux), Belfort, Vesoul, Besançon, Gray, Nevers, Is-sur-Tille, Genève, Clermont-Ferrand, Saint-Etienne, Grenoble, Valence, Avignon, Cette, Nîmes.

A l'occasion des Fêtes de Noël et du Jour de l'An, des Courses de Nice, du Carnaval de Nice, des Régates Internationales de Nice, de Cannes et de Menton, des Vacances de Pâques et du Tir aux Pigeons de Monaco.

VALIDITÉ : **20 jours** (dimanches et fêtes compris). — FACULTÉ DE PROLONGATION : une ou deux périodes de 10 jours (dimanches et fêtes compris), moyennant un supplément égal à 10 % du prix du billet pour chaque période.

ARRÊTS : 2 arrêts autorisés tant à l'aller qu'au retour. — PRIX : Réduction de 25 % en 1re classe ; 20 % en 2e classe.

Les dates d'émission sont portées à la connaissance du public par voie d'affiches et d'insertions dans les journaux.

Mêmes billets émis sur les réseaux du MIDI, du NORD, de l'ORLÉANS et de l'ÉTAT

VOYAGES CIRCULAIRES

A ITINÉRAIRES FACULTATIFS SUR LE RÉSEAU P. L. M.

Il est délivré toute l'année, dans toutes les gares du réseau P. L. M., des **CARNETS INDIVIDUELS** ou de **FAMILLE,** pour effectuer sur ce réseau, **en 1re, 2e et 3e classes,** des Voyages Circulaires à itinéraires tracés par les voyageurs eux-mêmes, avec parcours totaux d'au moins 300 kilomètres. Les prix de ces Carnets comportent des **réductions très importantes** qui peuvent atteindre, pour les Carnets de famille, 50 % du Tarif général.

La **validité** de ces Carnets est de **30 jours** jusqu'à 1.500 kilomètres ; **45 jours** de 1.501 à 3.000 kilomètres ; **60 jours** pour plus de 3.000 kilomètres.

Faculté de prolongation à deux reprises de **15, 23 ou 30 jours** suivant le cas, moyennant le paiement d'un supplément égal à 10 % du prix du Carnet, pour chaque prolongation.

Arrêts facultatifs à toutes les gares situées sur l'itinéraire.

Pour se procurer un carnet individuel ou de famille, il suffit de tracer sur une carte, qui est délivrée gratuitement dans les gares P. L. M., bureaux de ville et agences de voyages, le voyage à effectuer, et d'envoyer cette carte, **5 jours avant le départ,** à la gare où le voyage doit être commencé, en joignant à cet envoi une consignation de 10 francs.

Le délai de demande est réduit à 2 jours (dimanches et fêtes non compris) pour certaines grandes gares.

EXEMPLE DE CES VOYAGES

AU DÉPART DE PARIS SUR LA CÔTE D'AZUR

Itinéraire I

PRIX		
	1re classe	158 fr. 10
	2e classe	112 fr. 10
	3e classe	78 fr. 10

Validité : 45 jours

Les Billets de ce Voyage sont délivrés, à la première demande, à Paris et à Nice.

FÉVRIER

— Avez-vous entendu craquer la glace?
— Oh! j'ai eu peur! j'ai cru que c'était ma robe!

DIMANCHE 1er — St IGNACE

LUNDI 2 — PURIFICATION

MARDI 3 — St BLAISE

FÉVRIER

MERCREDI 4 — St GILBERT

JEUDI 5 — Ste AGATHE

VENDREDI 6 — Ste DOROTHÉE

(Voir page 82)

FÉVRIER

SAMEDI 7 — St ROMUALD

DIMANCHE 8 — SEPTUAGÉSIME

LUNDI 9 — Ste APOLLINE

PRODIGALITÉ

— Téléphone vite au docteur qu'il vienne, le petit vient d'avaler un sou...
— Dépenser dix francs de visite, pour sauver un sou, ah ! les femmes !

MARDI 10 — Ste SCHOLASTIQUE

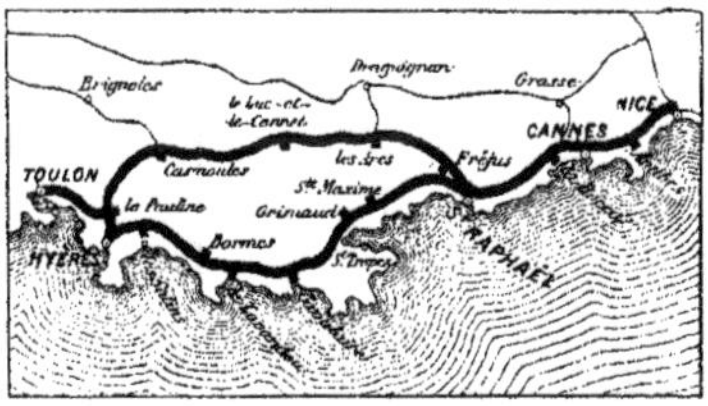

MERCREDI 11 — St SÉVERIN

JEUDI 12 — Ste EULALIE

VENDREDI 13 — St GRÉGOIRE

SAMEDI 14 — St VALENTIN

DIMANCHE 15 — SEXAGÉSIME

CHIROMANCIE

— Sur cette ligne-là, je vois que vous ferez de beaux voyages..
— Dites-moi, ne serait-ce pas la ligne du P. L. M. ?

LUNDI 16 — St ONÉSIME

MARDI 17 — St THÉODULE

MERCREDI 18 — St SIMÉON

FÉVRIER

JEUDI 19 — St GABIN

VENDREDI 20 — St SILVAIN

SAMEDI 21 — St PÉPIN

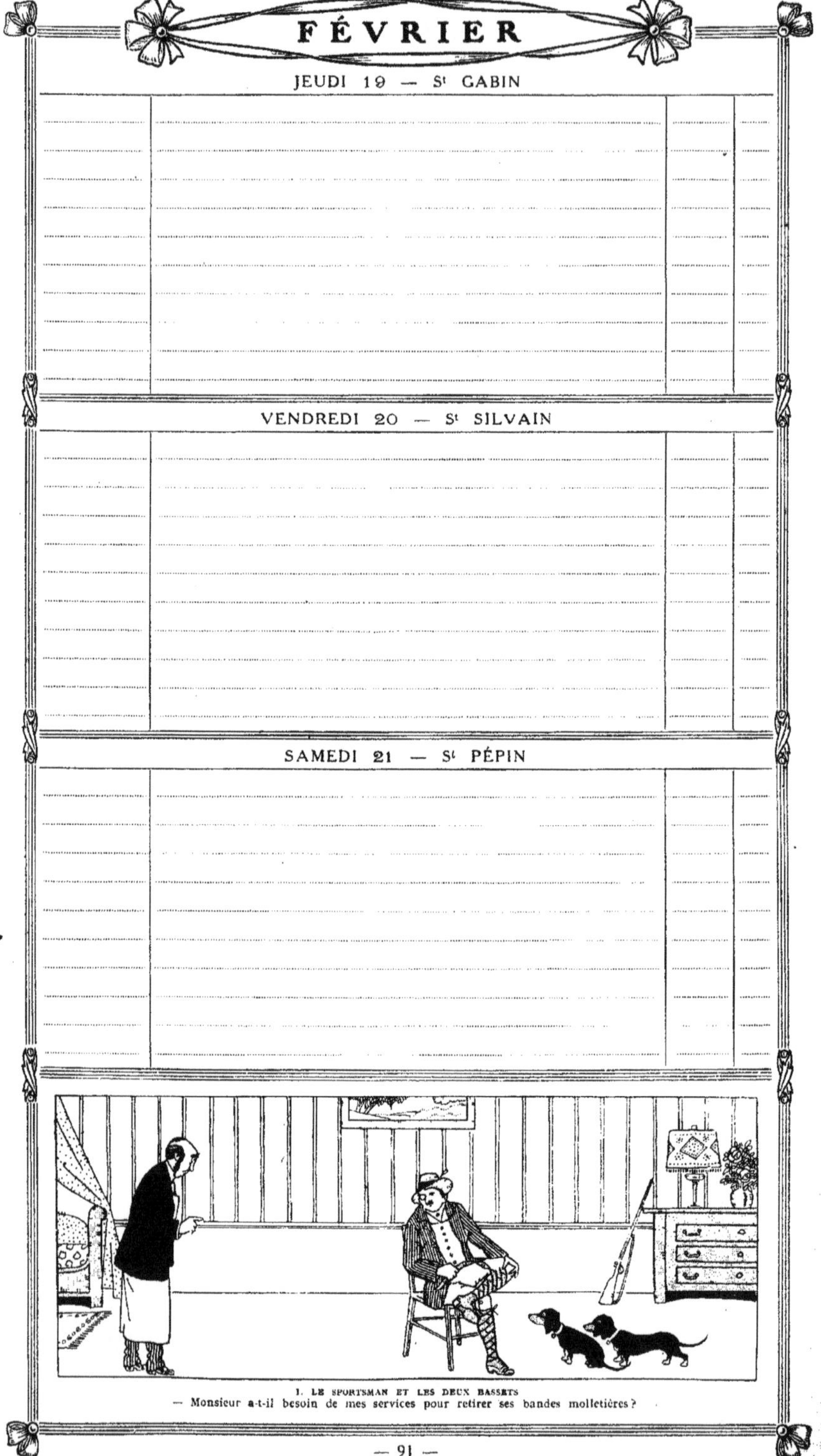

1. LE SPORTSMAN ET LES DEUX BASSETS
— Monsieur a-t-il besoin de mes services pour retirer ses bandes molletières ?

FÉVRIER

DIMANCHE 22 — QUINQUAGÉSIME

LUNDI 23 — St PIERRE DAMIEN

MARDI 24 — MARDI-GRAS

EXCURSIONS SUR LE LITTORAL

Exemple de voyage circulaire à itinéraire fixe :

Itinéraire *22*

Validité : 15 jours

PRIX :

1re classe.. ..	**8 fr. 85**
2e classe.. ..	**6 fr. 35**
3e classe.. ..	**4 fr. 75**

Émission, à première demande, dans toutes les gares P. L. M. situées sur l'itinéraire ; dans les autres gares, sur demande faite 48 heures à l'avance.

FÉVRIER

MERCREDI 25 — CENDRES

JEUDI 26 — St NESTOR

VENDREDI 27 — St LÉANDRE

2. LE SPORTSMAN ET LES DEUX BASSETS

— Oh! Inutile, mon ami, j'ai un système bien plus pratique!

EN EXCURSION

— Ce que vous apercevez là-bas, c'est le Meneu ; à droite, c'est Failly ; plus loin, c'est La Coudre...
— Dites donc, vous qui avez de si bons yeux, vous ne voyez pas où il y aurait une glace par ici ?

FÉVRIER

RÉCAPITULATION

VACANCES

CARTES D'EXCURSIONS

A Prix très Réduits

1re, 2e et 3e classes

INDIVIDUELLES OU DE FAMILLE

Dauphiné, Savoie, Jura, Auvergne et Cévennes

CONDITIONS ESSENTIELLES DE DÉLIVRANCE

DÉLIVRANCE DES CARTES au départ de **toutes les gares** du réseau P. L. M. :

1° Du **jeudi qui précède la fête des Rameaux** au **lundi de Pâques inclus** ;

2° Du **15 juin au 15 septembre inclus.**

Elles donnent droit :

A la **LIBRE CIRCULATION** pendant **15 jours** ou **30 jours,** sur les lignes des zones définies ci-après, — à un voyage **aller et retour,** avec **arrêt facultatif** aux gares intermédiaires, entre le point de départ et l'une quelconque des gares du périmètre de la zone ; lorsque ce voyage, **aller et retour,** excède **300 kilomètres,** les prix des cartes sont augmentés, par kilomètre en plus, de : **0** fr. **065** en 1re classe, **0** fr. **045** en 2e classe, **0** fr. **03** en 3e classe.

Le voyage aller et retour en dehors de la zone de libre circulation doit s'effectuer, soit par l'itinéraire le plus court au point de vue kilométrique, soit par l'itinéraire le plus court au point de vue de la rapidité des trains.

ZONE A (DAUPHINÉ). — Aix-les-Bains à Montmélian, Chambéry à Saint-André-le-Gaz, La Tour-du-Pin à Veynes, Montmélian à Grenoble, Moirans à Valence, Valence à Livron, Livron à Briançon.

ZONE B (SAVOIE) (1). — Culoz à Genève-Cornavin, Bellegarde à Divonne-les-Bains et à Saint-Claude, La Cluse à Bourg, Bellegarde à Saint-Gingolph, Annemasse à Genève-Eaux-Vives, Aix-les-Bains à Annemasse, La Roche-sur-Foron au Fayet-Saint-Gervais, Le Fayet-Saint-Gervais à Chamonix, à Argentière et à Vallorcine, Annecy à Albertville, Albertville à Moutiers-Salins, Culoz à Modane, Saint-Pierre d'Albigny à Albertville, Montmélian à Grenoble.

ZONE C (DAUPHINÉ-SAVOIE) (1). — Lignes énumérées ci-dessus aux zones A et B.

ZONE D (JURA). — Besançon-Viotte à Villers-le-Lac, Montbéliard et Saint-Hippolyte, l'Hôpital-du-Gros-Bois à Lods, Besançon-Viotte à Lons-le-Saunier, Mouchard à Salins, Mouchard aux Verrières-de-Joux, Andelot à Saint-Claude, Lons-le-Saunier à Champagnole, Gilley à Pontarlier, Pontarlier aux Hôpitaux-Neufs-Jougne.

ZONE E (AUVERGNE). — Saint-Germain-des-Fossés à Saint-Georges-d'Aurac, Saint-Germain-des-Fossés à Darsac, Riom à Châtel-Guyon, Clermont-Ferrand à Saint-Just-sur-Loire, Saint-Just-sur-Loire à Firminy, par Fraisse-Unieux, Firminy à Saint-Georges-d'Aurac, Bonson à Sembadel.

ZONE F (CÉVENNES). — Saint-Georges-d'Aurac à Firminy, Firminy à Peyraud, Peyraud au Teil et à Alais, Saint-Georges-d'Aurac à Saint-Jean-du-Gard et au Vigan, Le Puy à Langogne, Le Pouzin à Privas, Vogüé à Lalevade d'Ardèche, Saint-Sernin à Largentière, Robiac à Bessèges et à La Valette, Saint-Julien-les-Fumades au Martinet.

ZONE G (AUVERGNE-CÉVENNES). — Lignes énumérées ci-dessus aux zones E et F.

1° CARTES INDIVIDUELLES

Enfants. — De 3 à 7 ans, les enfants sont admis à ne payer que la moitié du prix. Au-dessus de 7 ans, les enfants paient place entière.

Validité. — La durée de validité des cartes d'excursions ne comprend pas le jour du départ, à l'aller, ni celui de l'arrivée, au retour ; elle peut être prolongée d'une période égale à la durée primitive, moyennant le paiement :

a) Pour les **cartes de 15 jours,** d'un supplément égal à la différence entre les prix d'une carte de 30 jours et les prix d'une carte de 15 jours ;

b) Pour les **cartes de 30 jours,** d'un supplément égal à 20 % du prix payé au départ, sans que la validité puisse, en aucun cas, dépasser le 10 octobre. Passé cette date, les cartes d'excursions et les coupons de retour sont considérés comme nuls et sans valeur.

2° CARTES DE FAMILLE

Toute personne qui souscrit, pendant les périodes indiquées ci-dessus et en même temps que la carte d'excursion qui lui est propre, une ou plusieurs cartes de même nature en faveur des membres de sa famille, ***femme ou mari, père, mère, enfant, grand-père, grand'mère, beau-père, belle-mère, gendre, belle-fille, frère, sœur, beau-frère, belle-sœur, oncle, tante, neveu, nièce et des serviteurs*** attachés à la famille, bénéficie des réductions ci-après sur les prix pleins des cartes d'excursions individuelles.

1re carte	prix pleins.	4e carte.	réduction de **30 %**
2e —	réduction de **10 %**	5e —	— **40 %**
3e —	— **20 %**	6e — et suivantes	— **50 %**

Enfants. — Quel que soit le nombre des membres de la famille, il n'est accordé aux enfants de 3 à 7 ans aucune réduction supplémentaire sur les prix des cartes individuelles qui leur sont délivrées à demi-tarif, comme il est dit au 1° ci-dessus.

Validité. — Les conditions de délivrance, de durée de validité et de prolongation sont les mêmes que celles fixées au 1° pour les cartes individuelles. Toutefois, le supplément à acquitter, pour la prolongation de validité des cartes de famille de 30 jours, est fixé uniformément, pour chaque carte, à 20 % du prix d'une carte individuelle de même classe.

Les cartes de famille doivent être souscrites au même moment, pour la même durée de validité et pour le même parcours. Elles peuvent être de classes différentes. Lorsqu'elles sont de classes différentes, le taux de réduction est appliqué dans l'ordre des classes en commençant par la plus élevée.

Demandes de cartes. — Les cartes individuelles ou de famille doivent être demandées : à Paris, **6 heures** avant le départ du train ; dans les autres gares, **3 jours** à l'avance.

Les demandes doivent être accompagnées du portrait photographié, sur épreuve non collée de 0,03/0,02, de chacune des personnes au nom desquelles les cartes sont demandées.

(1) La Cie des Bateaux à Vapeur du Lac d'Annecy accorde une réduction de 20 % sur les billets « Tour du Lac » aux porteurs de cartes des zones B et C. Arrêt facultatif dans tous les ports.

MONTIGNY — BORDS DU LOING

MARS

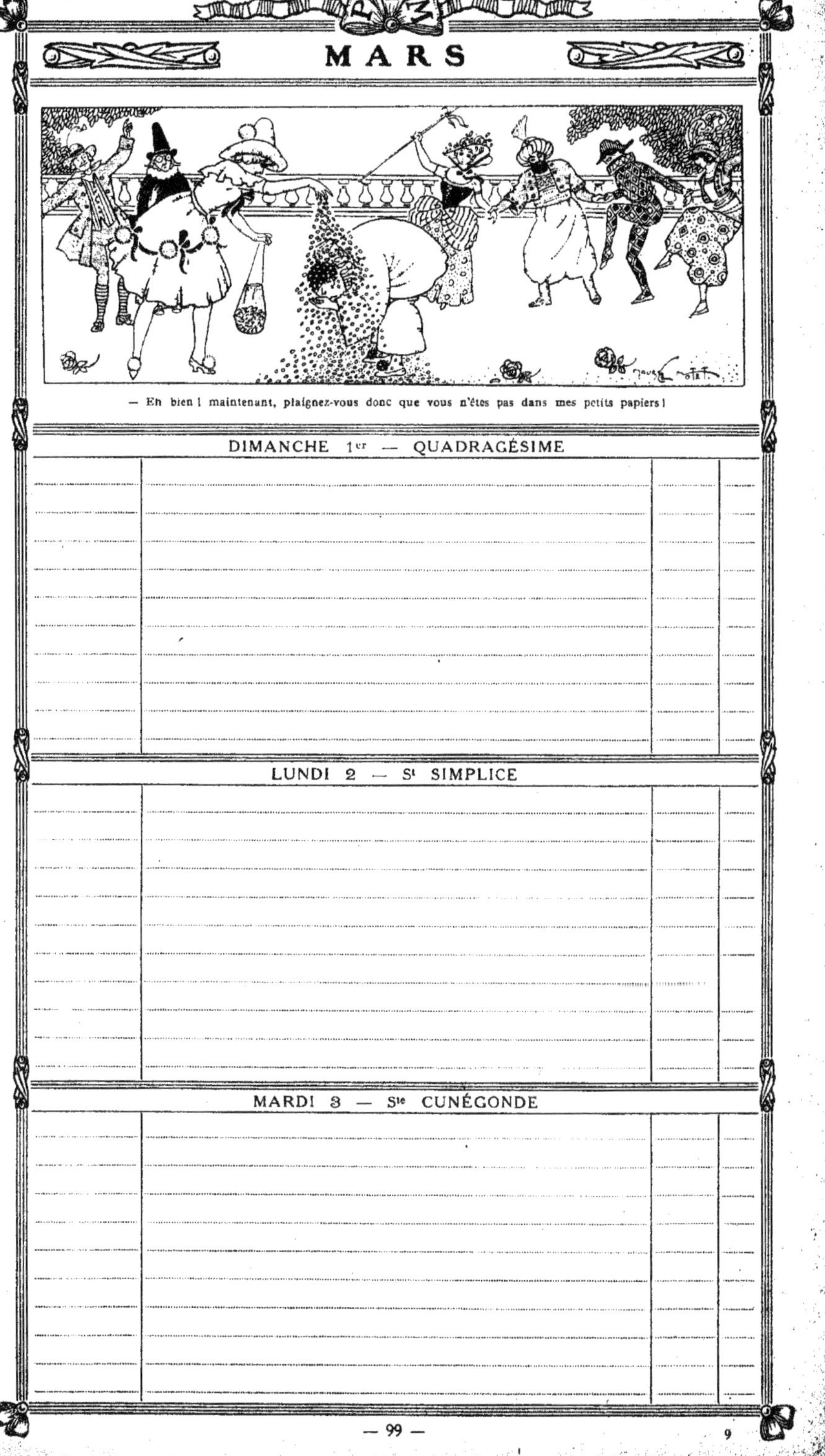

— Eh bien ! maintenant, plaignez-vous donc que vous n'êtes pas dans mes petits papiers !

DIMANCHE 1er — QUADRAGÉSIME

LUNDI 2 — St SIMPLICE

MARDI 3 — Ste CUNÉGONDE

MARS

MERCREDI 4 — St CASIMIR

JEUDI 5 — St ADRIEN

VENDREDI 6 — Ste COLETTE

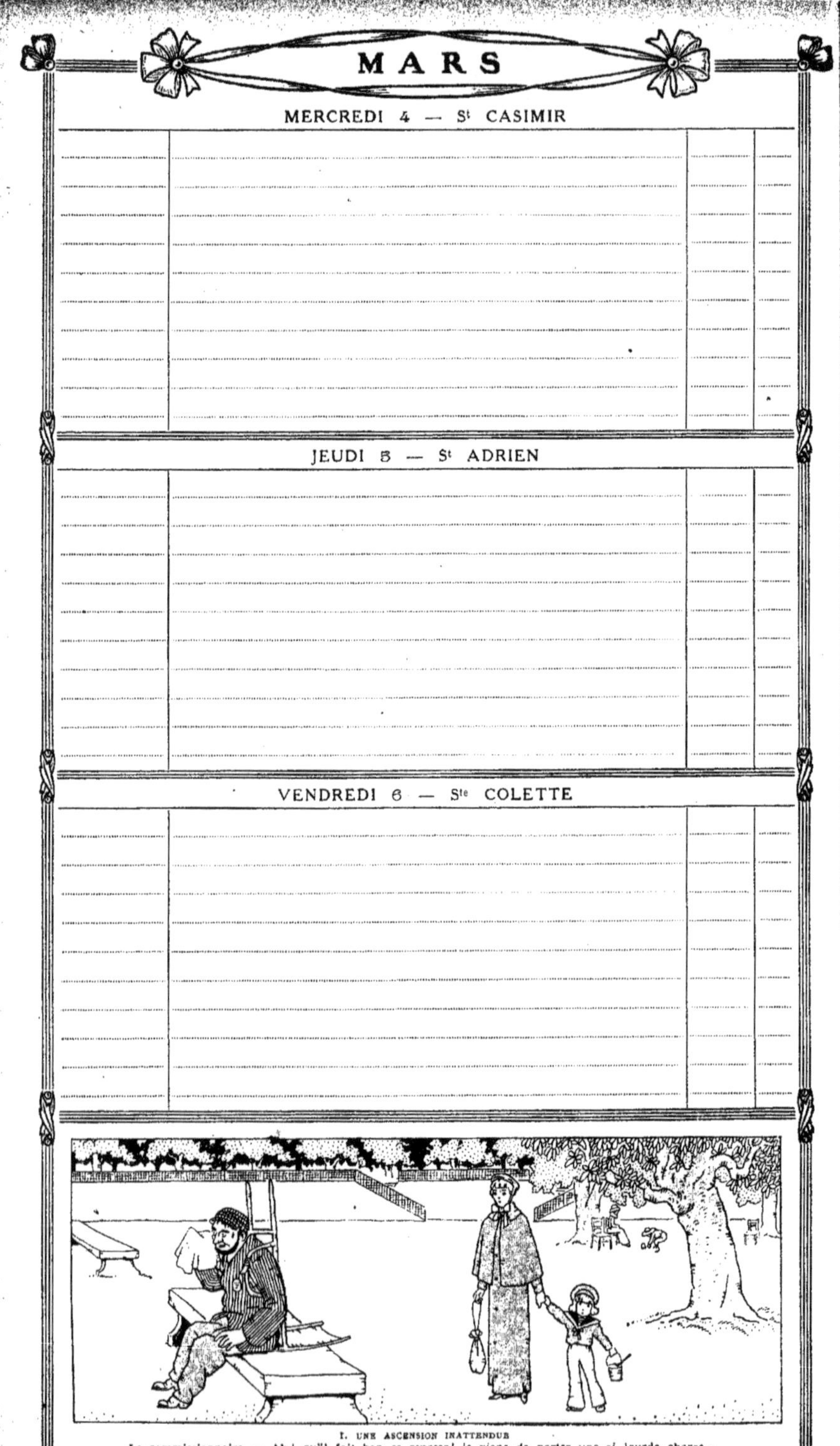

I. UNE ASCENSION INATTENDUE

Le commissionnaire. — Ah ! qu'il fait bon se reposer ! je viens de porter une si lourde charge...

MARS

SAMEDI 7 — St THOMAS D'AQUIN

DIMANCHE 8 — REMINISCERE

LUNDI 9 — Ste FRANÇOISE

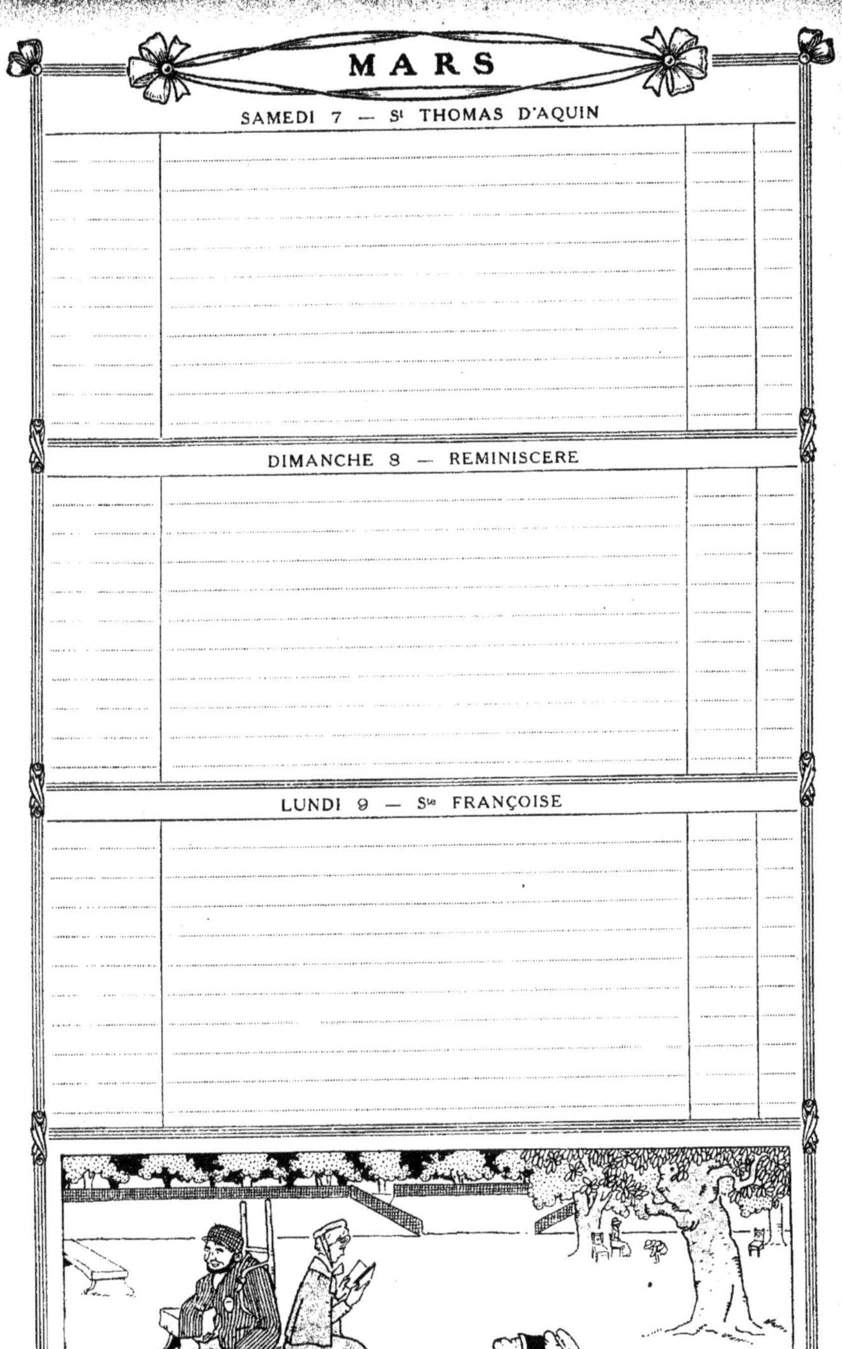

2. UNE ASCENSION INATTENDUE

— Ah ! ça va mieux, je me sens reposé, je vais pouvoir repartir allègrement

MARDI 10 — QUARANTE MARTYRS

MERCREDI 11 — St EULOGE

JEUDI 12 — St MARIUS

MARS

VENDREDI 13 — Ste EUPHRASIE

SAMEDI 14 — Ste MATHILDE

DIMANCHE 15 — OCULI

3. UNE ASCENSION INATTENDUE
— Nom d'un petit bonhomme! mais c'est aussi lourd qu'avant!

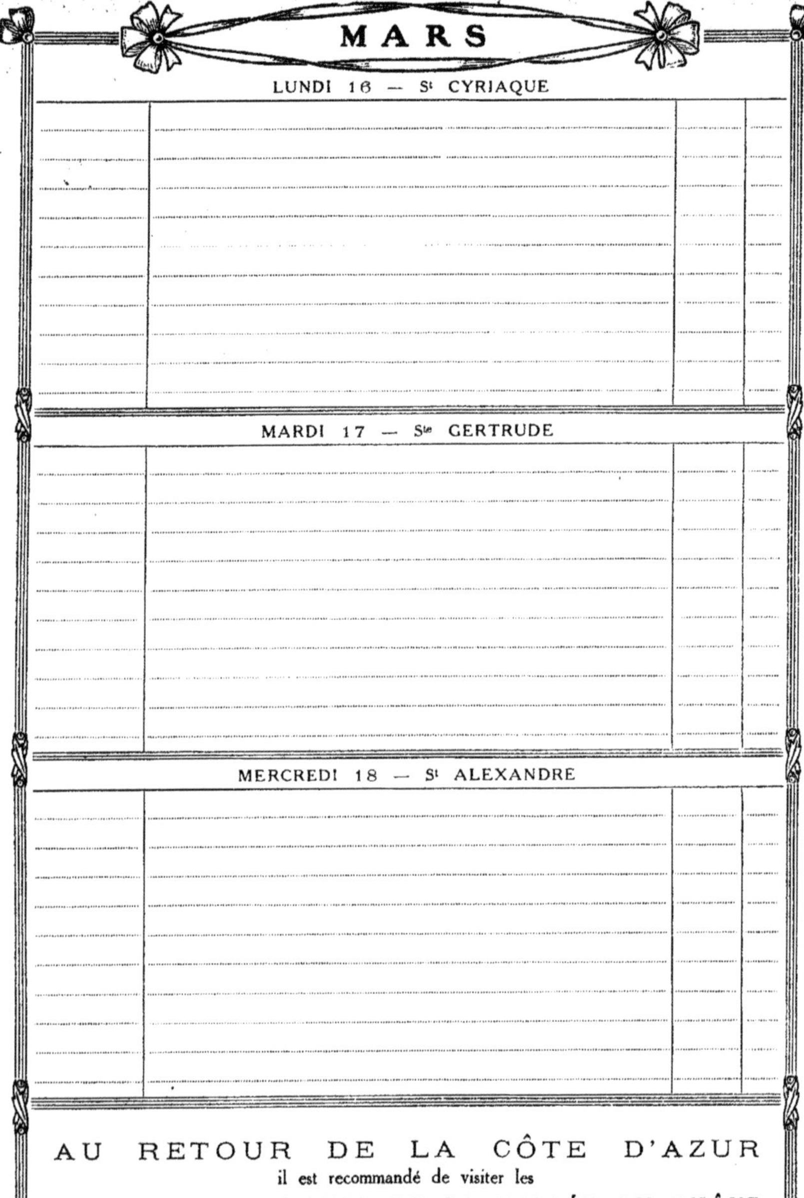

MARS
LUNDI 16 — St CYRIAQUE
MARDI 17 — Ste GERTRUDE
MERCREDI 18 — St ALEXANDRE

JEUDI 19 — MI-CARÊME

VENDREDI 20 — St JOACHIM

SAMEDI 21 — St BENOIT

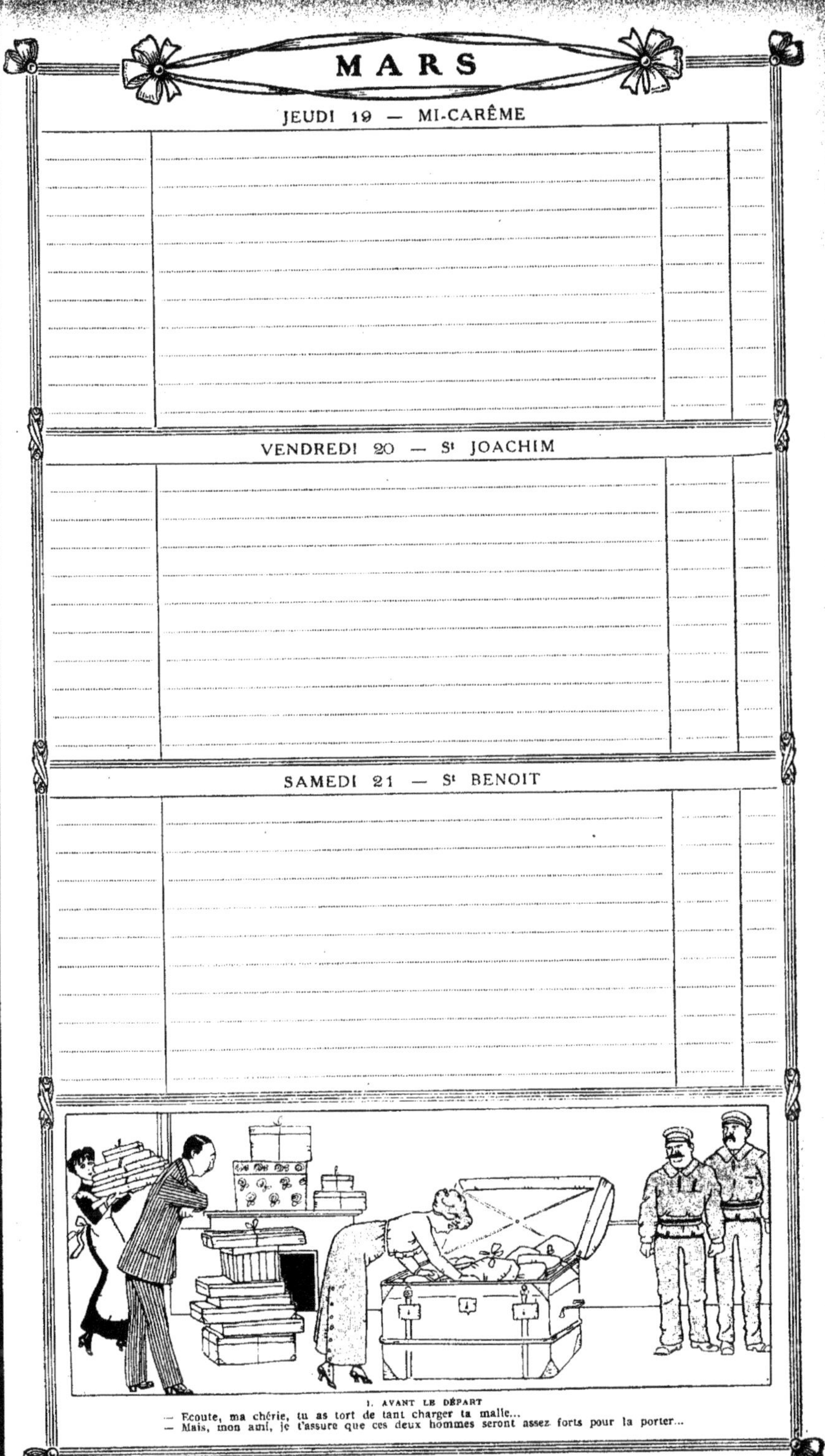

1. AVANT LE DÉPART

— Ecoute, ma chérie, tu as tort de tant charger ta malle...
— Mais, mon ami, je t'assure que ces deux hommes seront assez forts pour la porter...

DIMANCHE 22 — LÆTARE

LUNDI 23 — St VICTORIEN

MARDI 24 — St GABRIEL

Vacances de Pâques

BILLETS D'ALLER ET RETOUR COLLECTIFS
A PRIX TRÈS RÉDUITS POUR FAMILLES

Émission : du Jeudi précédant la Fête des Rameaux
:: :: :: au Lundi de Pâques inclus :: :: ::

VALIDITÉ : 33 JOURS *(Voir page 124)* ARRÊTS FACULTATIFS

MARS

MERCREDI 25 — ANNONCIATION

JEUDI 26 — St EMMANUEL

VENDREDI 27 — St RUPERT

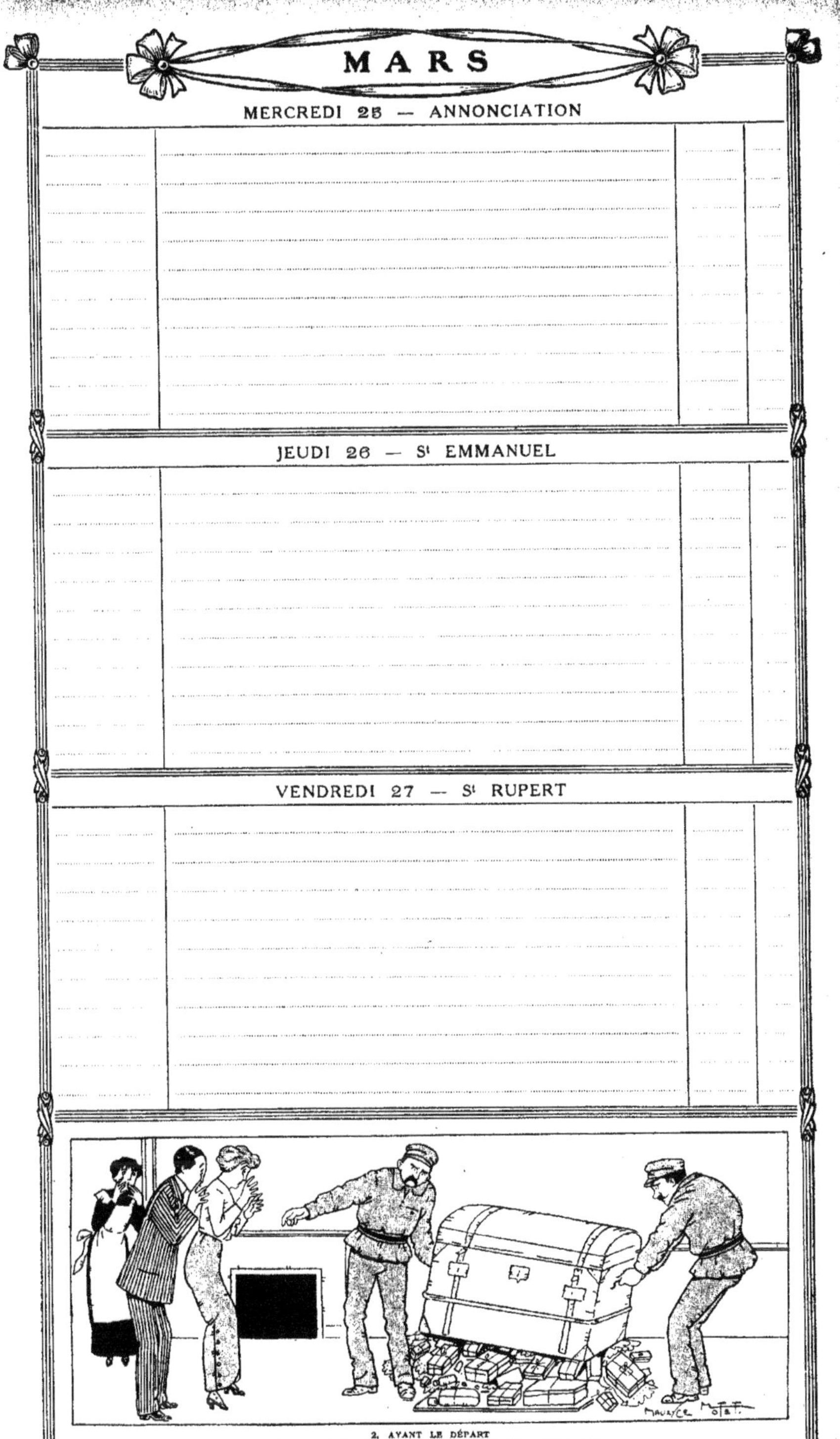

2. AVANT LE DÉPART

— Oui, mais la malle ne sera peut-être pas assez forte !

SAMEDI 28 — St GONTRAN

DIMANCHE 29 — PASSION

LUNDI 30 — St AMÉDÉE

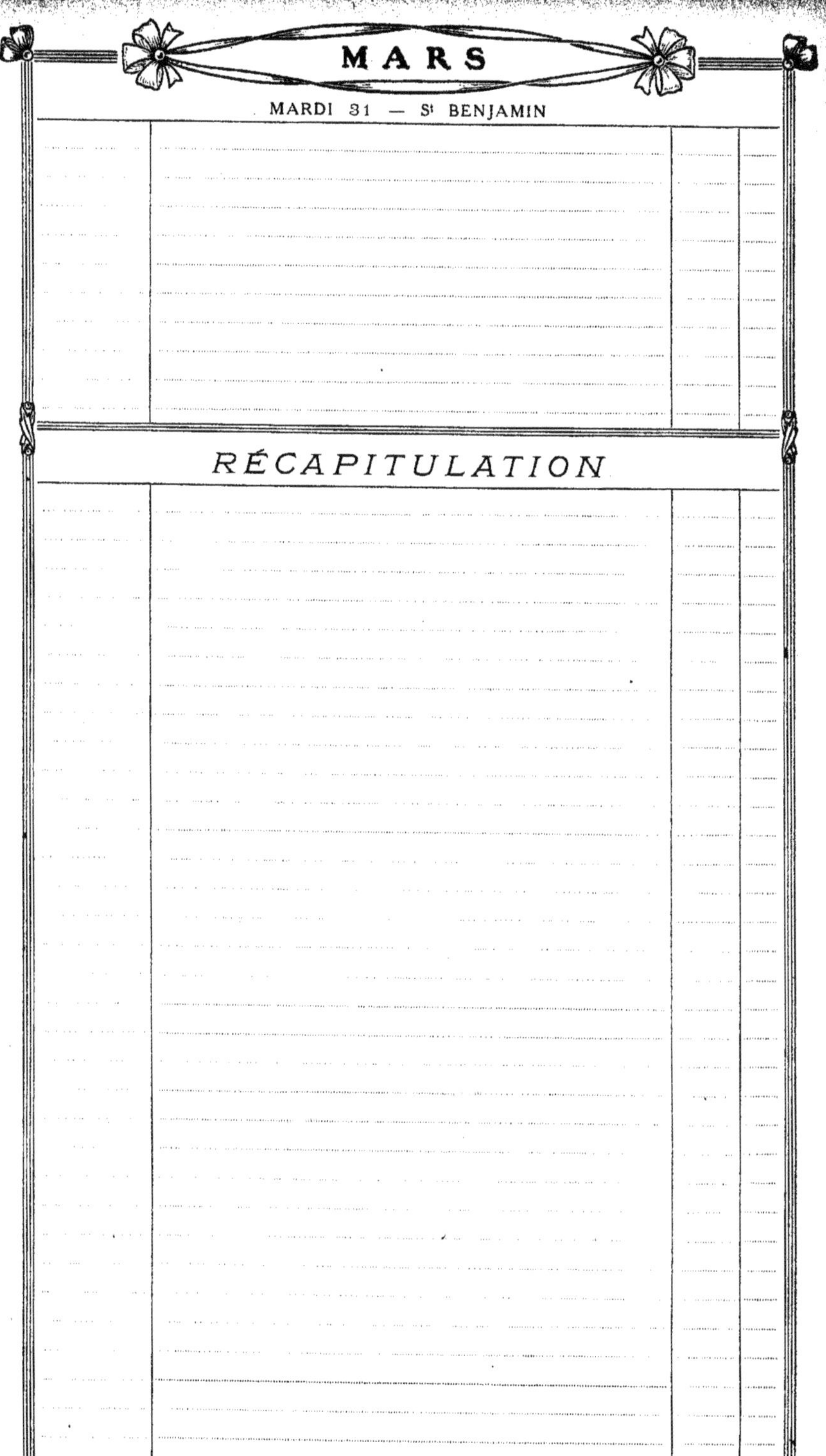

MARS

MARDI 31 — St BENJAMIN

RÉCAPITULATION

STATIONS THERMALES DU RÉSEAU P. L. M.

BILLETS D'ALLER ET RETOUR INDIVIDUELS OU COLLECTIFS DE STATIONS :: THERMALES DÉLIVRÉS DANS TOUTES LES GARES DU RÉSEAU P. L. M. ::

1° — *Billets d'aller et retour individuels* (toutes classes) *1er Mai-31 Octobre*

RÉDUCTION : 25 % en 1re classe et 20 % en 2e et 3e classes. — VALIDITÉ : **10 jours**, non compris les jours de départ et d'arrivée ; faculté de prolongation de **deux fois cinq jours**, contre supplément de 10 % chaque fois. *Faculté d'arrêt à toutes les gares situées sur le parcours.*

Demander les billets quatre jours au moins à l'avance, à la gare de départ.

2° — *Billets d'aller et retour collectifs pour familles d'au moins trois personnes voyageant ensemble* (1re, 2e et 3e classes)

ÉMISSION : **1er Mai-15 Octobre.** Minimum de parcours simple exigé : **150 kilomètres.**
PRIX : Les **deux premières** personnes paient le Tarif général, la **troisième** personne bénéficie d'une réduction de 50 %, la **quatrième** personne et les **suivantes** d'une réduction de 75 %.

3° — *Billets d'aller et retour collectifs pour familles d'au moins deux personnes voyageant ensemble* (2e et 3e classes)

ÉMISSION : **1er Septembre-15 Octobre.** Parcours simple minimum exigé : **150 kilomètres.**
PRIX : La **première** personne paie le Tarif général, la **deuxième** personne bénéficie d'une réduction de 50 %, la **troisième** personne et les **suivantes** d'une réduction de 75 %.

VALIDITÉ DES BILLETS désignés aux 2e et 3e ci-dessus : **33 jours**, non compris le jour du départ. — PROLONGATION : une ou plusieurs fois de **15 jours**, supplément de 10 % chaque fois. — ARRÊTS FACULTATIFS. — DEMANDE DE BILLETS : à la gare de départ ou aux bureaux de ville de la Compagnie, 4 jours au moins à l'avance.

STATIONS THERMALES	GARES desservant les Stations Thermales	Dist.	BILLETS SIMPLES I	II	III
Aix-en-Provence	*Aix*	891	99 80	67 35	43 90
Aix-les-Bains	*Aix-les-Bains*	581	65 05	43 90	28 65
Amphion	*Evian-les-Bains*	669	74 95	50 60	32 95
Allevard	*Pontcharra-s-Bréda*	596	66 75	45 05	29 35
Balaruc	*Cette*	868	97 20	65 60	42 80
Besançon	*Besançon*	406	45 45	30 70	20 »
Bondonneau	*Montélimar*	662	74 15	50 05	32 60
Bourbon-Lancy	*Bourbon-Lancy*	334	37 40	25 25	16 45
Bourbon-L'Archambault	*Moulins*	313	35 05	23 65	15 40
Brides	*Moutiers-Salins*	671	75 15	50 75	33 05
Challes	*Chambéry*	595	66 65	45 »	29 30
Champel	*Genève*	625	70 »	47 25	30 80
Charbonnières	*Charbonnières-les-Bains*	494	55 35	37 35	24 35
Châtel-Guyon	*Châtel-Guyon*	413	46 25	31 20	20 35
Chaudesaigues	*Saint-Flour*	535	59 90	40 45	26 35
Cusset	*Vichy*	365	40 90	27 60	18 »
Digne	*Digne*	829	92 85	62 65	40 85
Divonne-les-Bains	*Divonne-les-Bains*	638	71 45	48 25	31 45
Euzet-les-Bains	*Euzet-les-Bains*	696	77 95	52 60	34 30
Evian-les-Bains	*Evian-les-Bains*	669	74 95	50 60	32 95
Fonsange-les-Bains	*Sauve*	710	79 50	53 70	35 »
Gréoulx	*Manosque*	840	94 10	63 50	41 40
Guillon-les-Bains	*Baume-les-Dames*	438	49 05	33 10	21 60
La Bauche	*Lépin-lac d'Aiguebelette*	600	67 20	45 35	29 55
La Bourboule	*Clermont-Ferrand*	420	47 05	31 75	20 70
La Caille	*Groisy-le-Plot-La Caille*	636	71 25	48 10	31 35
Lamalou	*Montpellier*	841	94 20	63 60	41 45
La Motte	*Saint-Georges-de-Commiers*	651	72 90	49 20	32 10
Le Martouret	*Die*	689	77 15	52 10	33 95
Le Mont-Dore	*Clermont-Ferrand*	420	47 05	31 75	20 70
Les Fumades	*Saint-Julien-les-Fumades*	756	84 65	57 15	37 25
Lons-le-Saunier	*Lons-le Saunier*	442	49 50	33 40	21 80
Marlioz	*Aix-les-Bains*	581	65 05	43 90	28 65
Menthon (Lac d'Annecy)	*Annecy*	620	70 05	47 45	30 95
Montbrun-les-Bains	*Carpentras*	736	82 45	55 65	36 25
Montmirail	*Sarrians-Montmirail*	727	81 40	54 95	35 85
	Carpentras	736	82 45	55 65	36 25
Montrond-Geyser	*Montrond-les-Bains*	473	53 »	35 75	23 30
Pougues-les-Eaux	*Pougues-les-Eaux*	241	27 »	18 20	11 90
Royat	*Royat*	426	47 70	32 20	21 »
Sail-les-Bains	*Saint-Martin-Sail-les-Bains*	389	43 55	29 40	19 15
Sail-sous-Couzan	*Sail-sous-Couzan*	447	50 05	33 80	22 05
Saint-Alban	*Roanne*	421	47 15	31 85	20 75
Saint-Didier	*Carpentras*	736	82 45	55 65	36 25
Saint-Gervais	*Le Fayet-Saint-Gervais*	690	77 30	52 15	34 »
Saint-Honoré-les-Bains	*Rémilly-Saint-Honoré-les-Bains*	321	35 95	24 25	15 80
	Vandenesse	302	33 80	22 85	14 90
Saint-Laurent-les-Bains	*La Bastide-Saint-Laurent-les-Bains*	607	68 »	45 90	29 90
Saint-Nectaire	*Coudes-St-Nectaire*	444	49 75	33 55	21 90
	Issoire	455	50 95	34 40	22 40
Salins (Jura)	*Salins*	400	44 80	30 25	19 70
Salins (Savoie)	*Moutiers-Salins*	671	75 15	50 75	33 05
Sallières-les-Bains	*Die*	689	77 15	52 10	33 95
Santenay	*Santenay*	369	41 35	27 90	18 20
Thonon-les-Bains	*Thonon-les-Bains*	661	74 05	49 95	32 55
Uriage	*Grenoble*	632	70 80	47 80	31 15
Vals	*Vals-les-Bains-La Bégude*	708	79 30	53 50	34 90
Vichy	*Vichy*	365	40 90	27 60	18 »

CHAMONIX

CHEMIN DE FER A CRÉMAILLÈRE de CHAMONIX à la MER de GLACE

Correspondance à Chamonix avec les trains P.L.M arrivant de Martigny par Argentière et d'Annecy, Evian et Genève par le Fayet-St-Gervais. Billets directs pour la **Mer de Glace** délivrés par les principales gares P.L.M. et Agences de transport. Cette ligne intéressante par la hardiesse de son tracé et la vue merveilleuse qu'elle offre au voyageur, permet d'atteindre en 50 minutes la **Mer de Glace** (1913 m). Elle facilite considérablement l'accès des buts d'excursion favoris des touristes et les ascensions telles que :

LE PLAN DE L'AIGUILLE (2202 m.)
::: LE JARDIN (2487 m.) :::
LE COL DU GÉANT (3370 m.), etc.

Pour renseignements, horaires, s'adresser au bureau de la Compagnie, à la Banque Ch. Masson et Cie, S. A. à Lausanne, ou aux agences de voyages.

GRAND HOTEL des ALPES

CHAMONIX

SAISON D'ÉTÉ
1er Mai
1er Octobre
—
Grand Jardin ombragé
—
Télescope

SAISON D'HIVER
10 Décembre
20 Février
—
Patinage, Skis
Luges
Bobsleighs

Premier ordre - Récents agrandissements - Confort moderne - Appartements avec salons et bains - Electricité
Chambre noire - Ascenseur - Chauffage central - Restaurant avec vue sur les glaciers

Télég. : *Hôtel-Alpes* — **J. LAVAIVRE-KLOTZ, Propriétaire** — Téléphone : **27.**

CHAMBÉRY

CHAMBÉRY
Centre d'excursions en Savoie

GRAND HOTEL DE FRANCE

Près de la Gare, sur la route du Mont-Cenis

Monument de Boigne

MAISON DE 1er ORDRE AVEC TOUT LE CONFORT MODERNE ::
APPARTEMENTS AVEC BAINS :: **GRAND HALL** :: **GARAGE**

Même Maison : GRAND HOTEL DES PRINCES
Moderne :: Ouvert en 1908 :: Situé au centre de la Ville
SALLE DE RÉCRÉATION - THÉS

Chambéry
- face à la Gare -

Grand Hôtel Terminus

LE PLUS IMPORTANT — LE PLUS MODERNE
65 CHAMBRES AVEC EAU CHAUDE ET FROIDE
BAINS ET W. C. PRIVÉS — GARAGE — JARDIN

E. LEBRUN, Propriétaire — **Téléphone 1-18**

LYON

GRAND NOUVEL HOTEL

Directeur : DUCHEZ

11, Rue Grolée, 11
LYON

LE PLUS GRAND
LE PLUS TRANQUILLE
LE MEILLEUR

Adresse Télégraphique NOUVOTEL — Téléphones 2.95 et 29.95

V<u>ve</u> H. DUMAINE

57, rue Béchevelin :: LYON :: Téléphone 12-39

GLACES :: CADRES :: DORURE
ARGENTURE - BOMBAGE - BISEAUTAGE

Installations de Vitrines pour EXPOSITIONS :: et MAGASINS ::

Toutes applications des Verres, Dalles et Produits spéciaux des Manufactures de Saint-Gobain

ASSURANCE CONTRE LE BRIS DES GLACES

CONFITURERIE DU RHONE

FONDÉE EN 1882

F. BLANCHARD & Cie, LYON

"AU BÉBÉ"

Confitures Blanchard
purs fruits, pur sucre

Coulis Lyonnais
sauce de tomate pure préparée aux aromates

Bébé Dessert
Conserves de fruits au sirop

Crèmes de fruits
pour mousses, glaces, sorbets et entremets

PARIS

A. LAMBLIN

Articles de chasse
Vêtements de peau noire

15, Rue Tiquetonne
PARIS

LA CHALEUR
PAR
L'ÉLECTRICITÉ

"NEKKI-DENKI"

Système Breveté S. G. D. G.

RENSEIGNEMENTS, DEVIS ET PROJETS
sur demande

Chauffe-Bains, Radiateurs mobiles et fixes à consommation extraordinairement réduite

7, Rue Laffitte, PARIS :: Tél. 324-26

RUE DE LYON, 11, 13, 15. JUBIER & DEVILLERS, Propriétaires

MÊME DIRECTION QUE LE

BUFFET DE LA GARE P. L. M. PARIS

ASSEZ PRÈS DE LA GARE POUR OFFRIR LES AVANTAGES D'UN TERMINUS ET ASSEZ LOIN POUR ÉVITER LE BRUIT DES TRAINS, CE SUPERBE HOTEL, SPÉCIALEMENT CONSTRUIT " AD HOC ", CONCORDE AVEC LES EXIGENCES D'UNE CLIENTÈLE QUI NE TRANSIGE SUR AUCUN ARTICLE DU CONFORTABLE

SOCIÉTÉ Ame INTle DE TRANSPORTS GONDRAND FRÈRES

Capital 11.000.000 entièrement versé — Siège Social : BALE (Suisse)

COURRIER EXPRESS GONDRAND

5, Rue Puits-Gaillot, LYON | 8, Rue Gaillon, PARIS | 1, Rue d'Italie, GENÈVE

Expéditions par trains express avec convoyeurs de Paris et Lyon sur l'Italie, :: la Suisse, Thonon, Evian et vice versa, délais de livraison extrêmement réduits ::

Agence SCHENKER

PARIS — 8, RUE DE SAINT-QUENTIN — **PARIS**

Maison Principale : **SCHENKER & Cie, VIENNE (Autriche),** I., Neuthorgasse, 17

TRANSPORTS INTERNATIONAUX — TRANSIT — AFFRÈTEMENTS

Agence des Compagnies des Chemins de Fer de l'Est, de Paris à Lyon et à la Méditerranée, de Paris à Orléans et du Midi, pour l'Allemagne du Sud, la Bavière, l'Autriche-Hongrie et Pays au delà. — Agence des Principales lignes de Navigation. — Services de Groupage et Services spéciaux à prix réduits pour toutes marchandises et pour tous pays

QUARANTE SUCCURSALES EN EUROPE. CORRESPONDANTS DANS TOUTES LES PRINCIPALES VILLES DU MONDE

Téléphone : **Nord 16-76, 16-78**

Télégrammes : **Friedschenk-Paris**

SAINT-RAPHAËL-VALESCURE

W. F. KING

VENTE DE TERRAINS
LOCATIONS et VENTES de VILLAS

TOUS RENSEIGNEMENTS GRATUITS
ÉTABLISSEMENT LE PLUS IMPORTANT

6, Rue Charles-Gounod — Télégr. : KING — Téléph. : 98

VALLAURIS

Ancienne Maison DELPHIN MASSIER — *Téléphone 27*

MANUFACTURE DE POTERIE D'ART

à VALLAURIS (Alpes-Maritimes)

J. NARBON D'HONORÉ Successeur

GRAND CHOIX DE PIÈCES D'ORNEMENT DE TOUS STYLES
pour Halls, Salons, Vestibules, Terrasses, Jardins, de Châteaux, Villas, Hôtels, Restaurants, Cafés, etc.

NOUVELLE DÉCORATION D'ART, GRÈS FLAMMÉS, OBJETS DE FANTAISIE

Demander le Catalogue illustré — Galerie d'Exposition, Entrée libre — Expéditions pour tous pays

VICHY

VICHY

Sur le Parc

CARLTON HOTEL

Nouvellement reconstruit
... Dernier confort ...

GRAND JARDIN
RESTAURANT
EN PLEIN AIR

Frédéric HAINZL
Directeur

THERMAL-PALACE

HOTEL DES THERMES RECONSTRUIT

Sur le Parc en face le Jardin du Casino

VICHY

300 CHAMBRES
300 SALLES DE BAINS
300 WATER-CLOSETS
Aérés et Séparés

TÉLÉPHONE DANS TOUTES les CHAMBRES
CHAUFFAGE CENTRAL
Vacuum — Garage privé

DERNIER CONFORT

EUGÈNE **REY, Directeur**

VOIRON

Eugène MARTIN

VOIRON

SERVICES DE CARS ALPINS — CORRESPONDANCES OFFICIELLES DU P.L.M. ET V.S.B. DANS LE MASSIF DE LA GRANDE-CHARTREUSE

ROUTE DES ALPES

De Grenoble à Aix-les-Bains. — Après avoir, en quittant Grenoble dans les confortables cars automobiles de l'agence EUG. MARTIN, en Dauphiné et Savoie, escaladé les pentes du Col de Vence et du Sappey d'où le panorama s'élargit sur la vallée de l'Isère, la route débouche au Col de Porte, verdoyant détroit qui est comme le vestibule du prestigieux massif de la Grande-Chartreuse. De là, l'itinéraire dévale et rebondit parmi les prairies et les rochers à travers les plus pittoresques paysages, se tenant en équilibre pour ainsi dire sur l'arête des monts, pour descendre enfin dans la plaine de Chambéry, et aller s'épanouir en pleine beauté à Aix-les-Bains sur les rives enchanteresses du Lac du Bourget, ce féerique et poétique décor.

EXTRAIT DE LA SÉRIE " LA BERLIET A TRAVERS LE MONDE "

AUTOMOBILES BERLIET

LYON — PARIS

DIRECTION COMMERCIALE DE PARIS
MAGASIN DE VENTE ET D'EXPOSITION
AVENUE DES CHAMPS-ÉLYSÉES

USINE A COURBEVOIE
158-160, BOULEVARD DE COURBEVOIE, 158-160

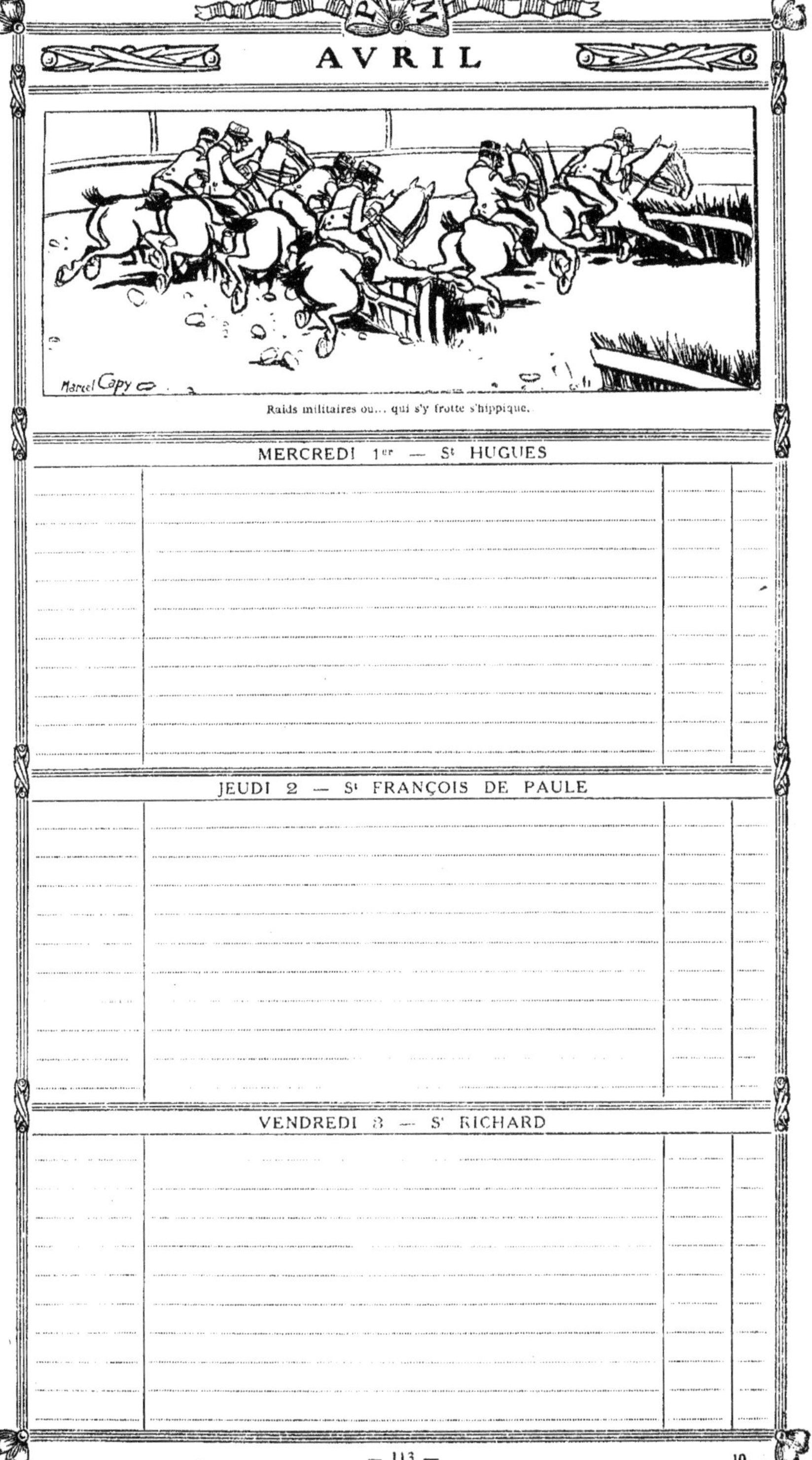

Raids militaires ou... qui s'y frotte s'hippique.

MERCREDI 1er — St HUGUES

JEUDI 2 — St FRANÇOIS DE PAULE

VENDREDI 3 — St RICHARD

AVRIL

SAMEDI 4 — St ISIDORE

DIMANCHE 5 — RAMEAUX

LUNDI 6 — St CÉLESTIN

(Voir page 96)

MARDI 7 — St CLOTAIRE

MERCREDI 8 — St ALBERT

JEUDI 9 — Ste MARIE ÉGYPTIENNE

A LA MANIÈRE DE S'ASSEOIR

1. — Suivant la manière de s'asseoir, on peut reconnaître aisément le caractère des gens. Exemples :

AVRIL

VENDREDI 10 — VENDREDI SAINT

SAMEDI 11 — St LÉON, PAPE

DIMANCHE 12 — PAQUES

BANLIEUE DE PARIS

CARTES D'ABONNEMENT

(1re, 2e et 3e Classes)

Il est délivré, toute l'année, des Cartes d'Abonnement pour la banlieue de Paris, **VALABLES PENDANT 1, 3, 6, 9 MOIS** ou **1 AN.** Les abonnements courent des 1er **et 16 de chaque mois.** Les demandes de Cartes doivent être adressées, accompagnées d'une photographie de l'abonné, au moins **cinq jours** à l'avance, au Chef de gare, dans toutes les localités intéressées ; elles peuvent aussi être envoyées à PARIS, à l'un des Bureaux-Succursales de la Cie : *88, rue St-Lazare ; 6, rue de Rambuteau ; 45, rue de Rennes ; 11, rue des Petites-Écuries ; 252, rue St-Martin ; 16, place de la République ; 6, rue St-Anne, 64, rue Tiquetonne.* *(Voir page 118)*

AVRIL

LUNDI 13 — Ste IDA

MARDI 14 — St TIBURCE

MERCREDI 15 — Ste ANASTASIE

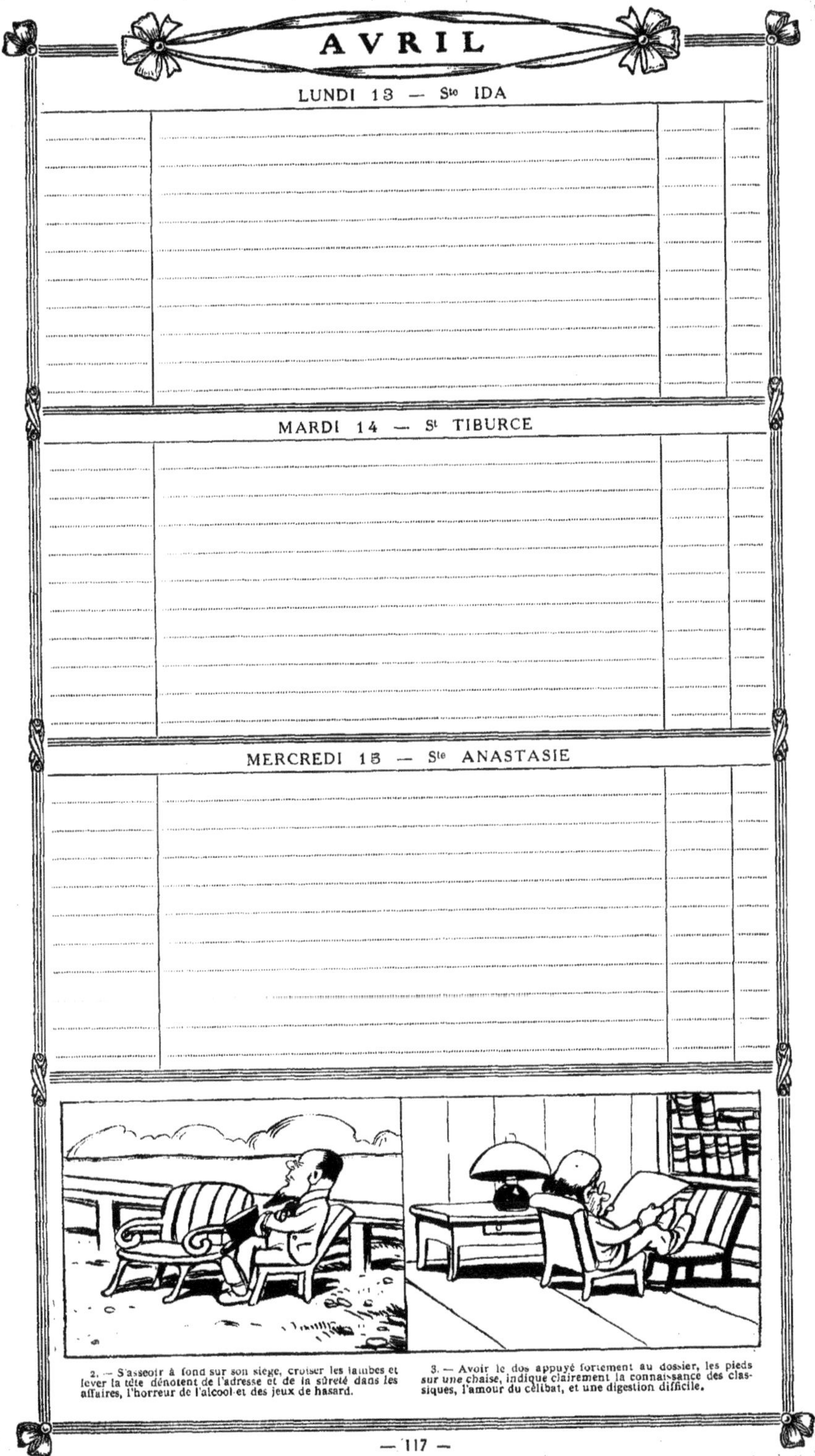

2. — S'asseoir à fond sur son siège, croiser les jambes et lever la tête dénotent de l'adresse et de la sûreté dans les affaires, l'horreur de l'alcool et des jeux de hasard.

3. — Avoir le dos appuyé fortement au dossier, les pieds sur une chaise, indique clairement la connaissance des classiques, l'amour du célibat, et une digestion difficile.

AVRIL

JEUDI 16 — St FRUCTUEUX

VENDREDI 17 — St ANICET

SAMEDI 18 — St PARFAIT

BANLIEUE DE PARIS

MELUN ▫ BOIS-LE-ROI ▫ FONTAINEBLEAU

CARTES D'ABONNEMENT

De Paris à *(ou vice versa)*	UN MOIS			TROIS MOIS		
	1re classe	2e classe	3e classe	1re classe	2e classe	3e classe
Melun	92 50	69 »	46 50	185 »	138 »	93 »
Bois-le-Roi	107 »	80 50	53 50	214 »	161 »	107 »
Fontainebleau.	107 »	80 50	53 50	214 »	161 »	107 »

(Voir page 116)

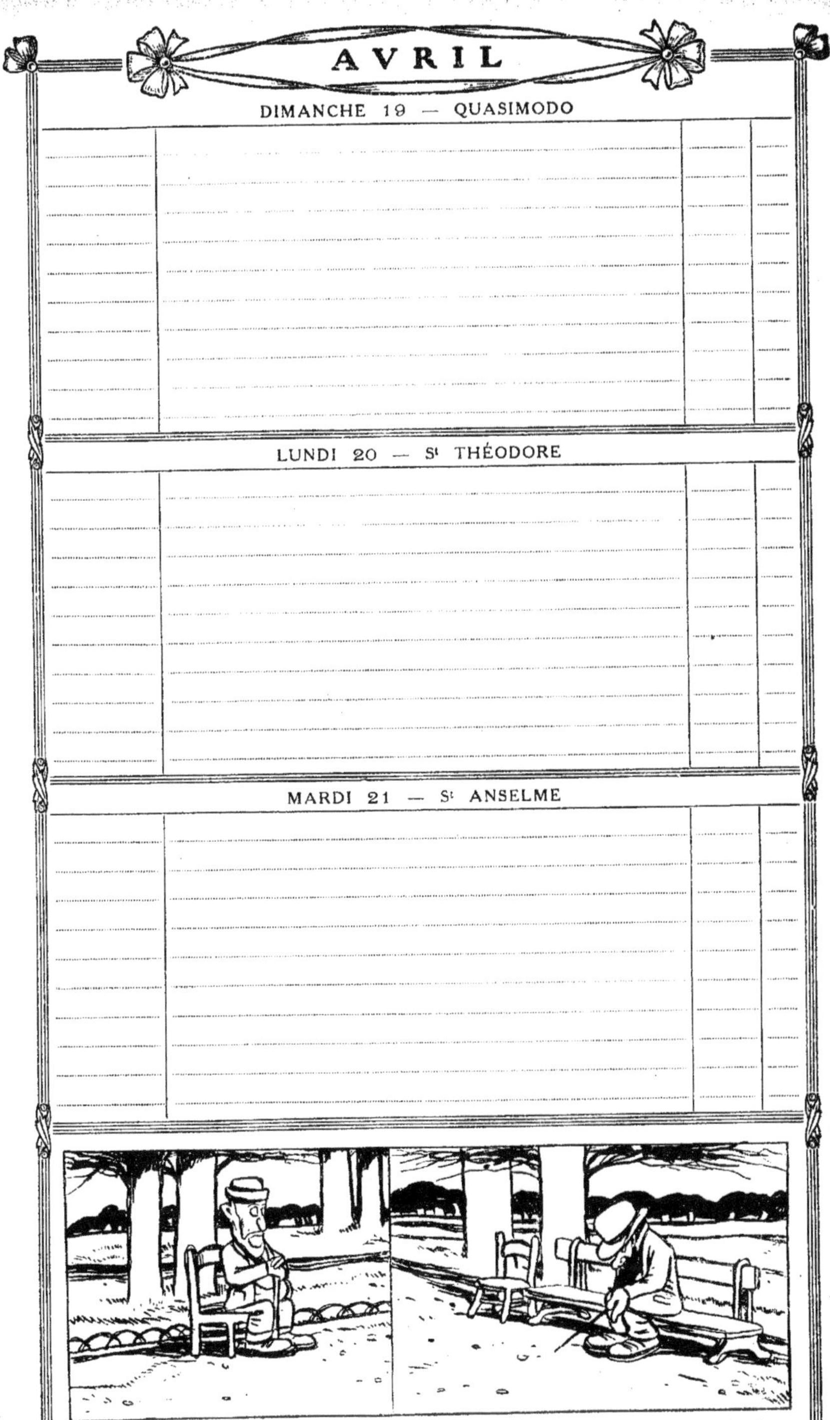

DIMANCHE 19 — QUASIMODO

LUNDI 20 — St THÉODORE

MARDI 21 — St ANSELME

4. — Se tenir droit, au bord de la chaise : caractère froid, pondéré, déductif, malheureux en ménage et des rentes au soleil.

5. — S'asseoir la tête en avant et choisir de préférence le milieu du banc : égoïste, perd aux courses, à la manille, égare son porte-monnaie et rate son dernier train.

MERCREDI 22 — Ste OPPORTUNE

JEUDI 23 — St GEORGES

VENDREDI 24 — St GASTON

SAMEDI 25 — St MARC

DIMANCHE 26 — St CLET

LUNDI 27 — St FRÉDÉRIC

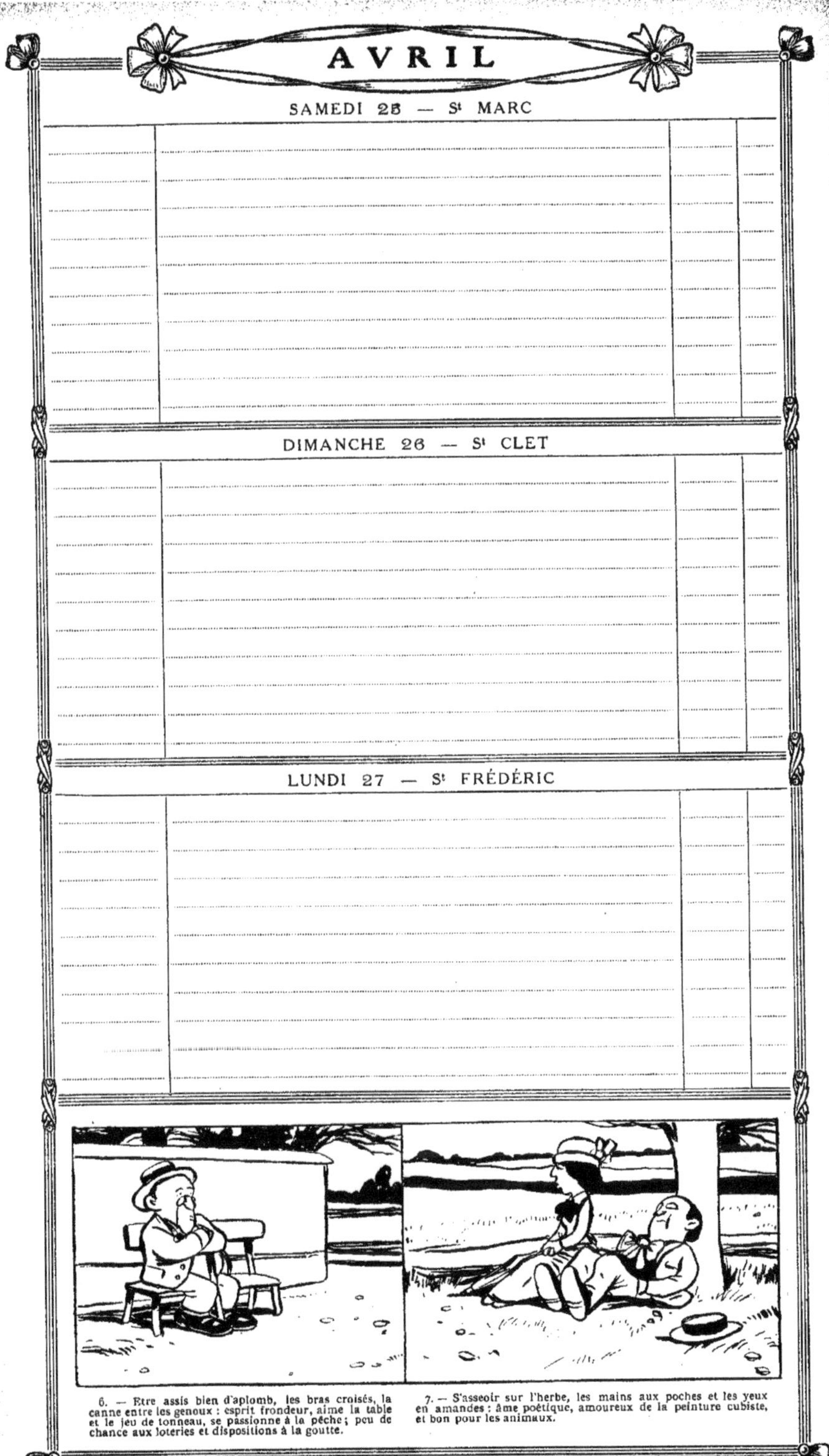

6. — Etre assis bien d'aplomb, les bras croisés, la canne entre les genoux : esprit frondeur, aime la table et le jeu de tonneau, se passionne à la pêche ; peu de chance aux loteries et dispositions à la goutte.

7. — S'asseoir sur l'herbe, les mains aux poches et les yeux en amandes : âme poétique, amoureux de la peinture cubiste, et bon pour les animaux.

AVRIL

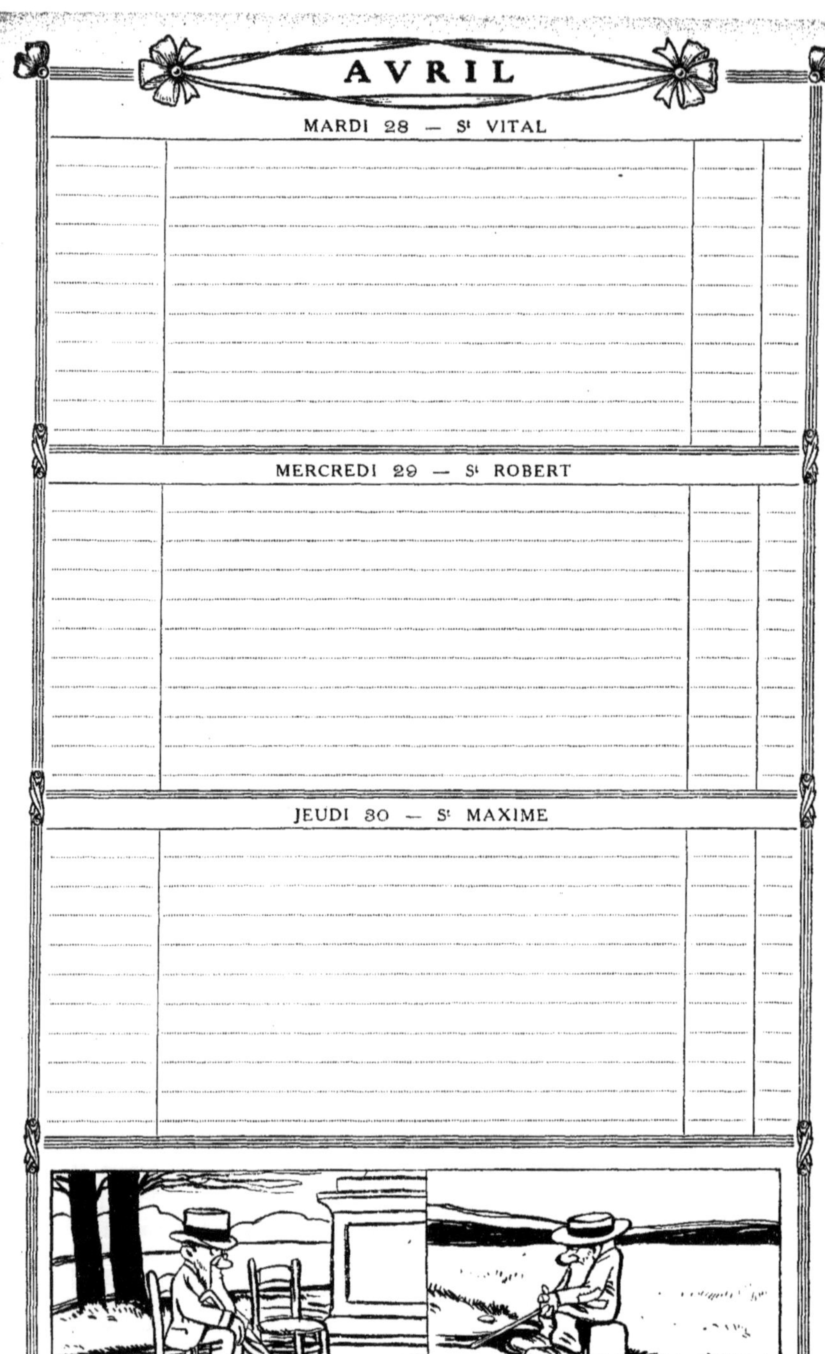

MARDI 28 — St VITAL

MERCREDI 29 — St ROBERT

JEUDI 30 — St MAXIME

8. — Porter des guêtres et s'asseoir mollement, le parapluie devant soi : revers de fortune, trois filles à marier, un fils aux colonies, et possède un faux Rembrandt.

9. — Sur une borne ! et des accrocs aux coudes : mauvaise chance, mauvais penchants, mauvais estomac et mauvaise mine.

RÉCAPITULATION

STATIONS ESTIVALES

Excursions, Villégiatures sur le Réseau P. L. M.

BILLETS d'ALLER ET RETOUR (1re, 2e et 3e classes), dits de VACANCES
:: A PRIX RÉDUITS, POUR FAMILLES ::

Délivrés dans toutes les gares du réseau P. L. M., aux familles d'au moins **trois personnes** sous condition d'effectuer un **parcours simple minimum de 150 kilomètres** ou de payer pour ce parcours.

1° Du jeudi qui précède la Fête des Rameaux au lundi de Pâques inclus.

VALIDITÉ : **33 jours.** Faculté de prolongation **d'une** ou **plusieurs périodes** de **15 jours** moyennant le paiement, pour chaque prolongation, d'un supplément de 10 °/° de la valeur du billet.

2° Du 15 Juin au 30 Septembre.

VALIDITÉ : jusqu'au 5 Novembre.

PRIX : Les deux premières personnes paient le Tarif général, la **troisième personne** bénéficie d'une réduction de **50 °/°**, la **quatrième et les suivantes** d'une réduction de **75 °/°**.

ARRÊTS FACULTATIFS aux gares de l'itinéraire.

DEMANDE DES BILLETS : 4 jours à l'avance, à la gare de départ.

NOTA. — Lorsqu'un billet de vacances comprend plus de trois voyageurs, trois d'entre eux au moins sont tenus de voyager ensemble à l'aller et au retour, les autres ont la faculté, quand la demande du billet collectif en fait mention, de voyager isolément dans les conditions suivantes :

Il est établi : *a)* Un billet collectif sur lequel sont inscrits tous les titulaires, ceux qui doivent voyager ensemble, et ceux qui peuvent voyager isolément; *b)* un coupon d'aller et un coupon de retour individuels au nom de chacun des voyageurs qui sont autorisés à voyager isolément ; ces coupons sont de la même classe et comportent le même parcours que le billet collectif.

Lorsqu'un titulaire de coupons individuels veut voyager isolément, il est tenu de se procurer, à la gare de départ, sur la présentation de son coupon d'aller ou de retour, suivant le cas, un billet au tarif militaire de la classe et pour le parcours figurant sur le coupon.

Il peut être aussi délivré à un ou plusieurs des voyageurs compris dans un billet collectif de vacances et en même temps que ce billet une carte d'identité sur la présentation de laquelle le titulaire sera admis à voyager isolément (sans arrêt) à moitié prix du Tarif général, pendant la durée de la villégiature de la famille, entre la gare de départ et le lieu de destination mentionné sur le billet collectif.

BAINS DE MER DE LA MÉDITERRANÉE

BILLETS D'ALLER ET RETOUR (1re, 2e et 3e classes)
INDIVIDUELS OU COLLECTIFS DE FAMILLE

Délivrés dans toutes les gares du réseau P. L. M., **du 15 Mai au 1er Octobre,** pour les stations balnéaires de la Méditerranée désignées ci-après :

Agay, Antibes, Bandol, Beaulieu-sur-Mer, Cannes, Cassis, Cette, Fréjus, Golfe-Juan-Vallauris, Hyères, Juan-les-Pins, La Ciotat, La Seyne-Tamaris-sur-Mer, Le Grau-du-Roi, Menton, Monaco, Monte-Carlo, Montpellier, Nice, Ollioules-Sanary, Palavas, Saint-Cyr-sur-Mer-La Cadière, Saint-Raphaël-Valescure, Toulon, Villefranche-sur-Mer.

VALIDITÉ : **33 jours.** Faculté de prolongation : **une** ou **plusieurs fois de 15 jours,** moyennant le paiement, pour chaque prolongation, d'un supplément égal à **10** °/° du prix du billet.

ARRÊTS FACULTATIFS.

DEMANDE DE BILLETS : 4 jours à l'avance à la gare de départ.

1° Billets d'aller et retour individuels.

PRIX : Le prix de ces billets est calculé d'après la distance totale, aller et retour, résultant de l'itinéraire choisi et d'après un barème faisant ressortir des réductions importantes.

2° Billets d'aller et retour collectifs pour familles d'au moins deux personnes.

PRIX : La **première personne** paie le tarif général, la **deuxième personne** bénéficie d'une réduction de **50 °/°**, la **troisième** et **chacune des suivantes,** d'une réduction de **75 °/°**.

NOTA. — Les titulaires des billets de bains de mer peuvent obtenir, conjointement avec ces billets ou sur la présentation de ceux-ci, des **cartes d'abonnement d'un mois avec 50 °/°** de réduction sur les prix des abonnements ordinaires pour un parcours d'au plus 100 kilomètres comprenant la plage désignée sur le billet de bains de mer. Ces cartes d'abonnement peuvent être prises isolément par chacune des personnes nommément désignées sur le billet d'aller et retour collectif.

MAI

Exposition : Cubistes, Rondistes, Carristes, Fumistes, etc., etc.

VENDREDI 1er — St PHILIPPE

SAMEDI 2 — St ATHANASE

DIMANCHE 3 — INVENTION DE LA SAINTE-CROIX

MAI

LUNDI 4 — Ste MONIQUE
MARDI 5 — St PIE, PAPE
MERCREDI 6 — St JEAN-PORTE-LATINE

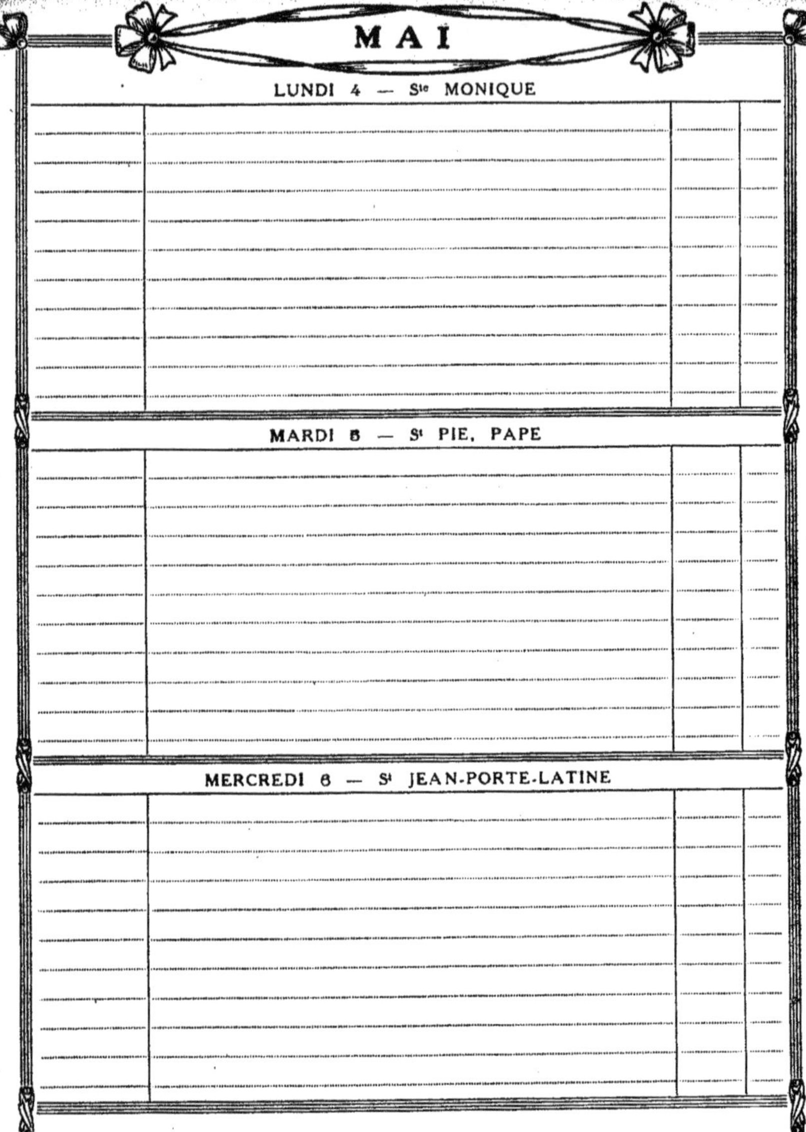

JEUDI 7 — St STANISLAS

VENDREDI 8 — St DÉSIRÉ

SAMEDI 9 — St GRÉGOIRE DE NAZIANZE

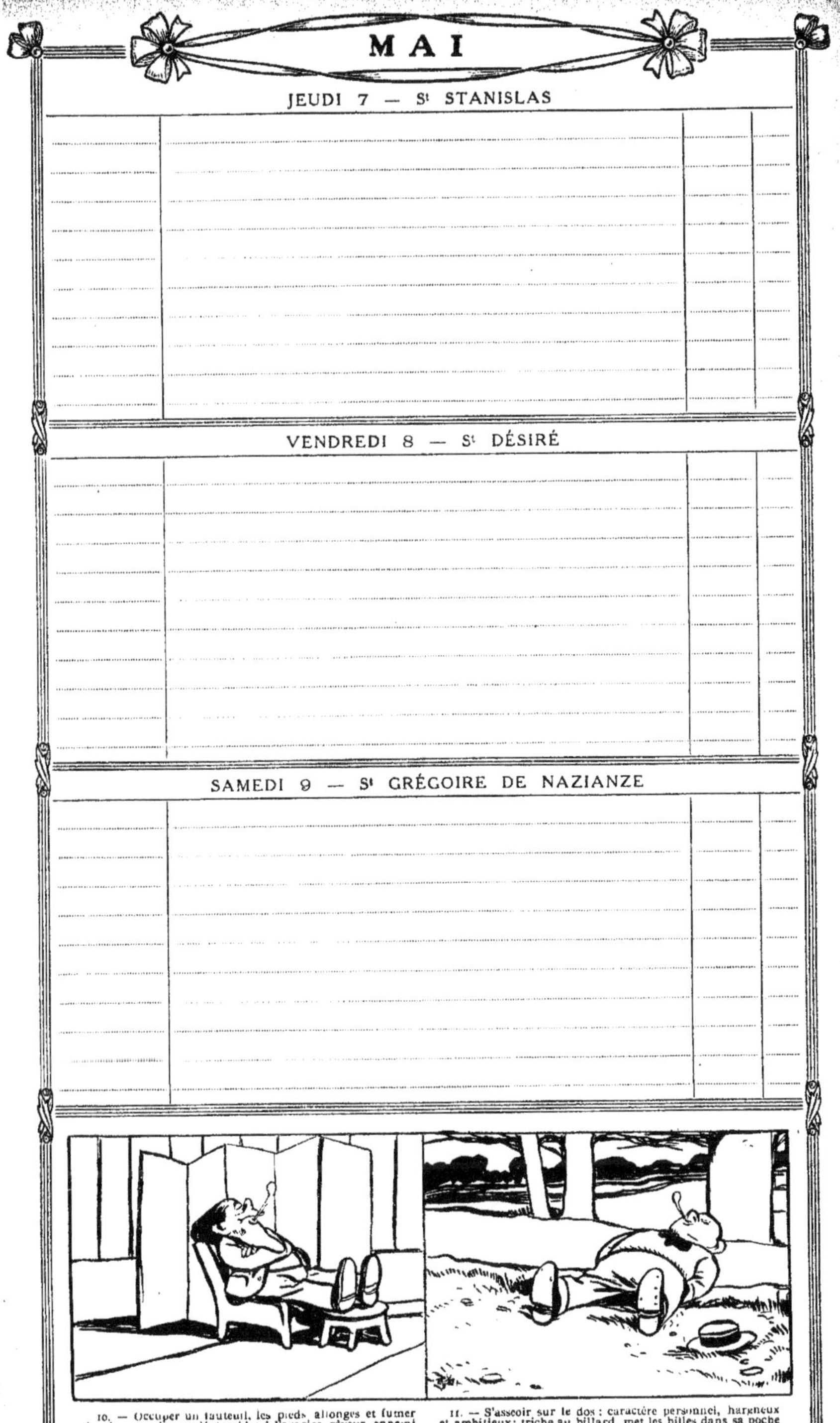

10. — Occuper un fauteuil, les pieds allongés et fumer la pipe : tendances déplorables à l'avarice, rêveur, ennemi de la mode, du monde et des conventions ; préférence marquée pour le cassoulet et le bœuf miroton.

11. — S'asseoir sur le dos : caractère personnel, hargneux et ambitieux ; triche au billard, met les billes dans sa poche et son vin en bouteilles.

MAI

DIMANCHE 10 — St ANTONIN

LUNDI 11 — St MAMERT

MARDI 12 — St PANCRACE

MAI

MERCREDI 13 — St SERVAIS

JEUDI 14 — St BONIFACE

VENDREDI 15 — Ste DENISE

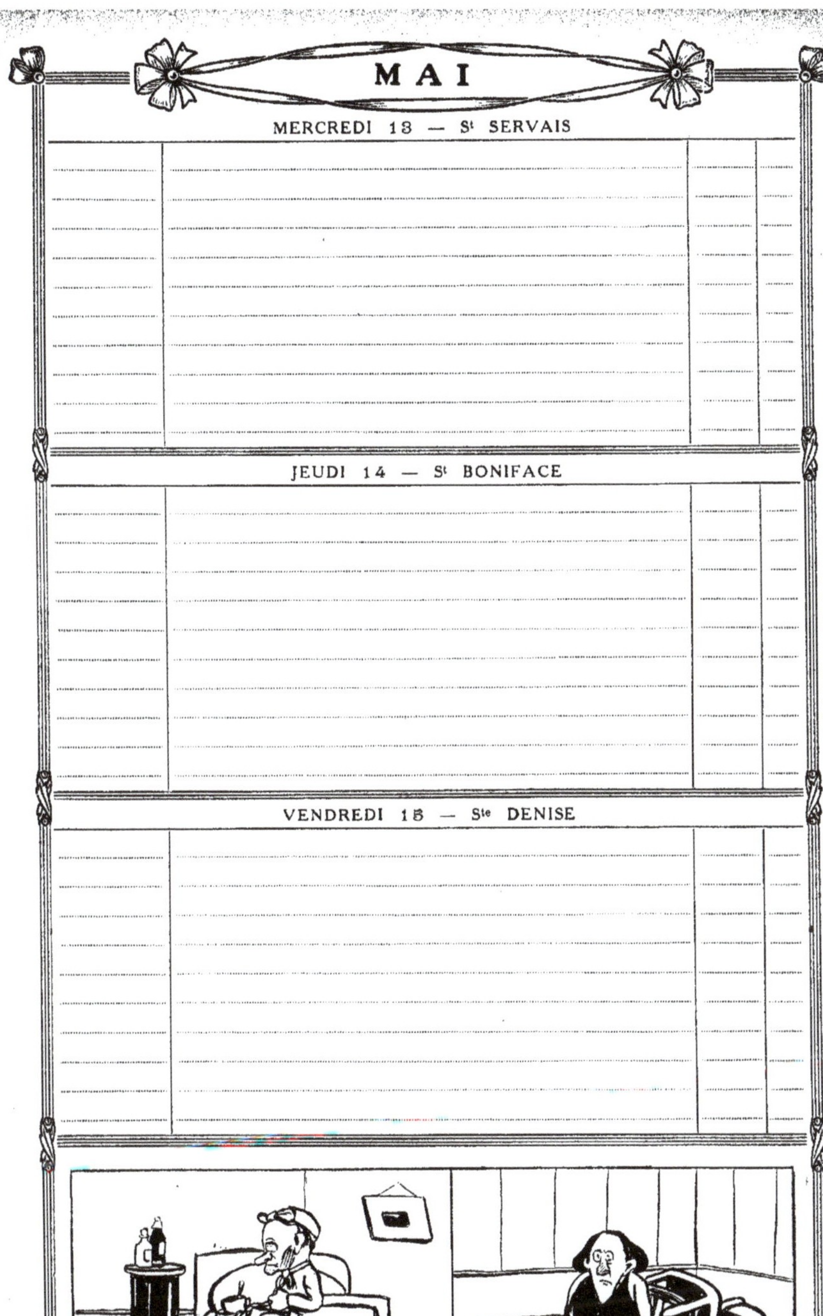

12. — S'asseoir au bord du lit : tempérament lymphatique, peu communicatif, ennemi du sport, collectionneur de timbres et de tickets de métro.

13. — S'asseoir à côté : enclin à l'étourderie, manque d'initiative, adore l'imprévu, les liqueurs douces et les émotions fortes.

MAI

SAMEDI 16 — St JEAN NÉPOMUCÈNE

DIMANCHE 17 — St PASCAL

LUNDI 18 — ROGATIONS

MAI

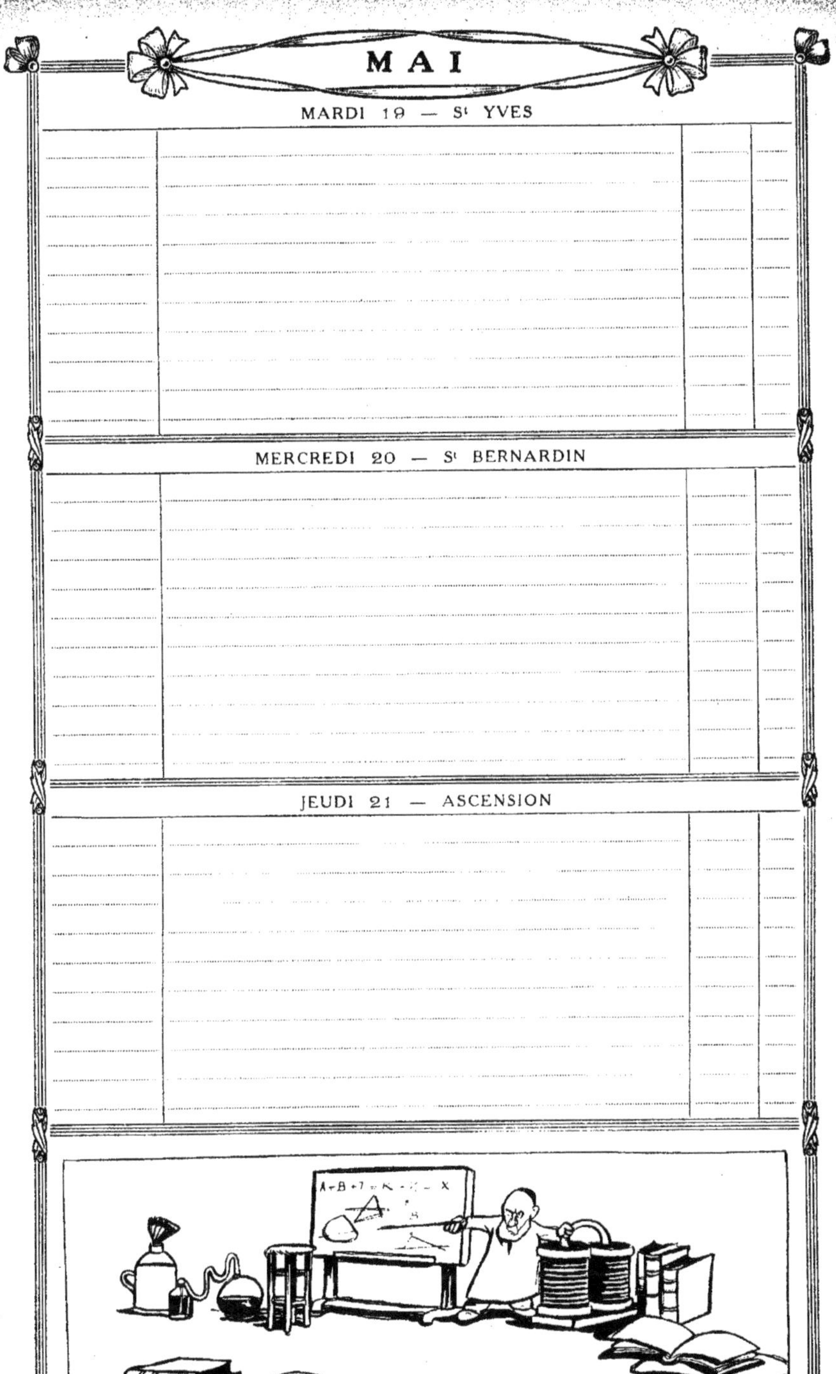

MARDI 19 — St YVES

MERCREDI 20 — St BERNARDIN

JEUDI 21 — ASCENSION

UNE INVENTION GÉNIALE

1. — Après plus de 20 ans de recherches infructueuses, je peux vous présenter aujourd'hui un appareil sans pareil !... Je traite la calvitie par l'électricité...

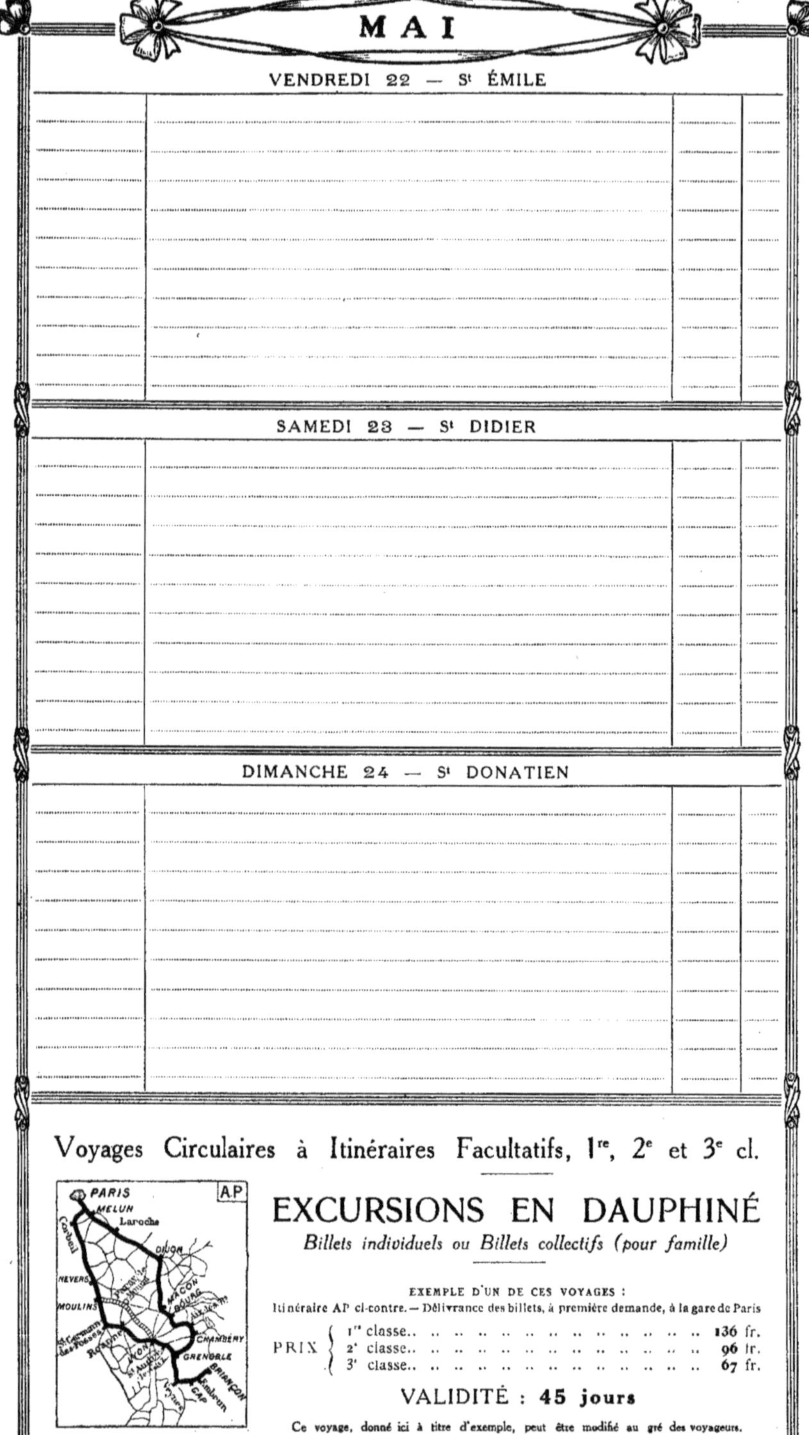

MAI

VENDREDI 22 — St ÉMILE

SAMEDI 23 — St DIDIER

DIMANCHE 24 — St DONATIEN

LUNDI 25 — St URBAIN

MARDI 26 — St PHILIPPE DE NÉRI

MERCREDI 27 — Ste CAROLINE

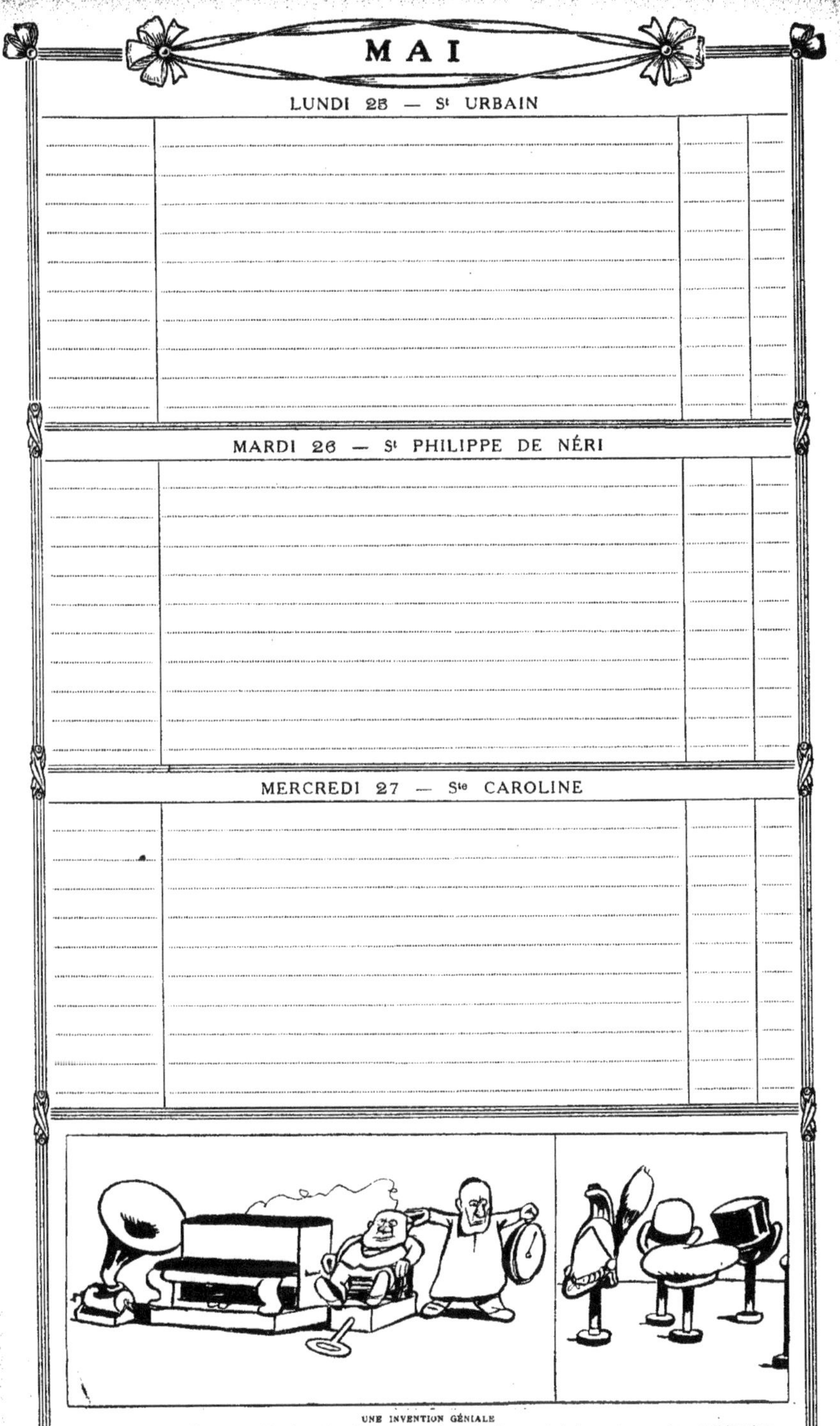

UNE INVENTION GÉNIALE

2. — Ayant en effet remarqué la plus néfaste influence exercée par le piano sur la boîte cranienne... et constaté les pires dégâts que causaient les coiffures au cuir chevelu...

MAI

JEUDI 28 — St GERMAIN

VENDREDI 29 — St MAXIMIN

SAMEDI 30 — St FERDINAND

UNE INVENTION GENIALE

3. — J'ai pu, en enfermant mes malades dans des appareils dus à ma forte imagination, suivre pas à pas les progrès de leur système pileux...

MAI

DIMANCHE 31 — PENTECOTE

RÉCAPITULATION

EXCURSIONS DANS LES

Alpes Françaises

GRANDE ROUTE DES ALPES

ÉVIAN-THONON-NICE

ou vice versa

GRAND SERVICE D'AUTO-CARS 1er JUILLET-15 SEPTEMBRE

Une des plus merveilleuses attractions touristiques

Nice-Barcelonnette-Briançon.

Briançon-Chamonix *(2 variantes) : a)* La Grave (La Meije), Grenoble, Massif de la Chartreuse (route des trois cols), Aix-les-Bains, Annecy, Thônes, Col des Aravis, Flumet, Le Fayet; — *b)* Col du Galibier, Saint-Jean-de-Maurienne, Albertville, Gorges de l'Arly, Flumet, Le Fayet.

Chamonix-Thonon-Evian.

Le touriste peut effectuer cette magnifique randonnée dans l'un ou l'autre sens;

Il peut faire le parcours total ou seulement une partie;

Il peut s'arrêter, en cours de route, dans les centres d'excursions desservis et y séjourner.

De nombreux services de correspondance P. L. M. par auto-cars lui permettent de faire, dans les meilleures conditions de confort et de rapidité, les excursions les plus intéressantes de part et d'autre du trajet principal.

Les places peuvent être retenues à l'avance moyennant une légère taxe de location.

GRANDS CIRCULAIRES à prix très réduits "ROUTE DES ALPES"

Ces billets qui présentent des réductions très importantes (40 % environ sur les parcours par fer, 20 % sur les parcours d'autos) sont combinés de manière à permettre la visite d'ensemble des Alpes françaises en utilisant les services de la Route des Alpes entre Evian et Nice. Ils comportent dans ce but un certain nombre de variantes; c'est ainsi que le voyageur peut, à son choix, aller du Fayet à Aix-les-Bains par Thônes-Annecy ou par Albertville et d'Aix-les-Bains à Briançon par Grenoble-La Grave ou Saint-Jean-de-Maurienne ; le parcours de retour peut se faire par la voie rapide de Lyon ou par celle de Grenoble-Aix-les-Bains. En outre, contre remise des coupons de *parcours complémentaires*, encartés dans le billet circulaire, et paiement du supplément indiqué sur chacun d'eux, le voyageur peut, à son choix, obtenir toute une série de billets : *Aller et retour P. L. M. ayant la validité du circulaire lui-même*; *Billets de chemins de fer de montagne, de bateaux et surtout d'autos, avec des réductions d'au moins 10 %*.

Grâce à ces combinaisons (dont le fonctionnement est indiqué en détail dans chaque billet), on peut joindre au voyage principal la visite du *Montenvers*, du *Col du Voza*, du *Glacier de Bionnassay*, de la *Chartreuse du Reposoir*, du *Lac d'Annecy*, gagner Moutiers et visiter *Pralognan* et le *Col du Petit-Saint-Bernard*, voir *Grenoble* à l'aller ou au retour, faire en automobile les nombreuses excursions de la *Grande-Chartreuse*, des *Grands-Goulets*, de la *Forêt de Lente*, du *Mont-Cenis* et de la vallée du *Queyras*.

—→ Sens de l'itinéraire en adoptant NICE comme point de départ.
Parcours par voie ferrée (lignes d'accès et de circulation) avec variantes facultatives
Parcours exclusivement par voie ferrée.
Parcours par automobiles (itinéraire).
Parcours par auto-cars (variante Galibier-Albertville).
Parcours (par auto cars) substituables moyennant supplément de prix
Parcours additionnels (chemin de fer) d°
Parcours complémentaires (auto-cars).
Tour du lac d'Annecy en bateau à vapeur (prix réduit).

Les Grands Circulaires « Route des Alpes » sont délivrés à première demande dans les gares de : Aix-les-Bains, Albertville, Annecy, Briançon, Clermont-Ferrand, Chambéry, Chamonix, Dijon-Ville, Evian-les-Bains, Fayet-Saint-Gervais (Le), Genève-Cornavin, Genève-Eaux-Vives, Grenoble, Lyon-Perrache, Lyon-Brotteaux, Marseille, Modane, Monaco, Monte-Carlo, Nice, Nîmes, Paris, Thonon-les-Bains, Vintimille. Dans les autres gares ils doivent être demandés deux jours au moins à l'avance.

Il est délivré dans toutes les gares du réseau des billets spéciaux d'aller et retour permettant de rejoindre l'itinéraire des Grands Circulaires « Route des Alpes ».

GRANDS CIRCULAIRES :: ROUTE DES ALPES ::

Émission : 15 Juin-15 Septembre

Itinéraire 40 A — EVIAN-NICE
1re cl., **200** fr. — 2e cl., **180** fr.

Itinéraire 40 B — PARIS-ÉVIAN-NICE
1re cl., **280** fr. — 2e cl. **240** fr.

Validité : 45 jours — Prolongeable 2 fois de 23 jours Supplément de 10 % pour chaque prolongation

NOTA. — Il existe également des Circulaires régionaux et d'excursions.

Pour renseignements plus détaillés, comme aussi pour le cas où des modifications auraient été apportées postérieurement à la publication du présent agenda, se reporter au **Livret-Guide-Horaire P. L. M.**, mis en vente au prix de **0** fr. **60** dans les gares du réseau.

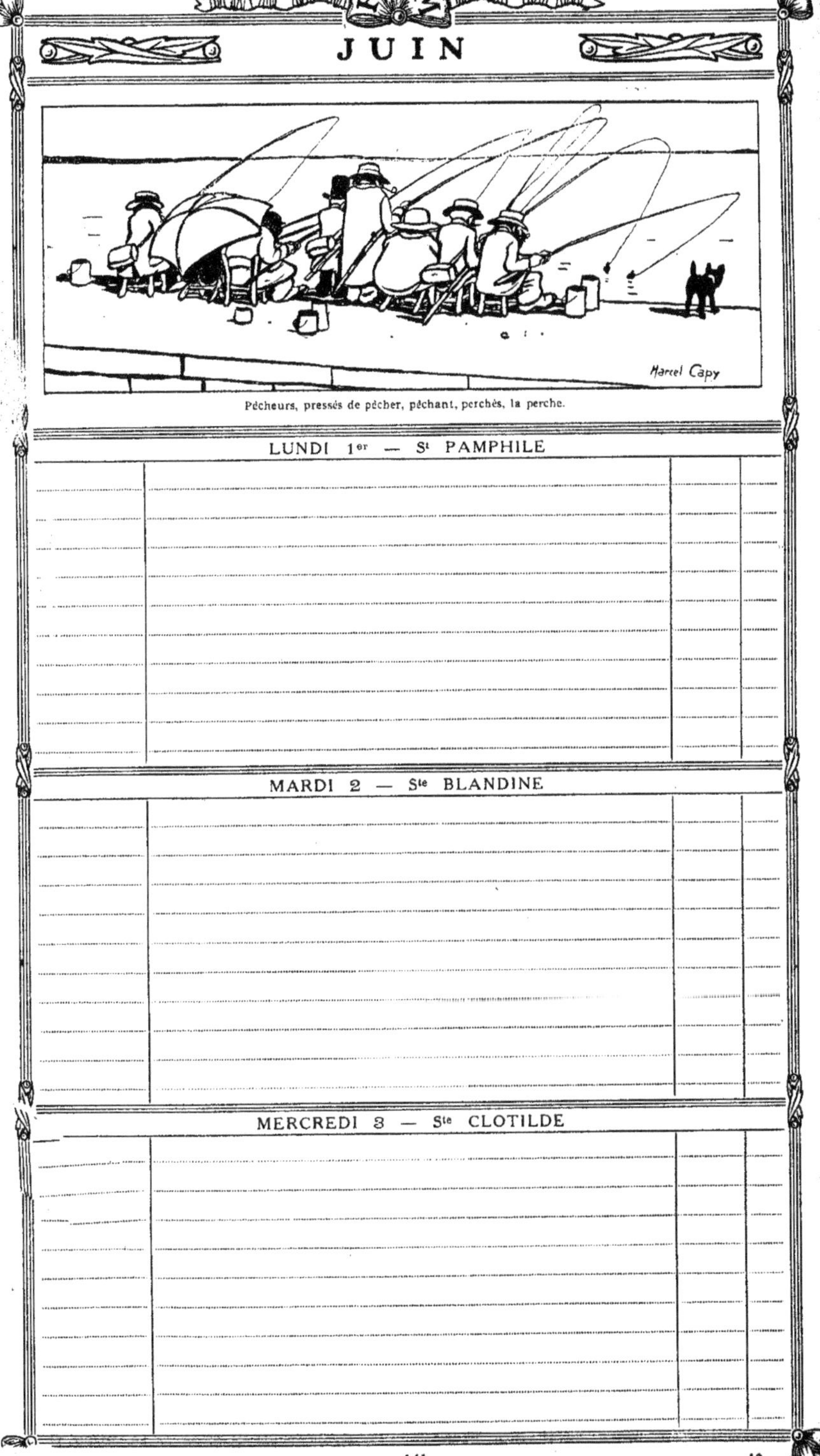

JUIN

Marcel Capy

Pêcheurs, pressés de pêcher, pêchant, perchés, la perche.

LUNDI 1er — St PAMPHILE

MARDI 2 — Ste BLANDINE

MERCREDI 3 — Ste CLOTILDE

JUIN

JEUDI 4 — St QUIRIN

VENDREDI 5 — Ste VALÉRIE

SAMEDI 6 — St NORBERT

(Voir page 124)

JUIN

DIMANCHE 7 — TRINITÉ

LUNDI 8 — St MÉDARD

MARDI 9 — Ste PÉLAGIE

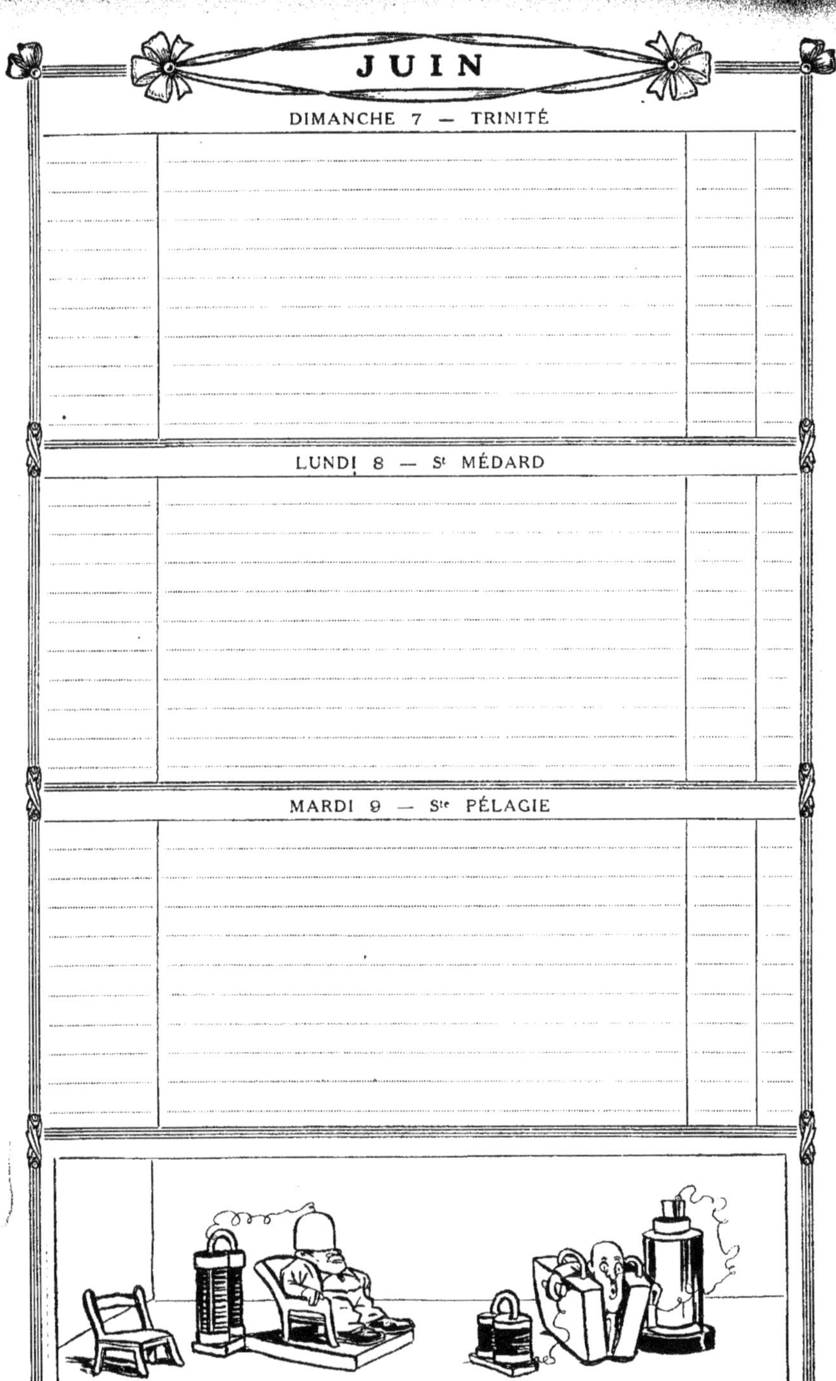

UNE INVENTION GÉNIALE

4. — ... et arrêter dans sa marche criminelle le microbe envahisseur. Je prétends donc guérir les crânes les plus rebelles au moyen d'un outillage moderne, hygiénique et électrique.

JUIN

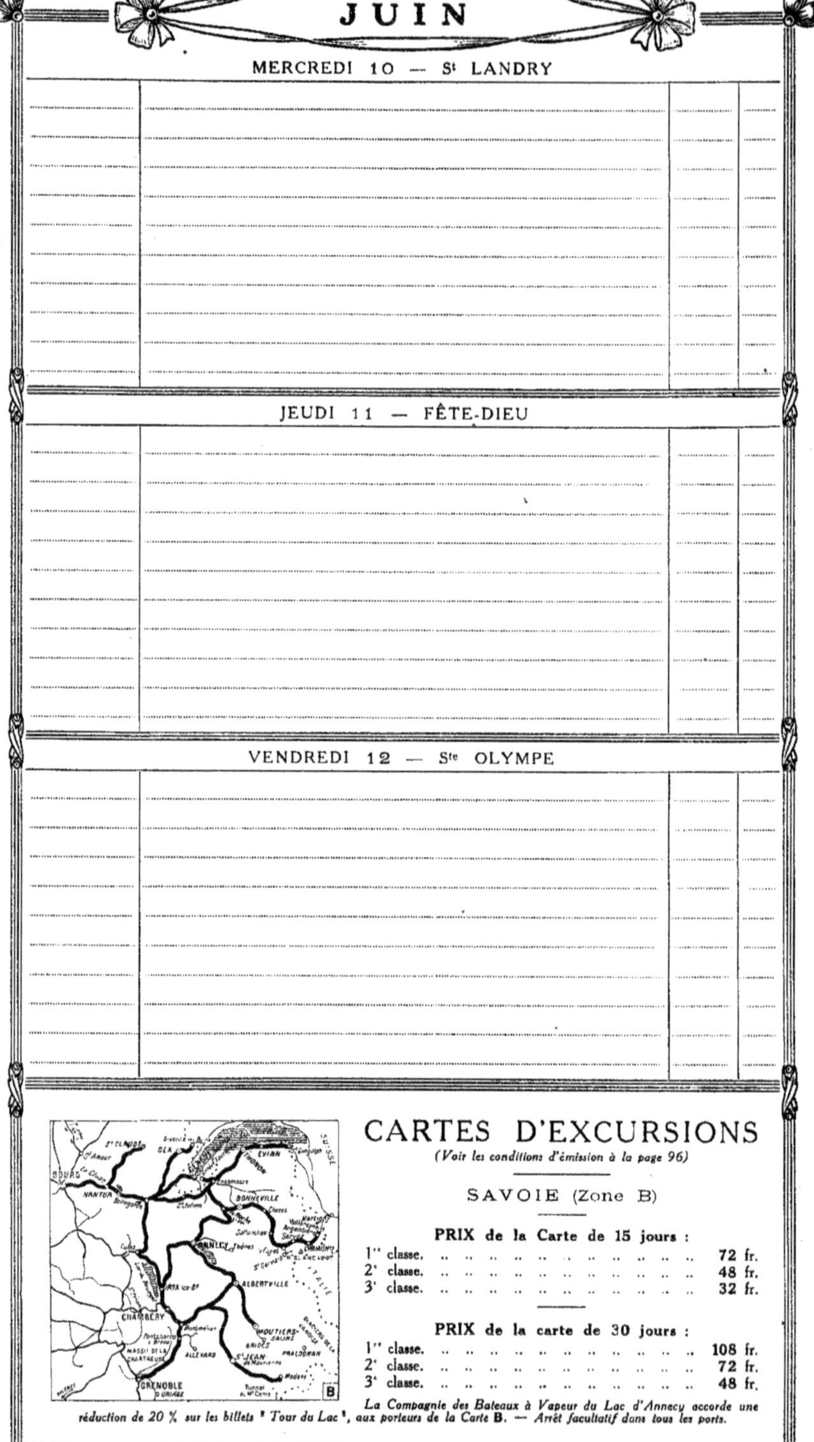

MERCREDI 10 — St LANDRY

JEUDI 11 — FÊTE-DIEU

VENDREDI 12 — Ste OLYMPE

CARTES D'EXCURSIONS

(Voir les conditions d'émission à la page 96)

SAVOIE (Zone B)

PRIX de la Carte de 15 jours :

1re classe.	72 fr.
2e classe.	48 fr.
3e classe.	32 fr.

PRIX de la carte de 30 jours :

1re classe.	108 fr.
2e classe.	72 fr.
3e classe.	48 fr.

La Compagnie des Bateaux à Vapeur du Lac d'Annecy accorde une réduction de 20 % sur les billets " Tour du Lac ", aux porteurs de la Carte **B.** — *Arrêt facultatif dans tous les ports.*

JUIN

SAMEDI 13 — St ANTOINE DE PADOUE

DIMANCHE 14 — St RUFFIN

LUNDI 15 — St MODESTE

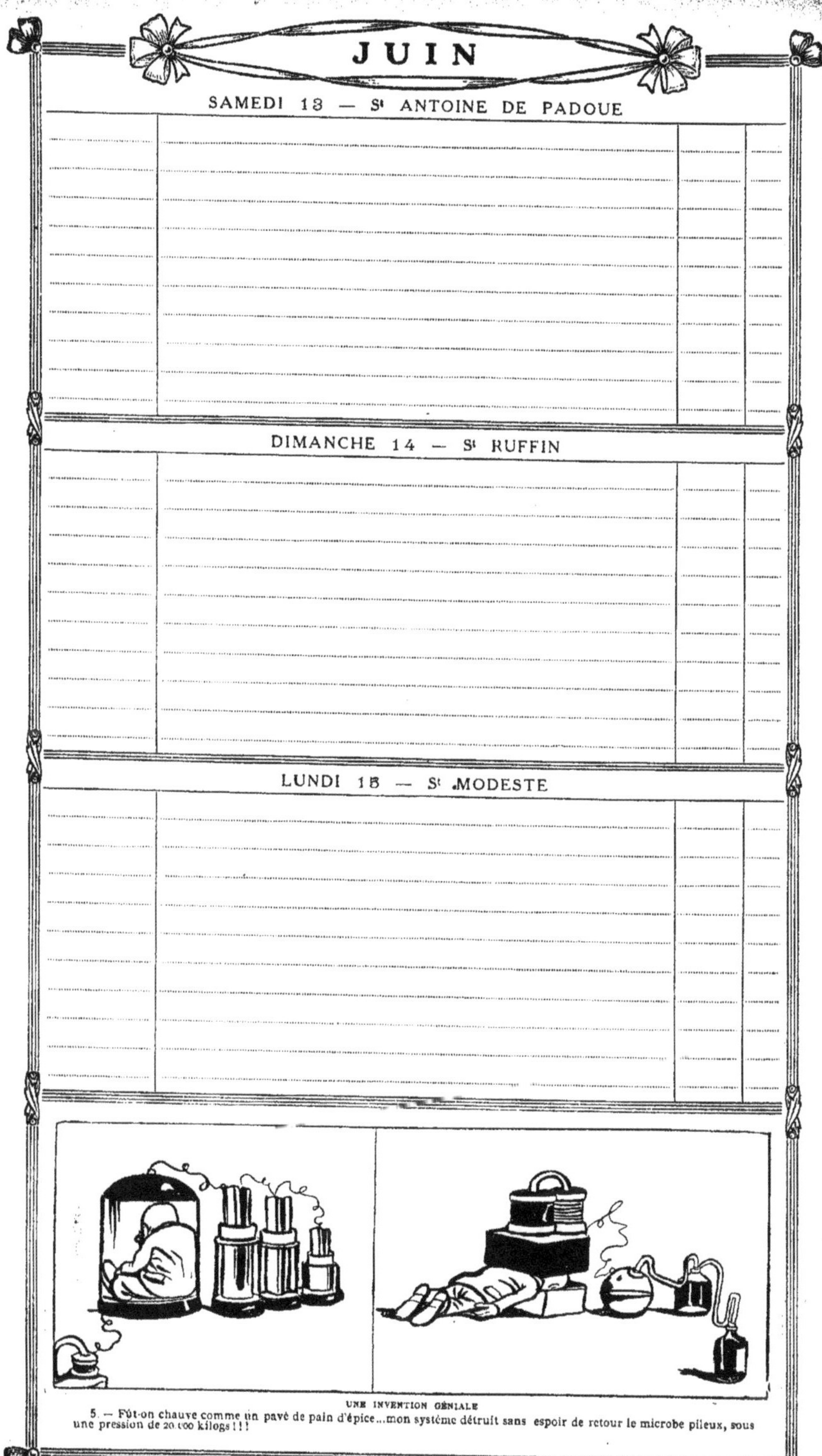

UNE INVENTION GÉNIALE

5. — Fût-on chauve comme un pavé de pain d'épice...mon système détruit sans espoir de retour le microbe pileux, sous une pression de 20.000 kilogs !!!

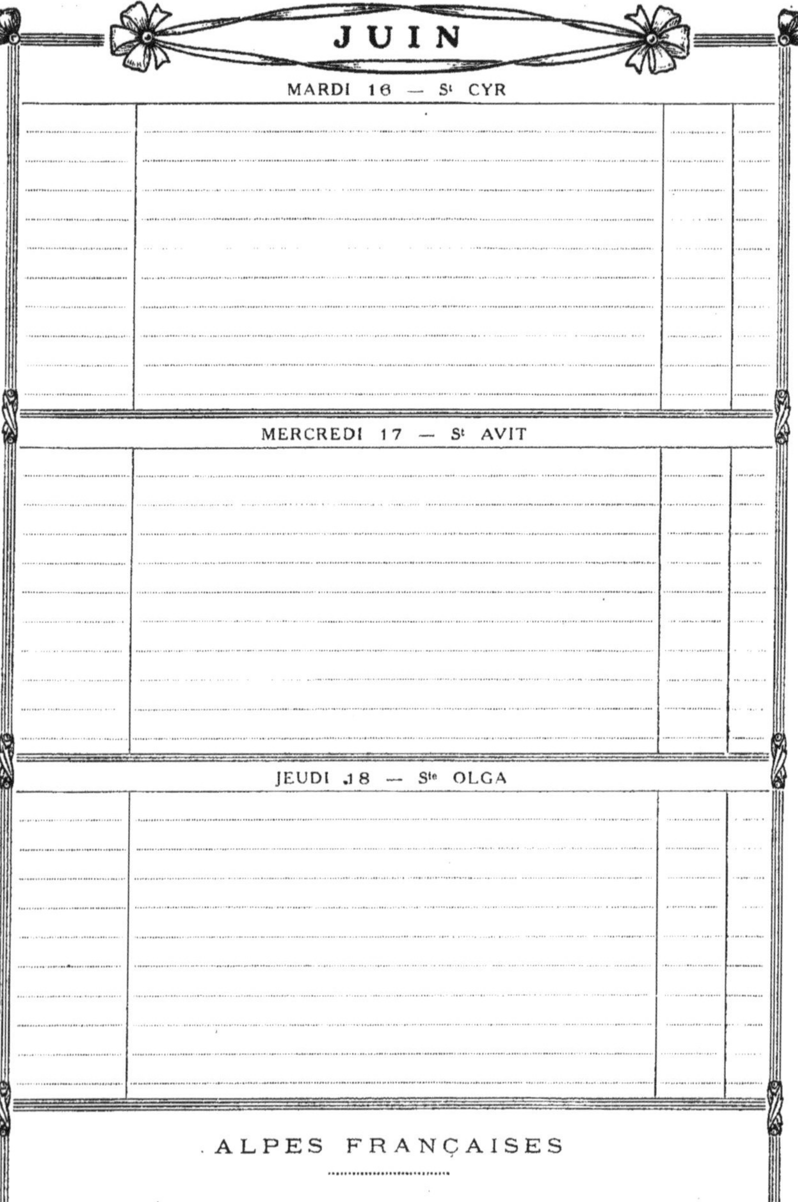

JUIN

MARDI 16 — S[t] CYR

MERCREDI 17 — St AVIT

JEUDI 18 — Ste OLGA

(Voir page 138)

JUIN

VENDREDI 19 — St GERVAIS et St PROTAIS

SAMEDI 20 — St SYLVÈRE

DIMANCHE 21 — St LOUIS DE GONZAGUE

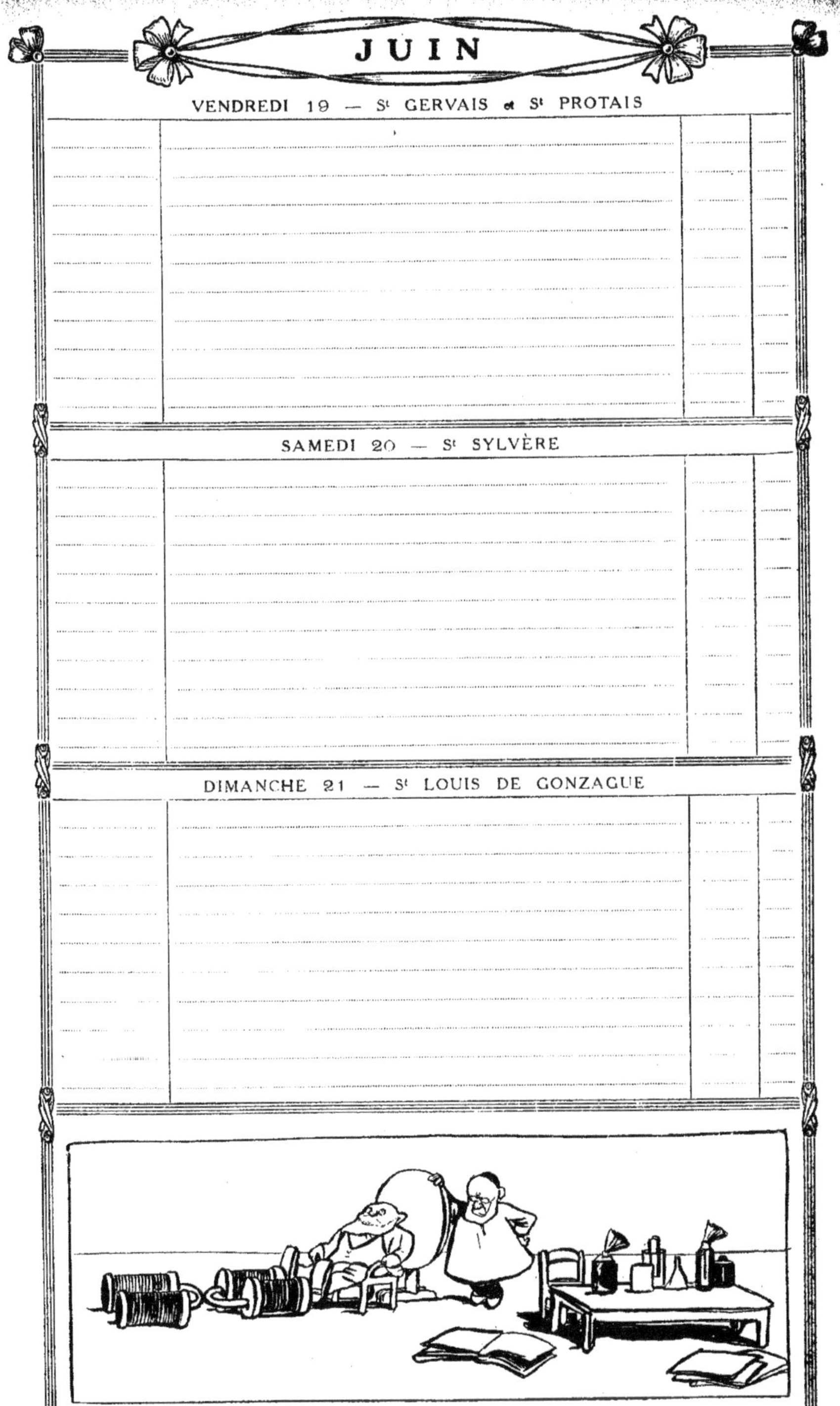

UNE INVENTION GÉNIALE

6. — Je détourne le siège du mal en attirant, comme un seul homme, le bacille destructeur vers la plante des pieds...

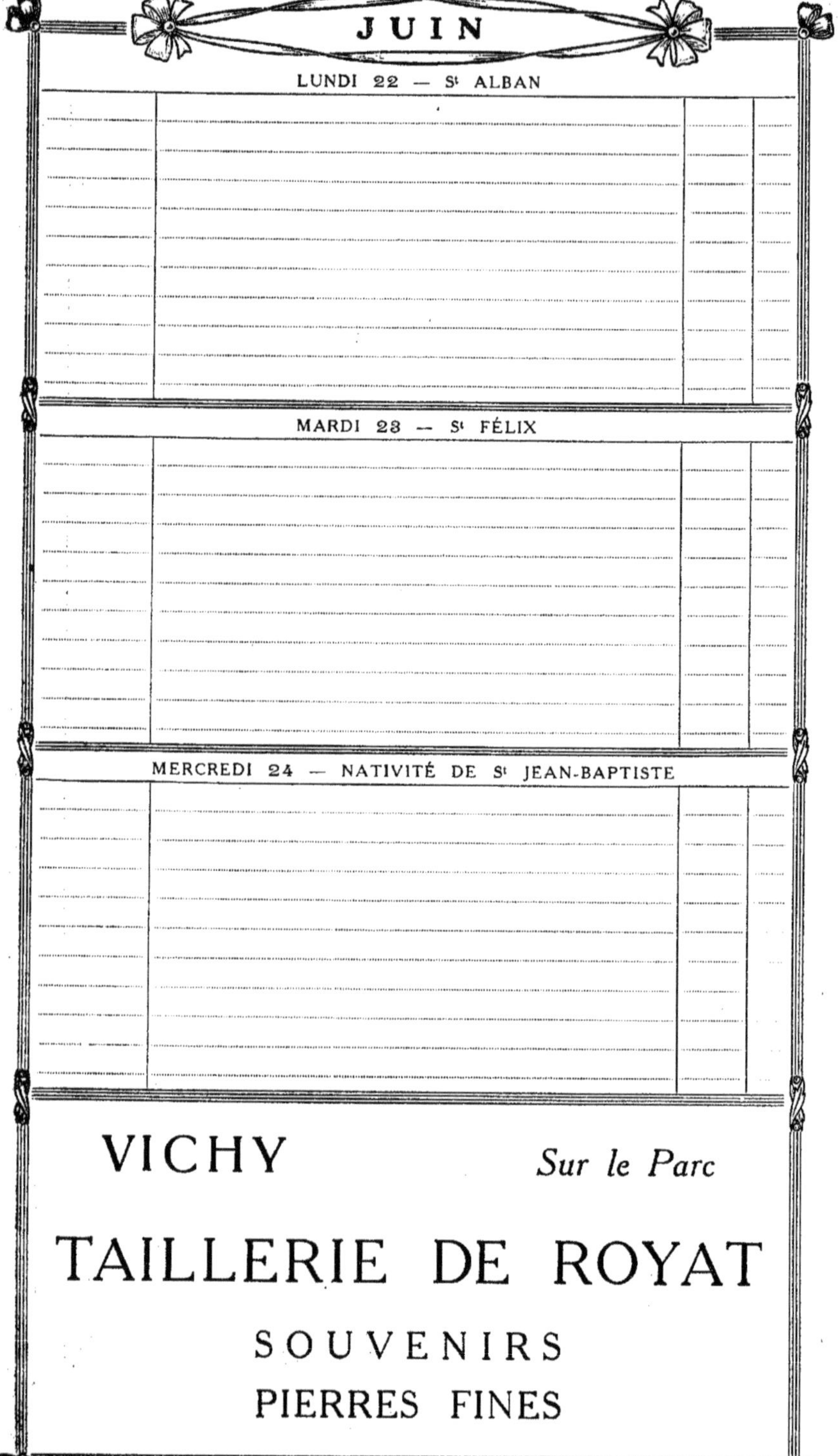

JUIN

LUNDI 22 — St ALBAN

MARDI 23 — St FÉLIX

MERCREDI 24 — NATIVITÉ DE St JEAN-BAPTISTE

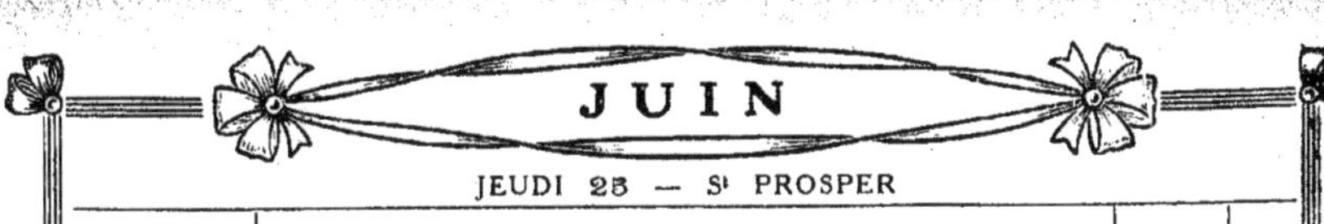

JUIN

JEUDI 25 — St PROSPER

VENDREDI 26 — St MAIXENT

SAMEDI 27 — St CRESCENT

UNE INVENTION GÉNIALE

7. — ... et je soumets enfin le patient, en lui plongeant la tête dans mon électrocéphale, à une vitesse de 15.000 tours à la seconde, pour le débarrasser du germe.

DIMANCHE 28 — St IRÉNÉE

LUNDI 29 — St PIERRE ET St PAUL

MARDI 30 — St MARTIAL

UNE INVENTION GÉNIALE

8. — Après 25 ans de ce traitement scientifique et raisonné... j'obtiens la guérison complète !!!

RÉCAPITULATION

CHALETS ET REFUGES
DES ALPES FRANÇAISES

LES excursionnistes trouveront ci-après des renseignements intéressants sur les chalets et refuges que le *Club Alpin Français* et la *Société des Touristes du Dauphiné* ont fait édifier dans les Alpes Françaises et qui sont d'un si grand secours pour l'alpiniste.

Abréviations : Ch., *chalet* ; — R., *refuge* ; g., *gardé pendant la saison des courses* ; — Mais., *maison* ; — h., *hôtel* ; — forest., *forestière* ; — Cab., *cabane* ; — Aub., *auberge* ; — v. t., *vivres tarifés* ; — e., *eau* ; — b., *bois* ; — c., *couvertures* ; — m., *médicaments* ; — a., *batterie de cuisine* ; — pl., *places couchées*.

N.-B. — Les maisons et cabanes forestières ne sont pas ouvertes au public. Demander l'autorisation au Conservateur.

DAUPHINÉ

MASSIF DE BELLEDONNE

Ch. h. de la Pra, à 2100 m., téléph., au-dessous et au S. du col de la Pra, commune de Revel, v. t. m., 42 pl. (Pics de Belledonne, Grande Lance de Domène, Pics Doménon, etc.). Chemin muletier, 4 h. 30 de Revel ou d'Uriage. Ouvert fin juin à courant octobre.

R. Jean Collet, 2060 m., sur un replat d'un bec rocheux dans la Combe de la Pierre ; on y accède en 3 h. de Saint-Mury ou 3 h. 20 de Sainte-Agnès, par un sentier muletier ; clef au siège de la S. T. D., des Sociétés alpines de Grenoble et dans les mairies des environs, e. 20 pl. (Rochers de l'Homme, Grand Replomb et Sommet Colon, etc.).

R. de Belledonne, à 2165 m., versant de l'Eau d'Olle, au S.-E. du Grand-Pic de Belledonne, près du lac de ce nom, e. b. c. a., 9 pl., 2 h. 30 d'Allemont. Point de départ pour les ascensions du Grand-Pic de Belledonne et de quelques pics voisins et pour le passage des cols ouverts dans le voisinage de ces pics.

Ch. h. de l'Oursière, à 1480 m., près de la cascade de ce nom, chemin d'Uriage à la Pra, 10 pl. et 10 guides. Ouvert de fin juin à courant octobre.

Ch. h. de Roche-Béranger, à 1850 m., à 2 h. de Prémol et 4 h. 30 d'Uriage. 10 pl. et 10 guides.

Mais. forest. de Prémol, à 1850 m., chemin d'Uriage à Chamrousse, à 2 h. 30 d'Uriage.

Luitel, mais. de chasse g., à 1235 m., au col de Prémol, près du lac Luitel.

Ch. h. des Seiglières, à 1076 m., 2 h. d'Uriage, chemin de la Pra.

Mais. forest. du Marais, à 1130 m., près du chemin de Chamrousse par le Recoin.

MASSIF DU PELVOUX

R. du Lac Noir, à 2820 m., extrémité O. du glacier du Mont-de-Lans, entre la Tête du Toura et le Jandri, e. c. m. a., 10 à 15 pl., 5 h. de Saint-Christophe-en-Oisans ou du Fréney (Pic de la Grave, col de la Lauze, etc.).

R. de la Lavey, à 1780 m., sous le col de la Muande, vallon de la Lavey ; clefs hôtel des Ecrins, à Saint-Christophe, e. c. m. a., 20 pl., à 3 h. de Saint-Christophe ou de la Bérarde (Aig. et Pic d'Olan, les Rouies, etc.).

R. du Châtelleret, à 2250 m., au pied des moraines du glacier des Etançons, vallon des Etançons, e. b. c. m. a., 10 pl., 4 h. 45 de Saint-Christophe par la Bérarde, 2 h. de la Bérarde. (Tête et col de la Gandolière, col et pics du Clot-des-Cavales, etc.).

R. du Promontoire de la Meije, à 3150 m., dans les rochers, au pied de la muraille S. de la Meije, rive gauche de la branche du glacier des Etançons qui descend de la brèche de la Meije, et un peu au-dessus, e. c. m. a., 12 pl., à 3 h. du Châtelleret, 5 h. de la Bérarde et 16 h. 30 de la Grave par la brèche de la Meije (Brèche et Pic de la Meije, Râteau, etc.).

R. du Rocher de l'Aigle, à 3450 m. env., face nord du Massif de la Meije, au pied du Pic Oriental, près du col de l'Homme, entre le glacier de Tabuchet et le glacier de l'Homme (facilite l'ascension de la Meije centrale et de la Meije orientale). 18 pl. sur 2 lits de camp superposés, 20 couvertures. Poêle à bois (1 fr. 50 le paquet d'env. 2 k.), réchaud à alcool, a. ; 5 h. de la Grave (Meije occidentale, Meije centrale, Meije orientale, etc.).

R. du Carrelet, 2070 m., sur la droite du ruisseau qui sort du glacier du Vallon de la Pilatte, au sommet du cône de déjection, e. b. c. m. a., 10 pl., à 1 h. 30 de la Bérarde (les Ecrins, les Bans, col du Sélé, col de la Temple, etc.).

Ch. h. de la Bérarde, à 1738 m., au hameau de la Bérarde, centre du massif du Pelvoux, point de départ pour les nombreuses ascensions de cette région. Téléph., service postal quotidien.

R. de la Selle, à 2685 m., sur la rive droite du glacier de la Selle, au-dessous du col de la Lauze, e. c. a., 10 pl., 4 h. de Saint-Christophe. Point de départ pour le passage des cols du Râteau, de Girose, de la Lauze, l'ascension du Pic de la Grave, la traversée du glacier de Mont-de-Lans, etc.

Ch. h. Evariste-Chancel, à 2550 m., près du Lac de Puy-Vachier, versant E. du Peyrou d'Aval, v. t., 20 pl. et 8 guides, 3 h. de la Grave (les 2 Peyrou, col de la Lauze, etc.).

Ch. h. de l'Alpe du Villard-d'Arène, à 2110 m., sur le plateau de l'Alpe du Villard-d'Arène, près des sources de la Romanche et du col d'Arsine, v. t., 25 pl. et 8 guides, 2 h. du Villard-d'Arène ou du Lautaret, 3 h. de la Grave (Grande-Ruine, les Agneaux, col Emile-Pic, col du Clot-des-Cavales, etc.).

Ch. h. d'Ailefroide, à 1505 m., sur un plateau cultivé, à 1 kil. N. du confl. du torrent de Celse-Nière et de celui de Saint-Pierre, 2 h. de Vallouise.

R. Tuckett, à 2500 m., au pied de la crête des Pavéous, rive gauche du glacier Blanc, au milieu d'un plateau rocheux, e. b. c. m. a., 8 à 10 pl. et 6 guides, 4 h. du ch. h. d'Ailefroide, 6 h. de Vallouise (Barre des Ecrins, Grande-Sagne, etc.).

R. Ernest Caron, à 3200 m., en haut et à droite du glacier Blanc, sur un promontoire rocheux, à peu de distance à l'E. du col des Ecrins, e. b. c. m. a. (Barre des Ecrins, Pic Lory, etc.).

R. g. Cézanne, à 1854 m., à la base du glacier Noir, à l'extrémité N. O. du Pré de Mme Carle ; *annexe gardée*, v. t., 14 à 20 pl. et 6 guides, 1 h. 30 d'Ailefroide, 3 h. 30 de Vallouise (Pelvoux, Barre des Ecrins, etc.).

R. Abel Lemercier, à 2724 m., sur un promontoire rocheux au pied S. E. de la moraine du glacier du Clot de l'Homme, e. c. m. a., 15 pl., 3 h. d'Ailefroide, 5 h. de Vallouise (Pelvoux, Ailefroide, etc.).

Hospice national et hôtel du Lautaret, à 2058 m., au col même du Lautaret.

Hospice-hôtel du Mont Genèvre, 1830 m., sur la route de Briançon à Oulx.

R. de l'Aiguille, à 1773 m. (gardé par un berger), vallon de l'Aiguille, au pied des falaises de l'Hivernet, e. a. (Mont-Guillaume, Tête de l'Hivernet).

Cab. du Châtelarat, à 3 h. du Désert-en-Valjouffrey et à 1 h. du pied de l'Olan.

Ch. h. Xavier Blanc ou du Clot, à 1500 m. et 1/2 kil. en aval du hameau de Clot-en-Valgaudemar, v. t., 20 pl., 2 h. de la Chapelle-en-Valgaudemar, gérant au Clot (les Bans, les Rouies, etc.).

R. Chaillol-le-Vieil, à 1780 m., sur le sentier de St-Bonnet au Vieux-Chaillol, au S. du Pic de Tourond, e. b. c. a., 7 pl. et 7 guides, 4 h. env. de Saint-Bonnet. (Vieux Chaillol) ; clefs aux Marons, chez un garde forestier.

Mais. forest. des Sauvas (Aurouze, Pic de Bure) ; **de Chaudun ; de Saint-Genis**, près Laragne ; **de Durbon** (Durbonas) ; **de Piolit**, sous le col de Moissière, entre la Bâtie et Ancelle.

Cab. forest. de la Fontaine de l'Ours, forêt de Bossodon, **et de Bragous**, à 30 min. au-dessus de la précédente.

MASSIF DE ROCHEBRUNE

R. g. d'Izoard, à 2300 m., et 10 min. au-dessous du col d'Izoard, versant N. (Rochebrune).

MASSIF DU VISO

R. Ballif-Viso, à 2474 m., un peu à droite du point marqué 2474 sur la carte de l'Etat-Major, haute vallée du Guil, e. c. m. a., 14 à 20 pl., 4 h. env. d'Abriès, 3 h. de Ristolas (Viso par la face N., Pic Traverse, etc.).

(Voir suite pages 166 et 180)

3

AIX-LES-BAINS

SAVOIE

Établissement Thermal

ouvert toute l'année

DEUX SOMPTUEUX CASINOS

CURE THERMALE

célèbre dans le monde entier pour le traitement

du **RHUMATISME**

de **L'ARTHRITISME**

et de la **GOUTTE**

Le Lac du Bourget

Tunnel du Colombier

Vue générale d'Aix-les-Bains et du Mont Revard

A **MARLIOZ**

TRAITEMENT du NEZ des YEUX et de la GORGE

EAU DE TABLE ET DE RÉGIME

AIX-LES-BAINS

SAVOIE

Centre du Tourisme dans les Alpes

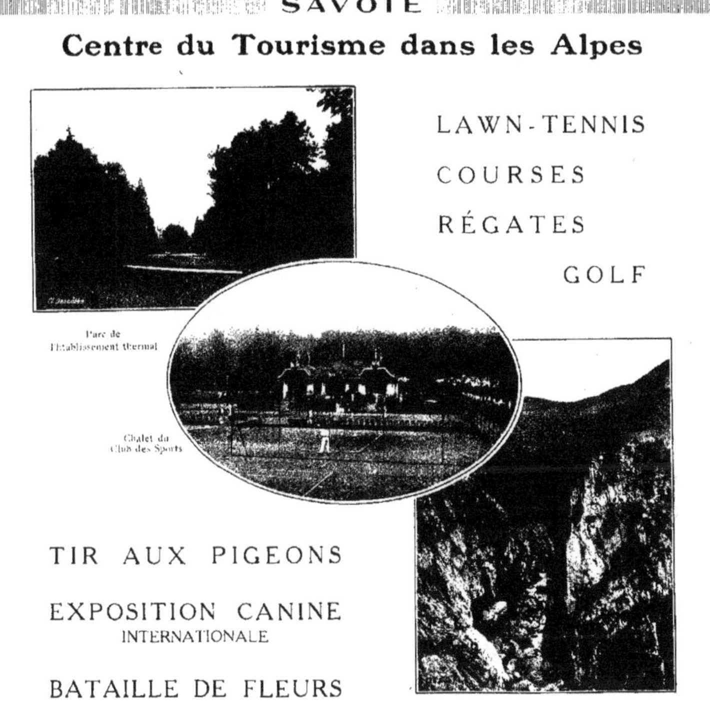

LAWN-TENNIS

COURSES

RÉGATES

GOLF

Parc de l'Établissement thermal

Chalet du Club des Sports

TIR AUX PIGEONS

EXPOSITION CANINE
INTERNATIONALE

BATAILLE DE FLEURS

Le Pont de l'Abîme

PRIX des HOTELS : de 5 à 20 francs par jour

COMMENT ON VIENT A AIX-LES-BAINS

Pour tous renseignements, brochures et tarifs des Hôtels :
Écrire au Comité Municipal de Publicité à la Mairie d'Aix-les-Bains

ANNECY

SON LAC, SES ENVIRONS

....

ANNECY (448 m. d'alt; 15,622 habitants), est une ville admirablement située pour y faire un séjour. Ornée de magnifiques promenades dont celles du bord du lac, d'où l'œil embrasse un superbe décor de forêts et de montagnes, belvédères d'accès facile offrant des vues panoramiques sur le Mont Blanc et les principaux glaciers de la Savoie et du Dauphiné, elle se prête à tous les genres de sports, ascensions, promenades à bicyclette, en automobile, patinage, canotage, natation, pêche, etc.

LAC D'ANNECY C'est l'excursion classique d'Annecy qu'il faut faire en bateau à vapeur si l'on veut jouir complètement des aspects variés que présentent les deux rives du lac. Le lac d'Annecy ne ressemble à aucun. Ses eaux de saphir et d'émeraude sont enchâssées dans un magnifique écrin de montagnes, ses proportions modestes font qu'on peut embrasser du regard les moindres contours du merveilleux panorama qui se déroule au cours du voyage en zigzag du bateau à vapeur. Il se dégage de tout le paysage un tel sentiment de poésie que les touristes les plus indifférents ne sauraient y rester insensibles. C'est pourquoi tous les voyageurs emportent de leur visite au lac d'Annecy une impression et un souvenir que d'autres impressions ressenties dans le même voyage sont impuissantes à atténuer ou à effacer.

LES GORGES DU FIER De l'avis des touristes, les célèbres Gorges du Fier dépassent en pittoresque et en grandeur saisissante les gorges les plus réputées des Alpes. Le voyageur doit donc visiter cette curiosité incomparable s'il ne veut pas perdre une rare occasion d'enrichir ses souvenirs de voyages d'impressions inoubliables. Les Gorges du Fier sont situées à sept minutes à pied de la gare de **Lovagny-Gorges du Fier**, dernière station avant Annecy de la ligne d'Aix-les-Bains à Annecy. L'horaire des services de la Cie P. L. M. est organisé de telle sorte qu'on peut, avec la plus grande facilité, visiter entre deux trains les Gorges, soit en se rendant à Annecy, soit en partant. Il est accordé à tous les voyageurs, quelles que soient la nature et la destination de leurs billets, la faveur d'un arrêt à cette station. Des galeries de construction parfaite permettent de scruter sans le moindre danger la profondeur des abîmes où roule le Fier écumant et mugissant. *Un restaurant de 1er ordre est situé à l'entrée des gorges.*

Les excursions aux environs d'Annecy sont assurées, suivant un programme déterminé, par la Société " Savoie Excursions ", 46, rue Carnot, à Annecy

VALLÉE DE THONES La vallée de Thônes, souvent appelée "petite Suisse", car elle rappelle les vallées d'Engelberg et de la Gruyère, est une des plus riches et des plus intéressantes régions des Alpes; elle renferme de nombreux centres d'excursion et de villégiature.

Le chemin de fer à voie étroite qui la dessert, ouvert en 1898, a pris de suite une des premières places, parmi les plus pittoresques des Alpes, tant par la hardiesse de sa construction que par la variété des paysages qu'il parcourt. "La ligne du chemin de fer de Thônes, dit la Revue des Voyages, est une des plus curieuses des Alpes françaises ".

CINQ TRAINS PAR JOUR DANS CHAQUE SENS

Annecy à Chamonix *par le célèbre Col des Aravis (1500m)*

SERVICE AUTOMOBILE (20 juin-15 sept.)

Excursion de 1er Ordre

LA route d'Annecy à Chamonix par Thônes et le Col des Aravis, lorsqu'elle sera plus connue, deviendra la plus grande route alpestre d'**Aix-les-Bains à Chamonix** par Annecy. **C'est une des plus belles des Alpes.**

La Mouillère-Besançon

A 6 H. DE PARIS :: 4 H. DE LYON (Doubs)
2 H. DE L'ALSACE ET DE LA SUISSE

BAINS SALINS
CHLORURÉS SODIQUES

Station de 1er ordre ouverte toute l'année

GRANDE SAISON DE MAI A OCTOBRE

COMPOSITION DES EAUX

BROMURE

Eaux salées.. 0 gr. 108 *Eaux mères..* 2 gr. 250

CHLORURE

Eaux salées.. 291 gr. 200 *Eaux mères..* 234 gr. 680

TRAITEMENTS

LYMPHATISME :: SCROFULE :: ANÉMIE :: AFFECTIONS GYNÉCOLOGIQUES AFFECTIONS GANGLIONNAIRES ET OSSEUSES :: TRAITEMENT DU RHUMATISME, DE LA SCIATIQUE, DE LA GOUTTE, DE LA PARALYSIE ET DES MALADIES DE LA FEMME PAR LE **FANGO**

Balnéations diverses :: Gymnastique médicale

Vente d'eaux-mères et de sels pour bains, injections, compresses à domicile

GRAND CASINO

ATTRACTIONS

CONCERTS

CINÉMA

TENNIS

SALONS DE JEUX

RESTAURANT :: :: :: GLACIER

:: CURE D'AIR :: ET D'ALTITUDE

FUNICULAIRE A :: LA PORTE DE :: L'ÉTABLISSEMENT

EXCURSIONS :: :: :: :: :: SUPERBES

GRAND HOTEL ET DES BAINS

4, Avenue Carnot
BESANÇON

Le plus moderne. — Au centre de la ville et des affaires. — Electricité, Ascenseur, Chauffage central. — **Auto-Garage fermé.** — Téléphone 0-71

Le plus rapproché des deux gares

Entrée dans le parc du Casino gratuite pour les clients de l'Hôtel (Concert chaque jour pendant la saison). Recommandé à MM. les Voyageurs de commerce et Touristes. — Arrangements pour séjour.

A. CHANTELAT, Propriétaire

CHEMINS de FER de L'EST de LYON

De LYON-EST à la GRANDE-CHARTREUSE et RETOUR
ou de LYON-EST à YENNE, le COL de la DENT-du-CHAT
CHAMBÉRY et RETOUR

EN UN JOUR (DE JUILLET AU 15 OCTOBRE 1914)

PAR

Trains directs rapides

ENTRE

LYON-EST et SAINT-GENIX

ET PAR

Services Automobiles

A PRIX RÉDUITS

Pour tous renseignements s'adresser à la Gare de l'Est de Lyon ou au Syndicat d'Initiative de Lyon

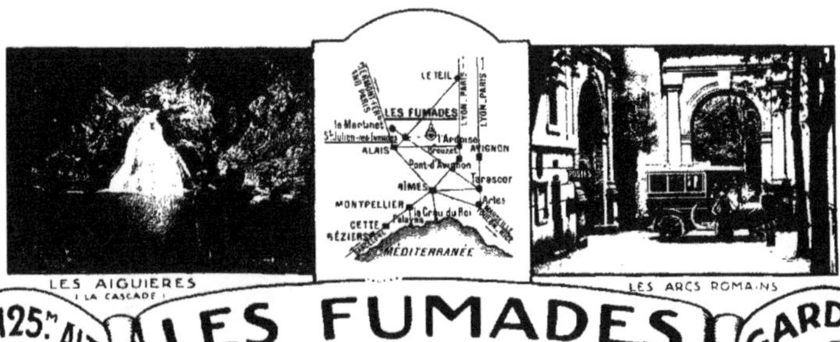

LES AIGUIÈRES (LA CASCADE)

LES ARCS ROMAINS

125m ALT. LES FUMADES GARD

LES FUMADES sont réputées dans les milieux médicaux pour le traitement des affections de la peau et des voies respiratoires. Particularité intéressante : la sation est ouverte et les établissements thermaux fonctionnent **toute l'année.**

La température moyenne de l'hiver est de 9°,7. En dehors du traitement des maladies spécifiées ci-dessus, nombre de personnes y séjournent l'hiver et la cure d'air joue un grand rôle pour le traitement des affections nerveuses de toutes catégories.

Les eaux des Fumades sont des eaux froides (13°) sulfhydriquées, calciques et bitumineuses ; leur température relativement basse permet de conserver indéfiniment les eaux en bouteilles et facilite leur exportation.

Une des caractéristiques des **Fumades** est la gamme que présentent les diverses sources (11 sources) qui vont des plus légères aux plus fortes (comme teneur en acide sulfhydrique et en bitume). Les sources particulièrement en usage sont : la source Romaine, source à minéralisation forte qui constitue le type des sources des Fumades et qui est réputée dans le monde entier pour son efficacité dans le traitement des affections de la peau et des voies respiratoires ; la source Zoé à minéralisation faible, peu chargée en acide sulfhydrique, ne décomposant pas le vin, et permettant, absorbée pendant les repas, un complément de cure pour le traitement des vices du sang, des affections du rein et de la vessie.

Les sources Etienne, Pierre, Julia, de minéralisation relativement forte, servent aux traitements par bains, inhalations, pulvérisations, etc...

La Station Hydrominérale constitue par elle-même une petite ville et en possède tous les services (Hôtels, restaurants, établissements thermaux, postes, routes, services de transports, Casino municipal, usine de force et de lumière, etc...). Elle est située au milieu d'un immense parc de 20 hectares.

Les malades sont assurés de trouver, **à toute époque de l'année**, un séjour charmant et un traitement parfait. Les établissements thermaux complètement remis à neuf, pourvus des derniers perfectionnements de l'hygiène et de l'hydrothérapie modernes, sont aujourd'hui parmi les plus complets de France. Les hôtels
très bien tenus et des villas facilitent
le séjour à toutes les bourses.
Les établis sements thermaux
sont *reliés direc tement* au Grand-
Hôtel par une vaste véranda, jardin d'hiver, entiè rement chauffée et
éclairée à l'électri cité, permettant le
traitement en tous temps et en toutes
saisons. Aux en virons de la station
existent des excur sions merveilleuses
que l'on pratique généralement *pen-*
dant la saison d'hi ver. Les montagnes
sont couvertes de plantes odorifé-
rantes et les effluves qu'elles dégagent
constituent un ad juvant sérieux pour
le traitement des différentes affections traitées dans la station.

GRAND HOTEL

Premier ordre :: Électricité :: Chauffage central :: Garage :: Téléphone :: Chambre noire

HOTEL DIANE, Électricité :: Téléphone :: Garage

MÉDECINS { *SAISON ESTIVALE :* Docteurs J. COURREJOU et R. VAUCAIRE
SAISON HIVERNALE : Docteur J. COURREJOU

Chemin de fer P. L. M. La Station est desservie par la gare de **St-Julien-Les Fumades.** :: (Autobus à tous les trains, durée du trajet : 8 minutes) ::

BILLETS SIMPLES: 1re classe .. **95.30** :: 2e classe .. **64.35** :: 3e classe .. **42** »

via : AVIGNON, TARASCON, NIMES, ALAIS et St-JULIEN-LES FUMADES

URIAGE. — VUE GÉNÉRALE DE LA STATION

(Voir Hôtels pages XVI et XVII)

LE VIN DE FRANCE

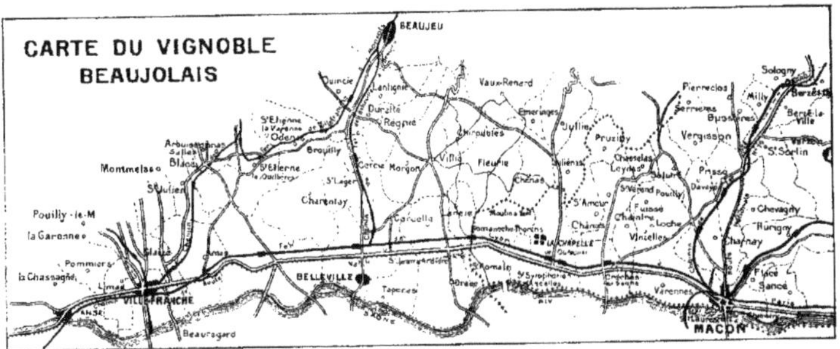

LA COTE-D'OR. Les précieux produits de nos vignobles bourguignons sont à coup sûr parmi les plus parfaits de notre terroir : ils ont droit à la sympathie de tous, car, s'il est des vins anonymes, il en est d'autres auxquels leur origine confère une haute noblesse par leur rareté même et par leur perfection.

La gloire du Chambertin, du Musigny, du Vougeot, du Romanée, du Corton, du Beaune, du Pommard, du Volnay, du Meursault, en un mot, de tous les vins de haute tenue que produit le sol bourguignon est répandue dans le monde entier.

La Maison BOUCHARD AINÉ et Fils, que nous indiquons, est capable de procurer tous ces nectars.

LE BEAUJOLAIS, qui fait partie de l'ancienne province de Bourgogne, doit son nom à la vieille Maison des Sires de Beaujeu dont il était l'apanage ; il a pour capitale Villefranche-sur-Saône.

Plus modestes que leurs cousins de la Côte-d'Or, les vins du Beaujolais ont un bouquet particulier, un caractère de distinction remarquable, une constitution qui leur permet de voyager sous toutes les latitudes.

Ils se divisent ainsi :

Grands ordinaires tels que les vins de Lachassagne, Montmelas, Blacé, Salles, Pouilly-le-Monial qui comporte le crû " La Garenne ", propriété de M. Jean POMMIER (Maison POMMIER Frères, à Villefranche-sur-Saône), vin de table par excellence.

Grands vins fins : Brouilly, Morgon, Fleurie, Chénas, Juliénas, Thorins, Moulin-à-Vent : le bouquet de ces vins approche de celui des grandes cuvées de Bourgogne. Le Beaujolais a aussi une spécialité de vins gris d'une légèreté et d'une finesse exquise.

EXPOSITION
DE
GAND 1913
STAND
DU
SYNDICAT
Château
Cos-Labory
COS-LABORY
COMM^NE DE S^T ESTÈPHE
MÉDOC
CHÂTEAU TALBOT
GRAND CRU CLASSE
S^T JULIEN-MÉDOC
PROPRIÉTAIRE
CHATEAU
Duhart-Milon
1904
MIS AU CHATEAU
PROPRIÉTAIRE
PAUILLAC MÉDOC
Grand Vin
CHATEAU
LATOUR DE CARNET
MEDOC
Ed. PINONCÉLY FALCK
S^T JULIEN
MÉDOC
CHÂTEAU BEYCHEVELLE
Grand Vin 1899
Achille FOULD
GRAND VIN
MARQUIS DE TERME
MARGAUX
CANTENAC
MÉDOC
VILLENEUVE
CHÂTEAU CANTEMERLE
MÉDOC
CHÂTEAU·BATAILLEY
PAUILLAC MÉDOC
1891
CHATEAU
Grand Puy Ducasse
PAUILLAC (MÉDOC)
MISE EN BOUTEILLES AU CHÂTEAU
CASSOWSKI
CHATEAU
J. MME DALESME
BECKER
1899
MARGAUX
GRAND VIN
CHATEAU
LYNCH BAGES
CRU CLASSE
PAUILLAC
MÉDOC
CHÂTEAU DAUZAC
LABARDE-MARGAUX-MÉDOC
MARGAUX
CHÂTEAU PALMER
MÉDOC
Grand Vin
CHÂTEAU LE TERTRE
1890
ARSAC MARGAUX
MOUTON
D'ARMAILHACQ
MÉDOC
MIS EN BOUTEILLES AU CHÂTEAU
1904
GRANDS VINS CLASSÉS DU MÉDOC
Château Pédesclaux
1904
PAUILLAC
CHÂTEAU DE CAMENSAC
CAMENSAC
Grand Cru Classe
S^T LAURENT - S^T JULIEN
Propriétaires
Château Belgrave
MÉDOC
Mis en bouteille au Château
CLERC MILON
MONDON
PROP^RE
MEDOC

CHATEAU LATOUR

GRAND VIN
DE LATOUR

AVEC Château Lafite et Château Margaux, le Château Latour forme la trilogie des premiers grands crus du Médoc... autant dire les plus grands vins du monde entier.

Les possesseurs actuels du domaine de Latour, guidés par la pieuse pensée de conserver intact dans leurs familles unies l'héritage de leurs ancêtres, ont d'abord racheté en 1840 une portion des vignes confisquées pendant l'émigration et ont constitué, en 1840 et 1866, la **Société Civile du Domaine de Château Latour ;** un administrateur délégué (actuellement le Comte Charles de Beaumont), choisi par les co-propriétaires, est chargé de diriger le fonctionnement de la Société.

Ce solide faisceau familial assure l'avenir du vignoble de Latour et la perpétuation du renom universel qu'il a conquis.

Le vignoble, d'un seul tenant, a une superficie de 42 hectares formant deux magnifiques croupes exposées à l'Est et au Midi et dominant la Gironde.

La vue photographique du domaine, que nous reproduisons, montre aux premiers plans la tour légendaire, les chais, avec leur épaisse garniture de lierre qui leur donne l'aspect d'une forteresse et, dans le lointain, sur la rive droite de la Gironde, s'étend la ligne des Coteaux égayés par les groupes de Blaye, de Saint-Androny, de Saint-Seurin.

Du château, on embrasse un magnifique panorama et les navires, allant et revenant de Bordeaux, longent les rives du Château Latour, presque à les toucher.

Les cépages les meilleurs, les plus fins et les plus appropriés au sol, ont de tout temps été seuls cultivés dans les vignes du Château Latour. C'est au Cabernet-Sauvignon, le roi des cépages du Médoc, que la plus large part est réservée à juste titre. Il occupe les 7/10 du vignoble, laissant le reste au Malbec, au Merlot et au Cabernet blanc. Pour lutter contre le phylloxera, on n'eut recours à la reconstitution par le greffage sur plants américains que dans des limites extrêmement restreintes et très progressivement ; on put, du reste, défendre et sauver la plupart des vieilles vignes.

Tout le vignoble est constitué par un sol de graves où les cailloux sont très abondants et sont mélangés à une terre qui, en temps de sécheresse, devient d'une telle consistance que la puissance de deux forts bœufs n'est pas de trop pour exécuter les labours, ce qui peut expliquer l'emploi des lourdes charrues en usage à Latour. Ces charrues, qu'on nomme *la Courbe* pour le chaussage de la vigne, *le Cabat* pour le déchaussage, ont un aspect étrange.

Si des soins éclairés sont donnés à la vigne, que dire de ceux que comportent la vendange, la vinification et l'éducation du vin fait à Château Latour ? La cueillette et le triage des raisins sont faits avec une attention minutieuse, l'ancien système de l'égrappage à la main, sur claies de bois et du foulage au pied, est encore employé. Le moût est mis à fermenter dans des cuves ne dépassant pas 200 hectolitres et, suivant l'antique procédé, on ne décuve que quand le vin est, non seulement complètement refroidi, mais encore parvenu au degré de clarification voulue.

Ce décuvage tardif a l'avantage d'éviter au vin des secondes fermentations qui peuvent offrir des dangers.

Après la délicate opération du décuvage, le vin est versé dans chacune des barriques, fabriquées à Latour même, alignées sur six rangs dans le chai.

Dans son travail technique sur les vins du Médoc, M. Fauré, chimiste œnologue, signale les vins du Château Latour comme très riches en éthers qui, par leurs transformations successives, produisent le merveilleux bouquet tout particulier qui distingue ce premier grand cru.

Ce bouquet tient à la fois de la rose et de la violette, et, par une sève de très grande finesse, qui se développe assez rapidement en bouteilles, les vins du Château Latour se conservent ensuite pendant de longues années. Dans les diverses grandes expositions auxquelles le vignoble de Château Latour a consenti à prendre part, les plus hautes récompenses lui ont été décernées. Le grand prix de l'Exposition Universelle de 1900 est la dernière consécration des succès ininterrompus du Château Latour.

JUILLET

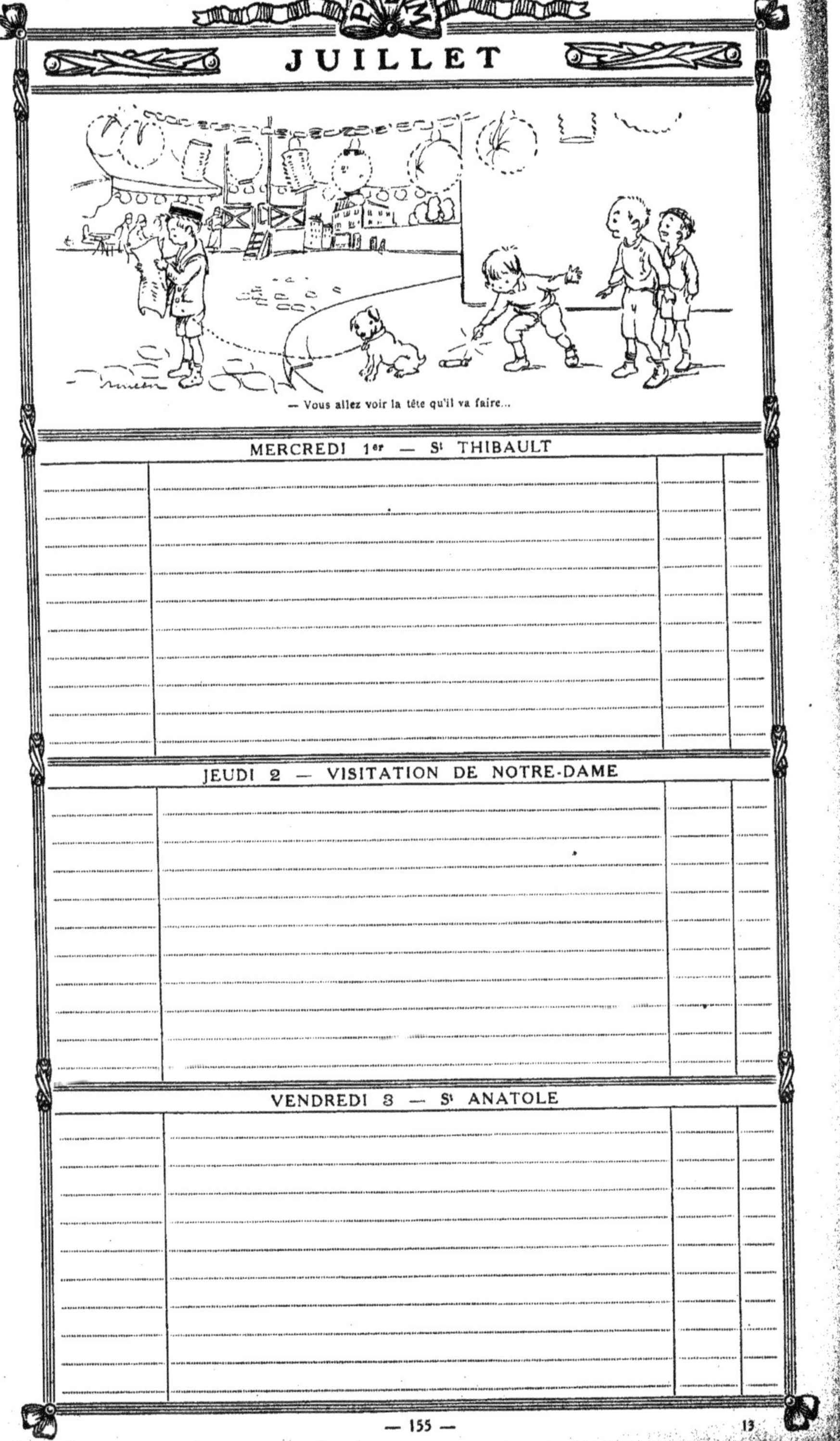

— Vous allez voir la tête qu'il va faire...

MERCREDI 1er — St THIBAULT

JEUDI 2 — VISITATION DE NOTRE-DAME

VENDREDI 3 — St ANATOLE

JUILLET

SAMEDI 4 — Ste BERTHE

DIMANCHE 5 — Ste ZOÉ

LUNDI 6 — St ULRIC

JUILLET

MARDI 7 — St ELIE

MERCREDI 8 — Ste VIRGINIE

JEUDI 9 — St CYRILLE

— Nos chevaux sont fatigués, impossible d'avancer, tu as eu raison de prendre le chemin de fer.

JUILLET

VENDREDI 10 — Ste FÉLICITÉ

SAMEDI 11 — St CYPRIEN

DIMANCHE 12 — St GUALBERT

(Voir page 194)

JUILLET

LUNDI 13 — St EUGÈNE

MARDI 14 — FÊTE NATIONALE

MERCREDI 15 — St HENRI

— Demain, on apportera de la paille et on se fera un nid.

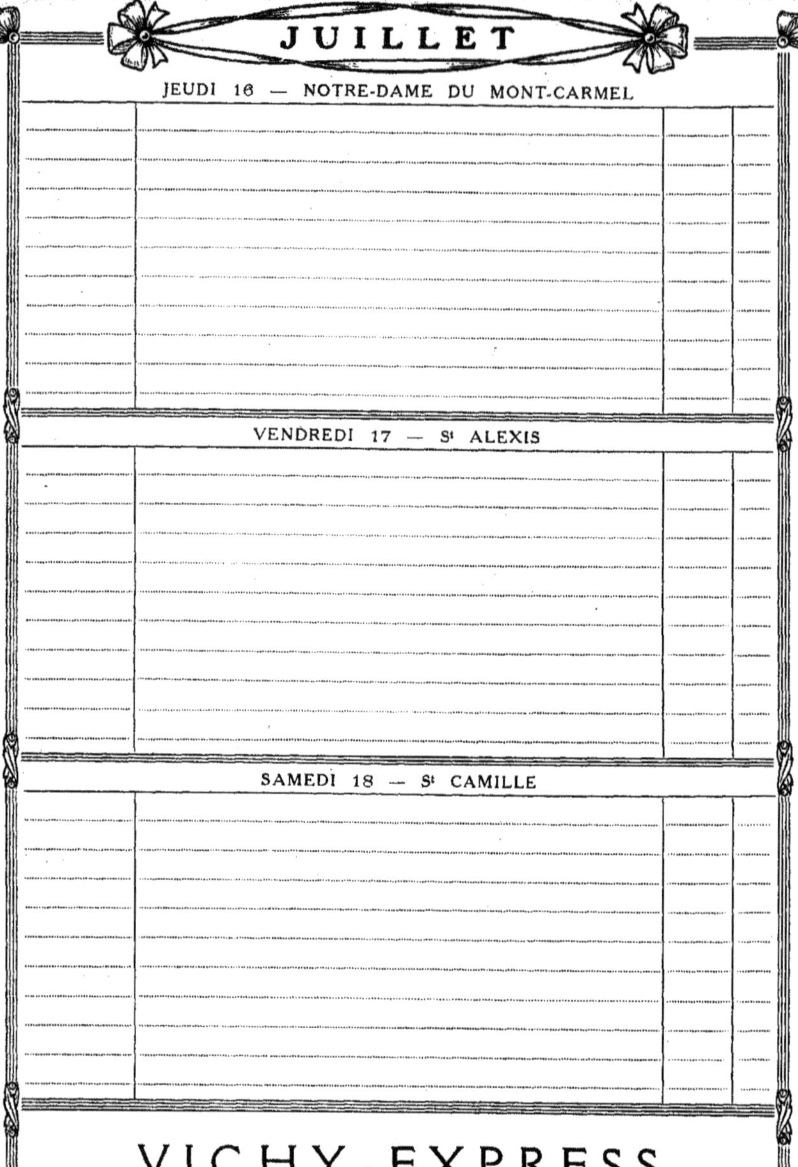
JUILLET
JEUDI 16 — NOTRE-DAME DU MONT-CARMEL
VENDREDI 17 — St ALEXIS
SAMEDI 18 — St CAMILLE

JUILLET

DIMANCHE 19 — St VINCENT DE PAUL

LUNDI 20 — Ste MARGUERITE

MARDI 21 — St VICTOR

— Ton petit frère, il pleure quand il est tout seul ?
— Je ne sais pas, je ne suis pas avec lui quand il est tout seul.

MERCREDI 22 — Ste MADELEINE

JEUDI 23 — St APOLLINAIRE

VENDREDI 24 — Ste CHRISTINE

JUILLET

SAMEDI 25 — St CHRISTOPHE

DIMANCHE 26 — Ste ANNE

LUNDI 27 — Ste NATHALIE

— Faisez-moi mon portrait, mais me dévisagez pas toutes les minutes !

JUILLET

MARDI 28 — St NAZAIRE

MERCREDI 29 — Ste MARTHE

JEUDI 30 — St ABDON

— Plus on est morveux, plus ils vous donnent des sous.

JUILLET

VENDREDI 31 — St IGNACE DE LOYOLA

RÉCAPITULATION

CHALETS ET REFUGES DES ALPES FRANÇAISES *(Suite)*

(Voir pages 152 et 180)

Ch. h. Quintino Sella, à 2650 m., sur le col qui joint l'arête du Balze di Cesare au Viso Mozzo et près du lac Grand du Viso, à 4 h. 30 de Crissolo et 7 h. 30 de Castel-Delfino, ouvert pendant la saison des courses, 63 pl. (Viso par la face E., etc.).

Ancien R. Quintino Sella, à 3000 m., vallon delle Forciolline, 20 pl., à 7 h. de Castel-Delfino (Viso).

Hôtel Alpin, à 2019 m., au Plan du Roi, Massif de Chambeyron, près des sources du Pô, 2 h. de Cusselo, 4 h. env. du Quintino Sella (Viso, Granero, etc.).

R. Lieutenant-Trémeau, à 2435 m., sur le sentier du col du Sautron et un replat à 150 m. S. S. E. du lac Viraysse, inutilisable.

Ch. h. du Lac Visaisa, à 1932 m., par chemin muletier, à 2 h. 40 d'Acceglio, 1 h. de Sarreto, à 9 h. de Saint-Etienne de Tinée, par le Pas de la Cavale et le col du Bœuf.

MASSIF D'ESCREINS

R. g. du Col de Vars, à 2000 m. et 25 min. du col qui relie Guillestre à Saint-Paul-de-Vars.

MASSIF DU GRAND-PINIER

R. g. du Col de Manse, à 1268 m., sur le chemin de Gap à Orcières.

MASSIF DU DÉVOLUY

R. g. du Col du Noyer, à 1655 m., sur le chemin de Saint-Bonnet à Saint-Etienne-en-Dévoluy.

Mais. cantonnière du Col Bayard, auberge-refuge, située un peu au-dessous du col, versant S.

Mais. cantonnière du Festre (1 chambre pour touristes), à 1438 m., au col d'Agnières, sur la route de Saint-Disdier et de Saint-Etienne-en-Dévoluy, à la station de Montmaur ou de Veynes.

MASSIF DE TAILLEFER

Ch. g. de la Morte, à 1348 m., à l'un des hameaux de la Morte, v. t., 3 h. de Séchilienne ou de Taillefer. Point de départ pour l'ascension de Taillefer et les excursions autour de cette cime.

MASSIF DES SEPT-LAUX

Aub. d'été des Sept-Laux, à 2182 m., sur le bord O. du lac du Cos, 10 pl., à 6 h. 30 d'Allemont et 5 h. du Curtillard (Rocher Blanc, Laffrey, Sept-Laux, Belle-Etoile, Pyramide inaccessible, etc.).

Mais. forest. Saint-Hugon, à 827 m., sur le chemin du Grand Charnier, du Roc Crotières, des cols de la Fraîche, d'Arpingon, Grand Clocher du Frêne.

MASSIF DE LA CHARTREUSE

Mais. forest. de Chalais, à côté du couvent de Chalais.

Mais. forest. de la Charmette, à 1280 m., près du col de la Charmette.

MASSIF DES GRANDES-ROUSSES

R. de la Fare, à 2182 m., au pied d'un rocher qui porte le lac de la Fare, à l'O. des Grandes-Rousses, c. a., 4 h. d'Allemont par Oz et l'Alpette (les Grandes-Rousses); clefs aux sièges de la S. T. D., des sections de l'Isère et de Maurienne, et chez les maires de Vaujany, Oz, Allemont, Saint-Jean et Saint-Sorlin d'Arves.

MASSIF DE LA SEOLANE

R. g. de Valgelaye ou d'Allos, à 2225 m., sur la route de Barcelonnette à Allos.

Ch. du lac d'Allos, à 2237 m., sur les bords du lac d'Allos (Mont Pelat, etc.), et chalet de pêche gardé.

MASSIF DU VERCORS ET DU ROYANS

Aub. du Col du Rousset, à 1412 m., route des Goulets à Die.

La Grande Cabane (bergers), à 1600 m., sur le chemin de Saint-Agnan-en-Vercors au Pas du Chatton.

Mais. particulière du Pionnier, à 1140 m., route de Lente à Saint-Jean-en-Royans par le Pas de l'Echelle.

Aub. du Col de Cabre, à 1180 m., route de Die à Veynes.

Cab. forest. de Prégrandu, à 1400 m., chemin de Saint-Agnan-en-Vercors au Pas de la Ville et au Grand Veymont; **de la Coche,** à 10 m. de la précédente.

Ch. h. de Lente, à 1087 m., en face la maison forestière des Pins; dans la Forêt de Lente, 18 lits, 2 h. 30 de Saint-Jean-en-Royans.

Hôtel Faravelon, aux tunnels de Combe-Laval, à l'entrée de la forêt du plateau de Lente, sur la route de Saint-Jean, à 2 h. de Saint-Jean-en-Royans.

SAVOIE

TARENTAISE

Ch. h. Félix-Faure, à 2527 m., col de la Vanoise, au S. E. du lac Long, g. v. t., téléph., 24 lits, 3 h. de Pralognan, 5 h. de Termignon (Grande-Casse, Grand Bec, Glière, Lepena, Chasseforêt, Grande Motte, etc.).

R. g. des Lacs, à 2600 m., vallon de Prioux, près des lacs, e. c. a., 20 à 25 pl., 3 h. 30 de Pralognan (Dôme de Chasseforêt, Dôme de l'Arpont, etc.).

R. de Prarion, à 2272 m., au pied du col de la Galise, près des sources de l'Isère, e., 10 à 12 pl., 2 h. 35 de Val d'Isère (Pointe de la Galise, la Tsanteleina, etc.).

Ch. h. du Mont Jovet, à 2370 m., au pied du Mont Jovet, en haut du vallon des Petits-Reys, g. v., 30 pl., téléph. (Mont-Jovet).

Aub. de Fornet, à 1731 m., Val Grisanche, à 1 h. 30 de Grisanche, à Sainte-Foy en 6 h. 30 et à Tignes en 10 h. par le col du Mont (Grande Sassière, Grande Rousse, etc.).

Ch. de Gran Colle, à 2410 m., au col du Nivolet, à 3 h. 30 de Val Savaranche, 2 lits.

R. Defey, à 3350 m., sur le col du Ruitor, versant italien. A 6 pl., 6 h. de La Thuile, 6 h. de Val Grisanche, par Foruet (Ruitor, Château-Blanc, etc.).

Ch. h. de la Grivola, à Pont-Savaranche, 1946 m., 2 h. de Val Savaranche.

R. de Sainte-Marguerite ou du Ruitor, à 2450 m., sur une pente gazonnée qui regarde le glacier du Ruitor, a. c., 10 pl. (massif du Ruitor).

Hospice du Petit-Saint-Bernard, à 2188 m., un peu au-dessous du col de ce nom.

MAURIENNE

R. César-Durand, à 2200 m., à 20 min. des chalets de la Balme, près de la bifurcation des passages conduisant aux lacs et à l'Etendard; clefs au siège de la section de Maurienne et à la mairie de Saint-Jean-d'Arves, e. b. c. a., 12 pl. et 6 guides (Etendard, Pic Bayle, etc.).

R. g. de la Saussaz, à 2095 m., et 20 min. au S. du col des Encombes, g. b. e. v., 20 pl., 4 h. de Saint-Michel, 4 h. 30 de Saint-Martin de Belleville (Grand Perron, passage de Tarentaise en Maurienne, etc.).

Ch. h. de Bonneval-sur-Arc, à 1850 m., en haut de la vallée de l'Arc, sur les bords de la Lenta, au débouché du col d'Iseran, à 400 m. à l'E. de Bonneval, g. v. t., 25 pl. et 6 guides; 10 min. de Bonneval, 5 à 6 h. de Val d'Isère (Albaron, Levanna, etc.).

Ch. h. des Evettes, à 2629 m., rive g. du glacier des Evettes, vallée supérieure de l'Arc, à 2 h. 45 au-dessus du chalet de Bonneval (Ciamarella, Albaron, Pointe de Bonneval, Bessanèse, Chalanson, Pointe Tonini, Mont Seti, col de Girard, col de Séa, etc.).

Ch. h. du Glandon, à 1981 m., et 20 min. au-dessous du col du Glandon, versant N.-E., au milieu de luxuriantes prairies (col des Quirlies, Etendard, Combe-Madame, Sept-Laux, Aiguilles de l'Argentière, etc.).

Hospice du Mont Cenis, à 1930 m., col de ce nom, versant italien.

R. della Gura, à 2230 m., vallée Grande, 3 h. de Forno-Alpi-Graje et 7 h. du chalet de Bonneval, par le col Girard, a. b. e., 10 pl. (Pointe du Martellot, Dôme du Molinet, Levanna).

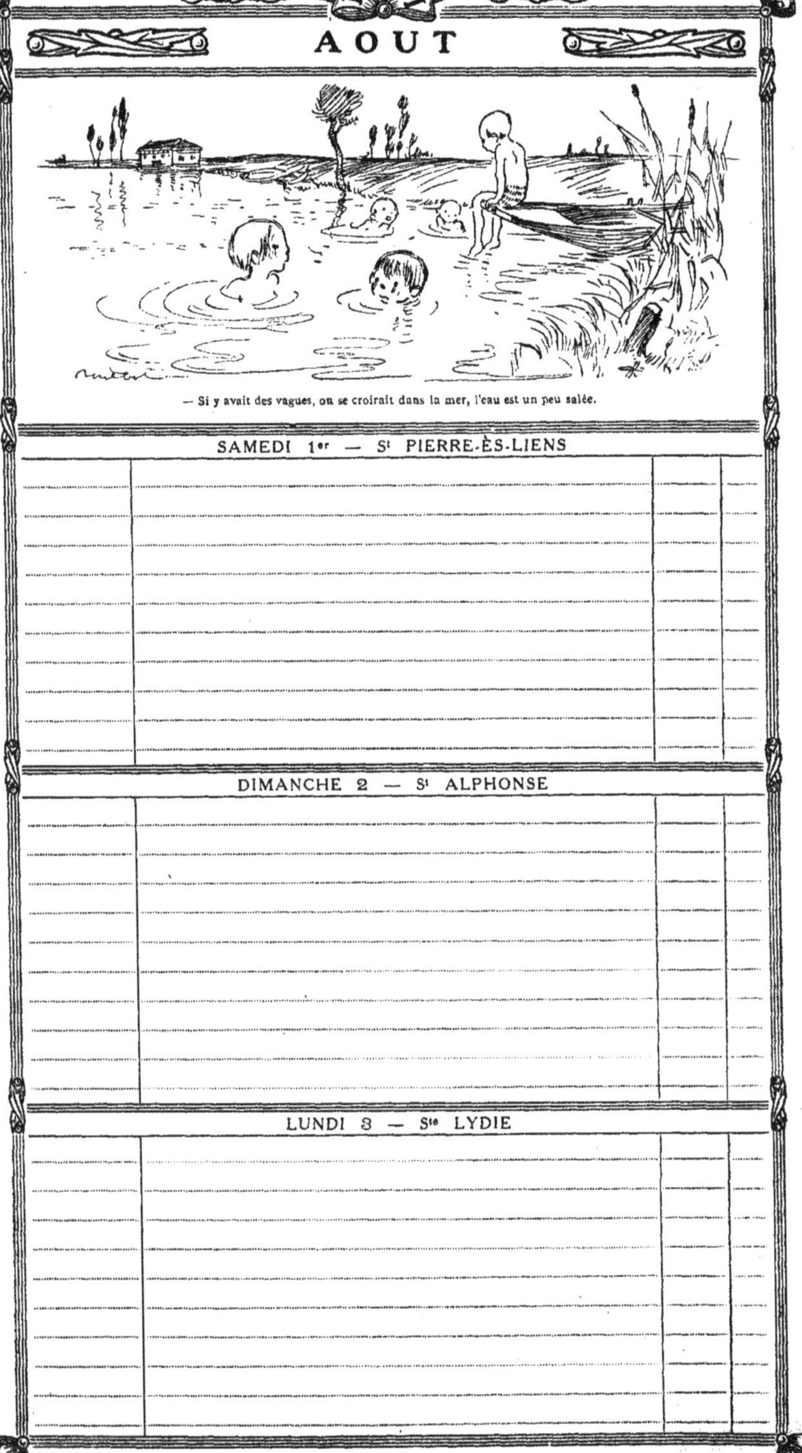

AOUT

— Si y avait des vagues, on se croirait dans la mer, l'eau est un peu salée.

SAMEDI 1er — St PIERRE-ÈS-LIENS

DIMANCHE 2 — St ALPHONSE

LUNDI 3 — Ste LYDIE

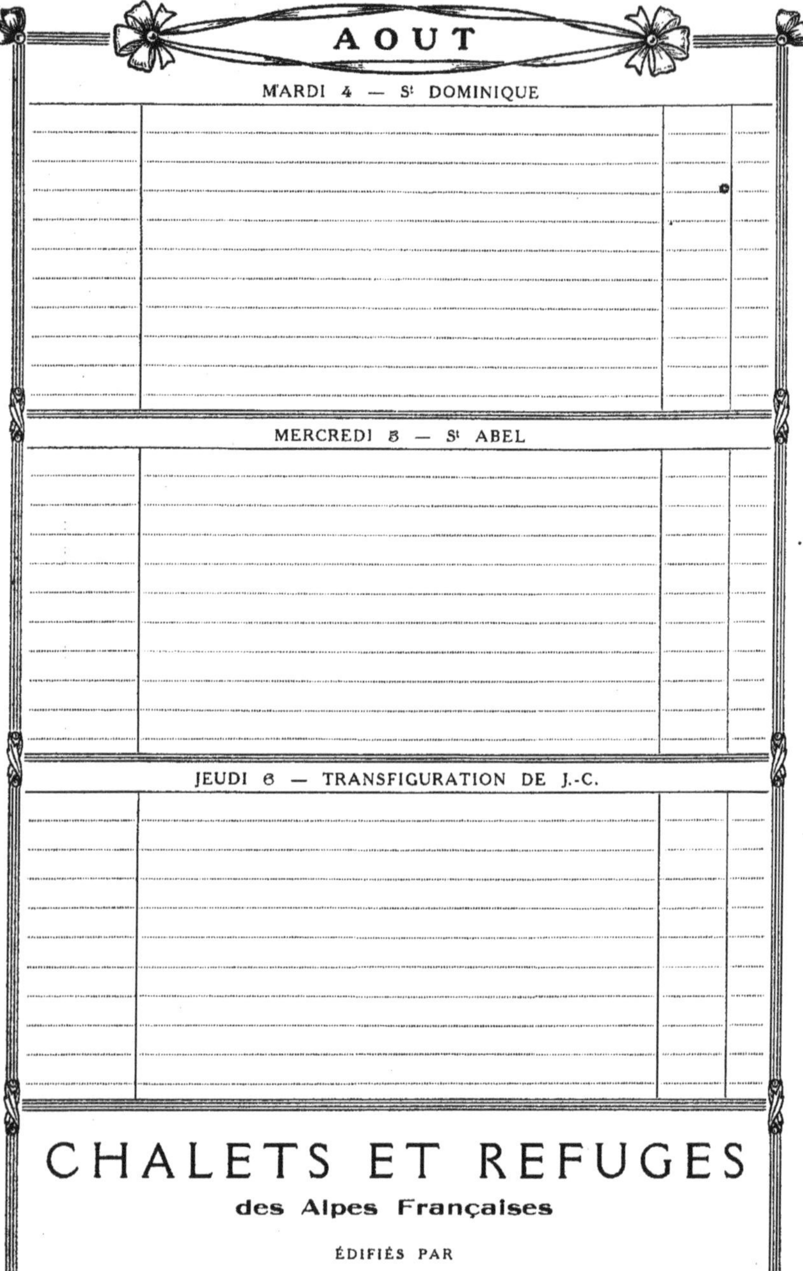

CHALETS ET REFUGES

des Alpes Françaises

ÉDIFIÉS PAR

LE CLUB ALPIN FRANÇAIS

ET

LA SOCIÉTÉ DES TOURISTES DU DAUPHINÉ

Nomenclature complète pages : 152, 166, 180

AOUT

VENDREDI 7 — St GAÉTAN

SAMEDI 8 — St JUSTIN

DIMANCHE 9 — St AMOUR

— Etranger, qu'ils m'appellent, ces Bretons qui sont même pas de Paris !

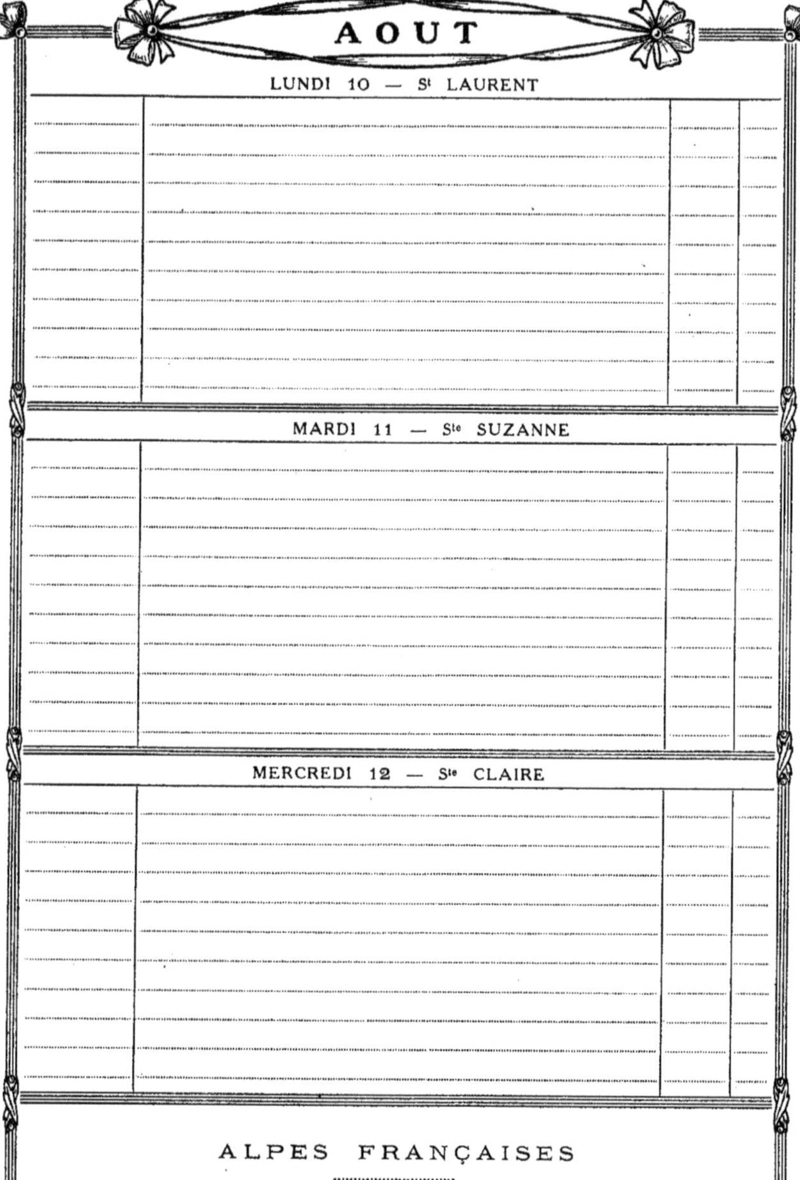

(Voir page 138)

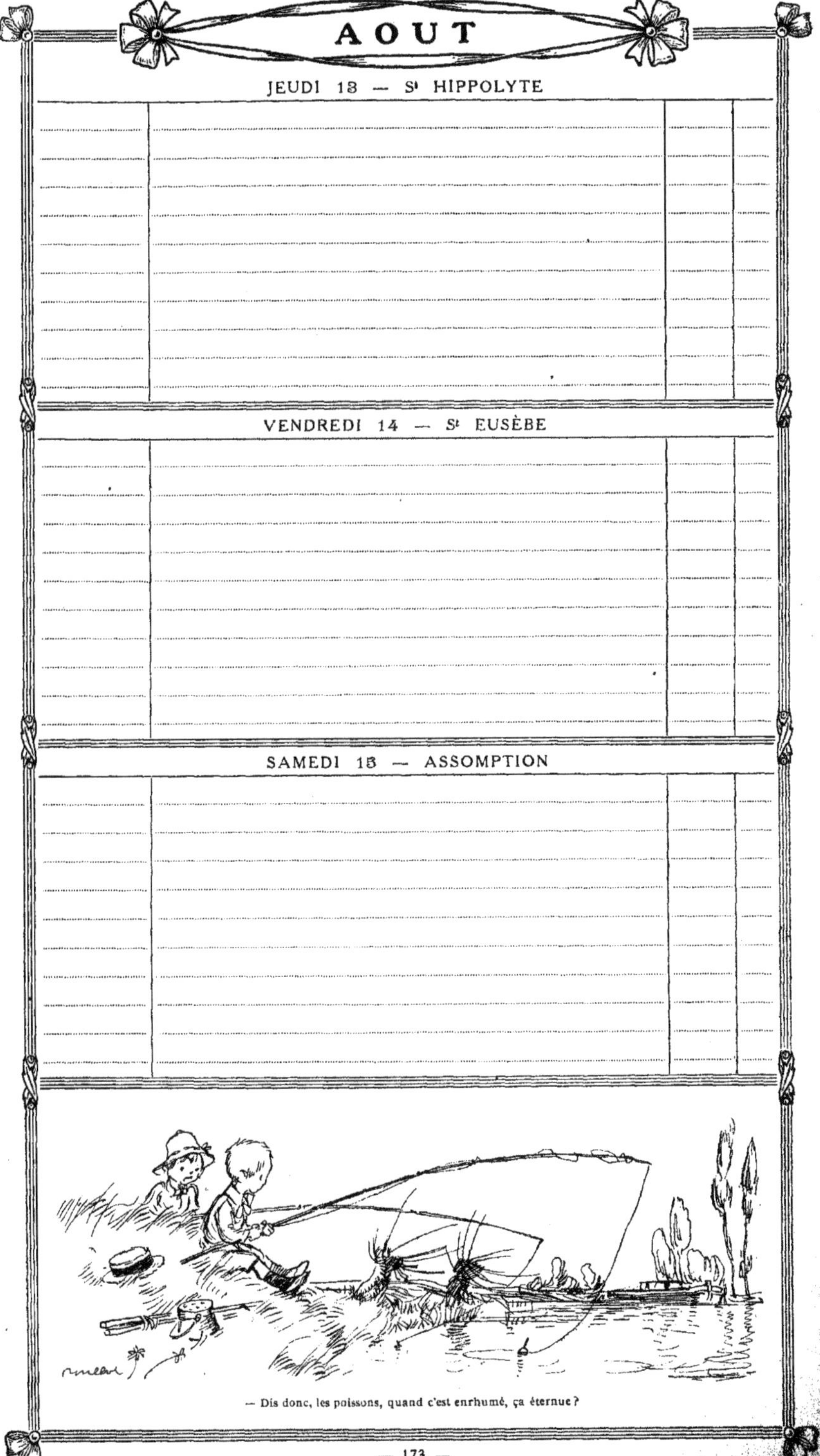

AOUT

JEUDI 13 — St HIPPOLYTE

VENDREDI 14 — St EUSÈBE

SAMEDI 15 — ASSOMPTION

— Dis donc, les poissons, quand c'est enrhumé, ça éternue ?

AOUT

DIMANCHE 16 — St ROCH

LUNDI 17 — Ste JULIENNE

MARDI 18 — Ste HÉLÈNE

(Voir page 194)

AOUT

MERCREDI 19 — St LOUIS, ÉVÊQUE

JEUDI 20 — St BERNARD

VENDREDI 21 — Ste JEANNE

— Il ne marche pas ton bateau ?
— Pardine ! il n'a pas de jambes.

AOUT

MARDI 25 — St LOUIS, ROI

MERCREDI 26 — St ZÉPHIRIN

JEUDI 27 — St CÉSAIRE

— C'est les mouettes qui sont épatées !...

AOUT

VENDREDI 28 — St AUGUSTIN

SAMEDI 29 — DÉCOLLATION DE St JEAN-BAPTISTE

DIMANCHE 30 — St FIACRE

— Si la mer n'était pas si large, on la verrait, l'Amérique.

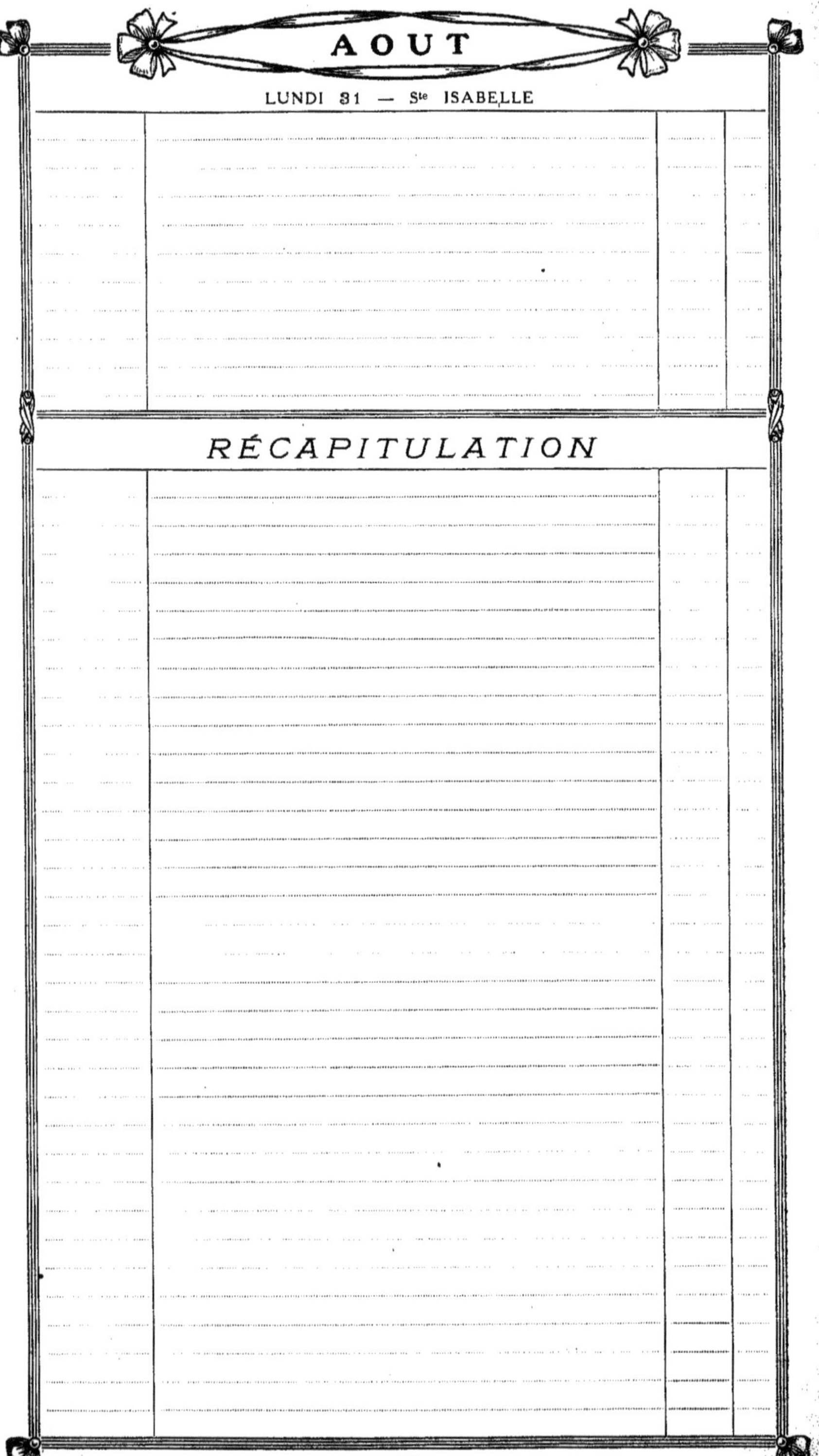
AOUT
LUNDI 31 — Ste ISABELLE
RÉCAPITULATION

CHALETS ET REFUGES DES ALPES FRANÇAISES *(Suite et fin)*

(Voir pages 152 et 166)

R. della Levanna, à 2800 m., vallée d'Orco, a., 12 pl., 4 h. de Céresole et 8 h. du chalet de Bonneval, par le col Perdu (Levanna, etc.).

R. h. Gastaldi, à 2649 m., au Crot del Ciaussine, en haut de la vallée de Balme, v. t., 50 pl., 4 h. de Balme, 7 h. de Bessans par le col de la Bessanèse (Croce Rossa, Pointe d'Arnas, Bessanèse, Ciamarella, Albaron).

Hôtel Broggi, au Pian della Mussa, 1800 m., à 1 h. au-dessus de Balme.

R. de Pera Ciaval, à 2600 m., au Pian des Sabiunin, a., 10 pl., 4 h. 30 d'Usseglio et à 7 h. de Bessans par le col de la Valetta (Crosse Rossa, Pointe d'Arnas, etc.).

Cantine de Malciaussia, à 1789 m., et 7 h. d'Averole par le col de Lautaret.

R. Vaccarone, à 2700 m., groupe d'Ambin, vallée de Suse, 15 pl., 6 h. de Suse, 5 h. du col du Mont-Cenis.

Osteria de Rochemolles, à 1597 m., vallon de Rochemolles et 1 h. de Bardonnèche.

Ch. R. de la Vallée Etroite, à 1756 m., 2 h. 15 de Bardonnèche, dans la vallée Etroite (Mont Thabor, Rocca, Bernaude) ; à Valmeinier, par le col de Valmeinier.

RÉGION D'ANNECY, DE BONNEVILLE ET MASSIF DU MONT BLANC

Ch. h. du Parmelan, à 1835 m., sur le sommet du Parmelan, v. t., 5 h. d'Annecy.

R. Sauvage, à 2250 m., partie N. de la chaîne des Aravis, au pied de la Pointe Percée, a., 20 pl., 5 h. du Reposoir, 5 h. du Grand Bornand, 8 h. de Sallanches (Pointe Percée).

Ch. h. du Môle, à 1400 m., sur le Petit Môle, au-dessus de Bonneville, v. t., 50 pl., 3 h. 30 de Bonneville ou Saint-Jeoire (le grand Môle).

Ch. h. du Col d'Anterne, à 2000 m., et 20 min. au-dessous du col d'Anterne, sur le chemin de ce col à celui du Brévent.

Ch. h. du Buet, 2000 m. env. sur le chemin de Sixt au Buet, par les rochers du Grenairon, v. t., 19 lits (Buet, Grenier, Cheval Blanc, Pointe de Finive).

R. du Jardin d'Argentière, à 2684 m., au pied de l'arête S. de l'Aiguille d'Argentière, e. c. a. (Aiguille d'Argentière, col du Tour Noir, Col d'Argentière, Rouges du Dolent, Dolent et col, col des Courtes et des Droites, etc.).

Nouvel hôtel de Lognan, à 2043 m., au bord du glacier d'Argentière, rive S., à 2 h. 30 d'Argentière.

R. Ch. Durier, à 3376 m., immédiatement au-dessous du col de Miage, face O., e. c. a., à 6 h. du ch. g. des *Deux-Frères*, situé au col de Tricot (Dôme de Miage, Aiguille de Bionnassay, etc.).

H. de Trélatête, à 1976 m., près du glacier de Trélatête (Aig. de Trélatête, de Béranger, etc.).

R. de l'Aiguille du Midi, à 3555 m., au col du Midi, entre l'Aig. du Midi et le Mont-Blanc du Tacul, e. c. a., 10 à 12 pl. (Aig. du Midi, Mont-Blanc du Tacul, etc.).

Nouveau R. de l'Aiguille du Goûter, à 3817 m., à l'Aiguille, c. a.

R. Vallot, à 4362 m., au pied de la Grande Bosse, près de l'observatoire de M. Vallot, e. c., 12 à 18 pl. (Mont Blanc, Mont Maudit, etc.).

R. Janssen, à 4807 m., au sommet du Mont Blanc.

Ch. h. de Tête-Rousse, à 3167 m., au pied de l'Aiguille du Goûter, près du glacier de Tête-Rousse.

R. du Couvercle, à 2326 m., et à 50 m. au-dessus du point coté 2326 m., au Couvercle, carte de Mieulet, e. c. a., 30 pl., à 3 h. du Montenvers (Aiguille Verte, du Moine, etc.).

R. de la Charpoua ou Charlet-Stratton, à 2840 m., au sommet du Rocher de la Charpoua, e. c. a., clefs à l'hôtel du Montenvers, distant de 3 h. 1/2 (les deux Drus, l'Aiguille Verte, etc.).

Ch. g. des Grands-Mulets, à 3051 m., sur le rocher des Grands-Mulets, v. t. (Mont Blanc, etc.).

Observatoire des Grands-Mulets, propriété du C. A. F., ne loge pas les touristes.

R. de Saussure, à 2710 m., près de la cime du Grammont, 16 pl., à 4 h. de Courmayeur, 5 h. de Pré-Saint-Didier.

Cantina della Vissaille, à 1653 m., val Veni, 2 h. de Courmayeur.

Ch. inférieur de l'Allée Blanche, à 2175 m., val Veni, 4 h. de Courmayeur (Pointe Lechaud, Aiguilles de Trélatête, etc.).

Cab. du Dôme, à 3120 m., au pied des Aiguilles Grises, rive droite du glacier du Dôme, 10 pl., à 7 h. 30 de Courmayeur (Mont Blanc, Aiguille de Bionnassay, etc.).

R. Quintino Sella, à 3370 m., au pied du rocher du Mont Blanc, 16 pl., clefs chez le guide-chef à Courmayeur, 9 h. de Courmayeur (Mont Blanc).

Pavillon du Mont-Fréty, à 2175 m., à 2 h. 30 de Courmayeur, sur le sentier du col du Géant.

R. aub. Torino, à 3320 m., près du col même du Géant, 20 pl. et 15 guides, à 5 h. 30 de Courmayeur et 5 h. 30 du Montenvers (Dent du Géant, Aiguilles Marbrées, passage de Courmayeur à Chamonix, etc.).

Cab. des Grandes-Jorasses, à 2804 m., et 5 h. 30 de Courmayeur, rive gauche du glacier de Planpansière (Grandes Jorasses, Aig. et Dôme de Rochefort, Mont Mallet, etc.).

Cab. de Triolet, à 2584 m., sur les rochers des Monts Rouges, dominant la rive gauche du glacier de Triolet, 6 h. de Courmayeur, 9 à 10 h. de Chamonix par le col de Talèfre (Aig. de Talèfre et de Triolet, etc.).

Cab. g. d'Orny, à 2688 m., près du lac d'Orny, c., bois taxé, 35 pl., à 5 h. 30 d'Orsières et 4 h. du lac Champey (Aig. Dorées, Massifs du Tour et d'Argentière).

Cab. Julien-Dupuy, à 3130 m., au col d'Orny, bord E. du plateau du Trient, e. b. taxé, 25 pl., à 7 h. d'Orsières, 5 h. 30 du lac Champey et 4 h. 30 de la Forclaz.

Cab. g. de Saleinaz, à 2691 m., rive droite du glacier de Saleinaz, b. taxé, 3 ch., 60 pl., 6 h. d'Orsières et 5 h. de Praz-de-Fort, bon sentier marqué en rouge (Massifs du Tour et d'Argentière).

Cab. g. de Barberine, à 1870 m., val Barberine, b. t., 36 pl., 3 h. 30 de Finhaut, 5 h. de Salvan et 3 h. 45 du Châtelard.

Hospice-hôtel du Grand-Saint-Bernard, à 2472 m., dans l'étroite échancrure du col de ce nom, entre Aoste et Martigny.

ALPES-MARITIMES

R. Nice, à 2250 m., origine du vallon de la Gordolasque, sur un promontoire rocheux à la base O. du Mont-Clapier, près du confluent des vallons du Clapier et de Niré ; clefs : en été, à l'hôtel de Saint-Grat, à l'hôtel de la Madone de Fenestre et à l'hôtel de Ciriegia ; en hiver, aux mairies de Belvédère et de Saint-Martin-Vésubie. A 6 h. de Belvédère, par chemin muletier, et à 6 h. de Saint-Martin-Vésubie, par la Madone de Fenestre et le Pas du Mont Colomb, e. b. c. m. a., 20 pl., dont 10 en couchettes (Mont Clapier, cime des Gélas, etc.).

Ch. g. de Rabuons, à 2540 m., val de la Tinée, près du grand lac de Rabuons, à 3 h. 30 de Saint-Etienne de Tinée par chemin muletier, gardé du 1er juillet au 30 septembre ; clefs : en hiver, à la mairie de Saint-Etienne de Tinée, v. t. m., 28 places, dont 16 en couchettes (Cimon de Rabuons, Ténibres, etc.).

Boréon-Cascade-hôtel, à 1470 m., confluent du Boréon et du Salèses, a., à 1 h. 45 de Saint-Martin-Vésubie (1er juin à octobre). Cimes du lac Noir, de la Ruine, etc.

Thermes de Valdieri, à 1346 m., 3 h. de Valdieri-Ville ; établissement thermal ouvert en juillet et août (Argentera, Oriol, Mont Mato, etc.).

Hôtel Saint-Grat, à 1550 m., 3 h. de Belvédère, val Gordolasque, a. (1er juin à novembre).

Hôtel de la Madone de Fenestre, à 1886 m., val du même nom, à 2 h. 45 de Saint-Martin-Vésubie, a. (cime des Gélas, etc.), 1er juin à octobre.

R. Genova, à 1915 m., haute vallée de la Ruine, près du gias du Monighet ; clefs aux Thermes de Valdieri et à Entrague, à 4 h. 15 d'Entrague par chemin muletier ; e. b. c. a., 20 pl., dont 10 sur matelas ; clefs communes aux refuges Nice et Genova.

R. de la Mairis (propriété Poullan), à 2120 m., 2 h. de la Ciriegia, — lit de camp.

R. des Adus (propriété Poullan), à 2180 m., 2 h. de la Ciriegia, — lit de camp.

Observatoire du Mont Monnier, à 2741 m., 4 h. 30 de Beuil par chemin muletier. Gardé t. l'an. Téléph., m.

MAROC — PORTE « AGUENAU » A MARRAKECH

SEPTEMBRE

— J'te crois que c'est un chien de garde, c'est même celui du garde-chasse

MARDI 1er — St GILLES

MERCREDI 2 — St LAZARE

JEUDI 3 — St GRÉGOIRE

SEPTEMBRE

VENDREDI 4 — Ste ROSALIE

SAMEDI 5 — St BERTIN

DIMANCHE 6 — St ONÉSIPHORE

(Voir page 110)

SEPTEMBRE

LUNDI 7 — St CLOUD

MARDI 8 — NATIVITÉ DE LA SAINTE-VIERGE

MERCREDI 9 — St OMER

— Si il vient un lion, je le tue comme un lapin.

SEPTEMBRE

JEUDI 10 — Ste PULCHÉRIE

VENDREDI 11 — St HYACINTHE

SAMEDI 12 — St GUY

Excursions en Algérie et en Tunisie

BILLETS DE VOYAGES A ITINÉRAIRES FIXES

DÉLIVRÉS TOUTE L'ANNÉE

(Voir page 208)

SEPTEMBRE

DIMANCHE 13 — St AIMÉ

LUNDI 14 — EXALTATION DE LA Ste CROIX

MARDI 15 — St VALÉRIEN

— Eh ben, je dirai à papa qu'il me défende de jouer avec vous.

MERCREDI 16 — Ste EDITH

JEUDI 17 — St LAMBERT

VENDREDI 18 — Ste SOPHIE

SEPTEMBRE

SAMEDI 19 — St JANVIER

DIMANCHE 20 — St EUSTACHE

LUNDI 21 — St MATHIEU

— Si on se noyait, quelle fessée qu'on recevrait !

MARDI 22 — St MAURICE

MERCREDI 23 — Ste CÉLESTINE

JEUDI 24 — St GÉRARD

(Voir page 82)

SEPTEMBRE

VENDREDI 25 — St FIRMIN

SAMEDI 26 — Ste JUSTINE

DIMANCHE 27 — St COSME

— La prochaine fois qu'un crabe me mord, je le mords aussi.

SEPTEMBRE

LUNDI 28 — St WENCESLAS

MARDI 29 — St MICHEL

MERCREDI 30 — St JÉROME

— Les vacances seraient bien plus longues, si y avait pas la rentrée.

RÉCAPITULATION

LA SUISSE PAR LE P. L. M.

qui offre les meilleures voies d'accès

RELATIONS DIRECTES PAR BILLETS SIMPLES ET D'ALLER ET RETOUR A PRIX RÉDUITS

PRIX, au départ de PARIS, pour certaines STATIONS SUISSES

DE PARIS aux Stations Suisses ci-dessous ou *vice versa*	BILLETS SIMPLES 1re cl.	2e cl.	3e cl.	Validité jours	BILLETS D'ALLER ET RETOUR 1re cl.	2e cl.	3e cl.	Validité jours	DE PARIS aux Stations Suisses ci-dessous ou *vice versa*	BILLETS SIMPLES 1re cl.	2e cl.	3e cl.	Validité jours	BILLETS D'ALLER ET RETOUR 1re cl.	2e cl.	3e cl.	Validité jours
Aigle (1)	63 05	42 95	28 55	5	100 65	75 70	49 65	60	Lausanne (1)	58 90	40 05	26 45	5	94 »	71 05	46 55	60
Berne	62 50	42 60	28 30	5	99 75	74 90	49 10	60	Montreux (1)	61 50	41 85	27 75	5	98 20	73 95	48 50	60
Bex (1)	63 90	43 65	28 95	5	102 »	76 85	50 30	60	Neuchâtel	56 90	38 65	25 50	5	90 75	68 55	44 90	60
Clarens (1)	61 30	44 70	27 65	5	98 20	73 95	48 50	60	Territet (1)	61 60	41 95	27 80	5	98 20	73 95	48 50	60
Fribourg	65 80	44 90	29 95	5	101 25	75 95	49 85	60	Thoune	65 70	44 85	29 90	5	98 35	69 35	45 35	10
Interlaken	69 90	47 65	31 90	5	111 70	83 05	54 80	60	Vevey (1)	60 90	41 45	27 45	5	97 20	73 25	48 »	60
La Chaux-de-Fonds	55 85	37 90	24 95	5	96 25	72 55	47 70	60	Zermatt (2)	80 15	66 05	43 60	5	137 05	105 45	68 50	60

(1) Les billets d'aller et retour ne sont délivrés qu'au départ de Paris.
(2) Ces billets ne peuvent être utilisés que du 1er Mai au 31 Octobre sur la ligne de Viège à Zermatt.

BILLETS CIRCULAIRES A ITINÉRAIRES FIXES

A PRIX RÉDUITS

Itinéraire n° 52

Délivrance des billets toute l'année à première demande dans les gares de **Paris, Dijon, Genève-Cie, Culoz** et, sur demande faite 48 heures à l'avance, dans les autres gares.

PRIX :

1re cl. **125.35**; 2e cl. **94.70**; 3e cl. **62.55**

VALIDITÉ : 45 jours

1re cl. **134.75**; 2e cl. **99.60**; 3e cl. **65.75**

VALIDITÉ : 60 jours

Itinéraire n° 53

Délivrance des billets toute l'année à première demande dans les gares de **Paris, Dijon, Mâcon** et **Genève-Cie** et, sur demande faite 48 heures à l'avance, dans les autres gares.

PRIX :

1re cl. **135.20**; 2e cl. **100.60**; 3e cl. **65.70**

VALIDITÉ : 45 jours

1re cl. **143.75**; 2e cl. **106.90**; 3e cl. **69.85**

VALIDITÉ : 60 jours

Itinéraire n° 54

Délivrance des billets toute l'année à première demande dans les gares de **Paris** et de **Dijon** et, sur demande faite 48 heures à l'avance, dans les autres gares.

PRIX :

1re cl. **115.30**; 2e cl. **86.90**; 3e cl. **56.70**

VALIDITÉ : 45 jours

1re cl. **123.10**; 2e cl. **92.90**; 3e cl. **60.65**

VALIDITÉ : 60 jours

BILLETS D'ALLER ET RETOUR, 1re et 2e Classes

VALABLES 48 JOURS

Délivrés conjointement avec des CARTES D'ABONNEMENTS GÉNÉRAUX SUISSES valables 15, 30 ou 45 jours

Au départ de **Paris** pour : **La Plaine-frontière** (*via* Mâcon-Culoz), **Vallorbe-frontière, Les Verrières-frontière, Villers-frontière, Delle-frontière, Bâle** (sans réciprocité). — *Prix* : 1re classe, **87** francs; 2e classe, **64** francs.

Ces billets permettent **soit d'effectuer l'aller et le retour par la même voie, soit d'entrer en Suisse par l'un des points désignés ci-dessus et d'en sortir par un autre quelconque de ces points.**

Prix des Abonnements généraux suisses valables sur les principaux chemins de fer et lignes de navigation suisses :

15 jours :	1re classe, **100** francs;	2e classe, **70** francs;	3e classe, **50** francs
30 jours :	— **150** francs;	— **105** francs;	— **75** francs
45 jours :	— **200** francs;	— **140** francs;	— **100** francs

En sus de ces prix, le voyageur est tenu d'effectuer un dépôt de garantie de 5 francs; ce dépôt est remboursé contre restitution de la carte.

Les billets d'aller et retour sont délivrés à la **gare de Paris-P. L. M.** et à l'agence des **Chemins de Fer Fédéraux Suisses**, rue Lafayette, 20; les cartes d'abonnements généraux suisses dans toutes les gares du réseau.

BANQUE PRIVÉE

SOCIÉTÉ ANONYME. CAPITAL : 50 MILLIONS

Siège Social : *LYON, Rue de l'Hôtel-de-Ville, 41*
PARIS, Rue Laffitte, 30 et 32

LISTE DES SIÈGES

Albertville
Amplepuis
ANNONAY
Aubenas
Autun
Auxonne
Barjols
Beaurepaire
Belleville-s-Saône
BESANÇON
Boën-sur-Lignon
Bourg-d'Argental
Bourg-d'Oisans
Brignoles
CANNES
Cette
Chagny
CHALON-s-SAONE
Charlieu
Châteaurenard
Châtillon-sur-Chalaronne
Chauffailles
Chazelles-sur-Lyon
Cluny
Cotignac
Cours
Craponne-sur-Arzon
DIJON
Dunières
Feurs
Gignac
Givors
Grandis
GRENOBLE
Hyères
Izeaux
La Ciotat
La Côte-Saint-André
La Mure
Langogne
L'Arbresle
Largentière
La Seyne
La Tour-du-Pin
Le Bois-d'Oingt
Le Chambon-Feugerolles
Le Cheylard
Le Puy
Louhans
Lunel
LYON
Lyon-Charpennes
Lyon-Guillotière
Lyon-Vaise
Mâcon
MARSEILLE
Marseille-la-Plaine
Marseille-les-Chartreux
Montchanin-les-Mines
Montbrison
Montmerle
MONTPELLIER
Morestel
Noirétable
Nolay
Nuits-Saint-Georges
Ollioules
Oyonnax
Panissières
PARIS
Pelussin
Pont-de-Beauvoisin
Pont-de-Vaux
Renage
Rives-sur-Fure
ROANNE
Romanèche
SAINT-ETIENNE
Saint-Gengoux-le-National
Saint-Germain-Laval
Saint-Georges-de-Reneins.
Saint-Jean-en-Royans
Saint-Julien-Molin-Molette
Saint-Just-la-Pendue
Saint-Laurent-de-Chamousset
Saint-Marcellin
Saint-Martin-en-Haut
St-Pourçain-s-Sioule
Saint-Symphorien-d'Ozon
St-Symphorien-s-Coise
Saint-Vallier
Sanary
Solliès-Pont
Sury-le-Comtal
TARARE
Thizy
TOULON
VILLEFRANCHE-s-SAONE
Vinay

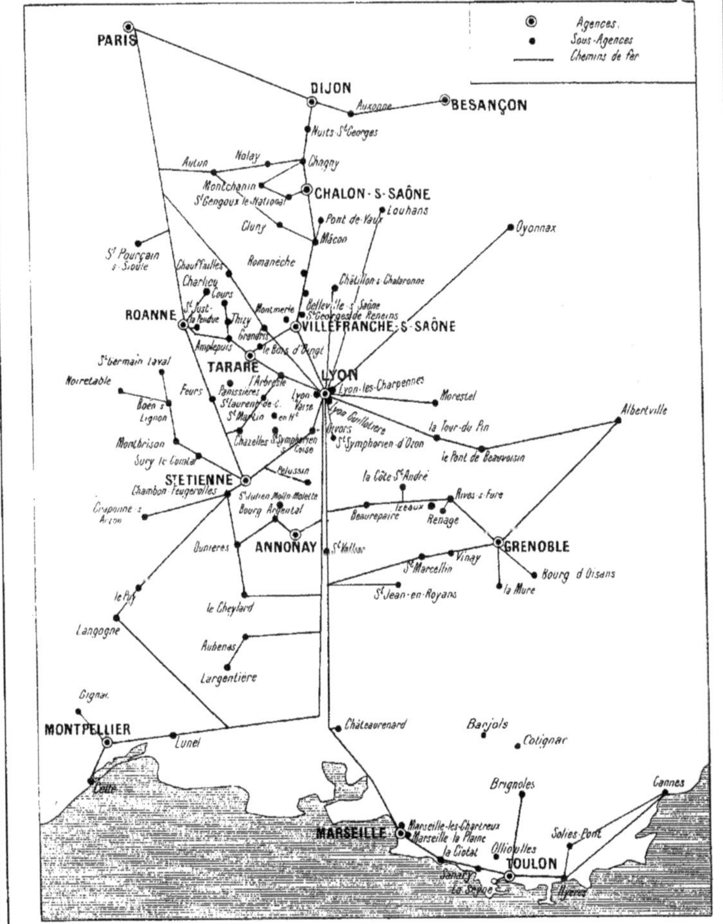

(Voir au verso le détail des opérations de la Banque Privée)

BANQUE PRIVÉE

INDUSTRIELLE, COMMERCIALE, COLONIALE
LYON-MARSEILLE

SOCIÉTÉ ANONYME
AU CAPITAL DE 50 MILLIONS ENTIÈREMENT VERSÉS

SIÈGE SOCIAL : LYON, 41, RUE DE L'HOTEL-DE-VILLE
PARIS, 30 ET 32, RUE LAFFITTE

AGENCE DE LYON
41, RUE HOTEL-DE-VILLE

AGENCE DE PARIS
30-32, RUE LAFFITTE

AGENCE D'ANNONAY
1, RUE MONTGOLFIER

AGENCE DE MARSEILLE
48, RUE SAINT-FERREOL

AGENCE DE DIJON

AGENCE DE SAINT-ÉTIENNE
4, PLACE HOTEL-DE-VILLE

AGENCE DE MONT[illegible]

Escompte
Recouvrements
Ordres de Bourse
Prêts sur Titres
Avances sur Marchandises
Dépôts de Titres
Locations de Coffres-forts
Dépôts de fonds à vue et à échéance
Comptes courants
Lettres de Crédit
Envois de Fonds
Paiement de coupons
Vérification des Tirages
Souscriptions
Opérations sur Titres
Renseignements financiers

....

Cote hebdomadaire

La Banque Privée fait gratuitement, sur demande, le service de sa cote hebdomadaire.

AGENCE DE ROANNE

AGENCE DE VILLEFRANCHE-SUR-SAONE

AGENCE DE CHALON-SUR-SAONE

AGENCE DE TARARE
70, PLACE DE LA RÉPUBLIQUE

AGENCE DE TOULON

AGENCE DE GRENOBLE
10, PLACE VICTOR HUGO

LES GRANDES INDUSTRIES

Les quelques pages qui vont suivre sont consacrées à notre industrie dont la puissance s'accroît de jour en jour. Les régions desservies par l'immense réseau P. L. M. témoignent particulièrement de cette vitalité : ses lignes sont jalonnées par des usines dont le nombre augmente à vue d'œil. S'il subsistait un doute en ce qui concerne cette prospérité, les touristes, aux hasards de leurs déplacements, peuvent, en voyant nos industriels à l'œuvre, se rendre compte de l'essor magnifique que nous signalons. Leurs voyages d'agrément deviendraient ainsi, par surcroît, d'intéressants voyages instructifs.

UN TRICYCLE VIEUX SYSTÈME VERSÉ DEVANT UN TRAIN EN MARCHE ALORS QUE LES « PORTEURS LACHAT », BIEN PLUS CHARGÉS, ÉVOLUENT SANS DIFFICULTÉ ET SANS DANGER DE CHUTE

NOMBREUX et souvent graves sont encore les accidents causés par l'instabilité des véhicules destinés au transport et à la manutention des marchandises et des bagages dans les usines et surtout dans les gares où il est indispensable de circuler sur les quais et dans les halls au milieu de la cohue des voyageurs.

Ces accidents ne se produiront plus dès le jour où tous les anciens appareils auront disparu, faisant place aux **Porteurs Lachat** dont l'emploi se généralise progressivement.

Les **Porteurs Lachat,** appelés aussi **Wagonnets sans Rails,** sont les véhicules les plus stables et les plus mobiles. Grâce à leurs roues directrices coulissantes, munies d'un dispositif efficace de rappel automatique, ainsi qu'à un mode nouveau de suspension, ces appareils sont absolument inversables et présentent la plus parfaite facilité de direction. Ils assurent ainsi la plus grande rapidité dans la manutention et la complète sécurité tout en permettant de franchir les passages inaccessibles aux anciens chariots.

Les **Porteurs Lachat** se substituent avantageusement, non seulement aux tricycles et autres chariots, mais aussi aux wagonnets sur rails. Ils ont, sur ces derniers, outre l'avantage de procurer une économie considérable résultant de la suppression des rails, aiguillages, plaques tournantes, etc., l'avantage de permettre de desservir tous les points des usines, magasins, halls, etc. Le succès des **Porteurs Lachat,** brevetés en France s. g. d. g. et à l'Etranger, devait tenter les contrefacteurs. C'est pourquoi il est offert fréquemment des véhicules à roues directrices coulissantes, munies ou non d'un dispositif dit de "rappel automatique" qui ne rappelle rien, étant donné qu'il est constitué par de simples petits ressorts en spirale, enroulés sur les essieux, sans aucune efficacité et s'opposant même au déplacement latéral des roues coulissantes.

Les véritables **Porteurs Lachat** ne se trouvent qu'à la maison principale à Lyon, 25, 26, quai Claude-Bernard et 1, rue Parmentier, dans sa succursale de Paris, 72, boul. de Sébastopol et 33, rue de Turbigo et chez ses agents dûment accrédités.

DANS UNE RAFFINERIE DE SUCRE LES « PORTEURS LACHAT » REMPLACENT LES WAGONNETS SUR RAILS

LA RUE DE LYON EN JANVIER 1910. — A GAUCHE, LA « DIAPHRAGMA LACHAT » EN FONCTIONNEMENT

L'INONDATION qui, en 1910, avait envahi de nombreux quartiers de Paris, a permis de faire ressortir la supériorité considérable des pompes **Diaphragma Lachat** sur les appareils de tous autres systèmes. Alors, en effet, que ces derniers procuraient de nombreux déboires, s'amorçant très difficilement, n'aspirant qu'à une faible profondeur, se désamorçant dès que la plus légère fuite se produisait dans les conduites d'aspiration, ou que la plus petite parcelle de matière solide s'introduisait dans leurs organes, et exigeant une force considérable, les **Diaphragma Lachat** faisaient merveille : mues à bras ou au moteur, ces pompes remarquables fournissant des débits énormes, ne nécessitaient qu'une force des plus minimes, aspiraient à une grande profondeur les eaux les plus chargées de boue, sable, gravier, etc., sans aucune détérioration de leurs organes, s'amorçaient instantanément et ne se désamorçaient jamais.

FILLETTE ACTIONNANT UNE « DIAPHRAGMA LACHAT » POUR ARROSAGE

Les précieux avantages des **Diaphragma Lachat** ont permis d'appliquer ces appareils à tous les usages : épuisements, irrigation, arrosage, secours contre l'incendie, alimentation des châteaux, villas, etc.

Les contrefacteurs, sans cesse à l'affût des nouveautés ayant acquis quelque notoriété, ne devaient pas laisser échapper une occasion de jouer leur triste rôle en essayant d'imiter, très imparfaitement d'ailleurs, la **Diaphragma Lachat** bien qu'elle soit brevetée en France S. G. D. G. et à l'Étranger.

Les véritables pompes **Diaphragma Lachat** ne se trouvent qu'à la maison principale, à Lyon, 25 et 26, quai Claude-Bernard et 1, rue Parmentier, dans sa succursale de Paris, 72, boul. de Sébastopol et 33, rue de Turbigo et chez ses agents dûment accrédités.

« DIAPHRAGMA LACHAT » POUR INCENDIE ACTIONNÉE PAR UN SEUL HOMME

ÉTABLISSEMENTS

BERGOUGNAN

CAOUTCHOUC MANUFACTURÉ

USINES A CLERMONT-FERRAND (PUY-DE-DOME)

PNEUS BERGOUGNAN

"LE GAULOIS"

BANDES PLEINES POUR POIDS LOURDS

Les établissements BERGOUGNAN, peu soucieux de réclame, travaillent silencieusement mais consciencieusement. Essayer leurs Pneumatiques d'Automobiles ou de Cycles et leurs Bandages spéciaux pour poids lourds, c'est n'en plus vouloir d'autres.

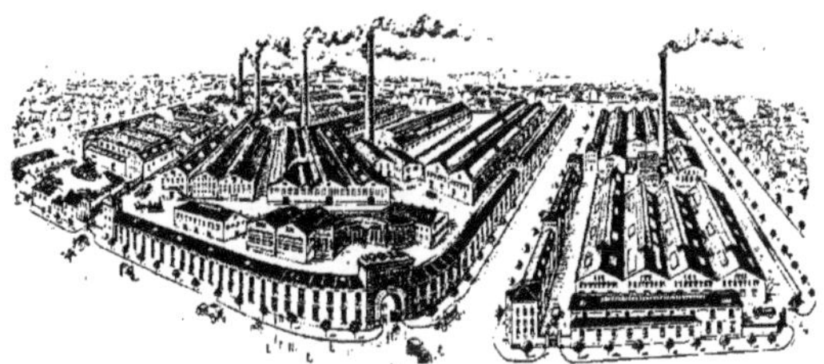

VUE DES USINES BERGOUGNAN

Surface couverte : 100.000 mètres carrés — Force motrice : 5.000 HP

DÉPOTS DE FRANCE

		TÉLÉPHONES
Paris	9, rue Villaret-de-Joyeuse	Wagram 48-06 Wagram 48-07
Lyon	22, quai Gailleton	18-42
Marseille	78, cours Lieutaud	27-97
Bordeaux	32, allées Damour	17-47
Lille	11, rue Thiers	15-28
Dijon	14, rue Michel-Servet	188
Nantes	18, rue Lafayette	900
Rouen	51, rue Jeanne-d'Arc	8-66
Pau	17, rue Latapie	5-99
Toulouse	61, boulevard Carnot	265
Saint-Etienne	14, rue d'Annonay	327
Montpellier	3, cours Gambetta	4-82
Nancy	31 *bis*, rue du Haut-Bourgeois	7-89
Le Mans	11, rue du Port	3-14
Nice	45, boulevard Victor-Hugo	10-45
Orléans	31, rue de Limare	4-38
Niort	10, avenue de Limoges	1-05
Reims	26, rue Thiers	1110
Tours	18, rue Jules-Simon	8-41

AGENCES DE L'ÉTRANGER

		TÉLÉPHONES
Alger	5, rue Michelet	9-14
Oran	2, rue de Lyon	6-89
Londres	6, Bath Street	London-Wall 7275
Vienne	1, Biberstrasse, 9	23-159
Strasbourg	3, rue des Vosges	37-32
Melbourne	401/403, Post-office Place	5805
Bruxelles	1, rue des Bogards	112-44
Copenhague	5, Stampesgade	2556-y
Alexandrie	30, rue de la Gare de Ramleh	25-07
Le Caire	40, rue Kars-El-Nil	13-86
Madrid	15, Sagasta	28-10
Amsterdam	261, Heerengracht	9491 Interc.
Milan	15, via Melzo	20-058
Rome	Via San Marcello	
Turin	16, via Sebastiano Valfré	12-78
Genève	6, rue de Saussure	33-09
Zurich	14, Gartenstrasse	78-20
Constantine	51, rue Nationale	2-84
Tunis	19, avenue de Carthage	7-93
Berlin	Wilhelmstrasse, 28	Amt Lützow 4183
Barcelone	96, Rambla de Cataluña	3169
Montréal	325, St James Street	Uptown 2269
New-York	49, West 64th Street	Colombus 7288
Buenos-Ayres	Rivadavia, 1399	Union Telef. 2447 Libertad Cooper. Telef. 2105 Central

Athènes, Tananarive, Hanoï, Saïgon, Mexico, Christiania, Stockholm, Rio-de-Janeiro, Shanghaï, Riga, etc.

ADRESSES TÉLÉGRAPHIQUES :

Siège Social. . . . . BERGOUGNAN | Dépôts et Agences. . . . . BERGOLOIS

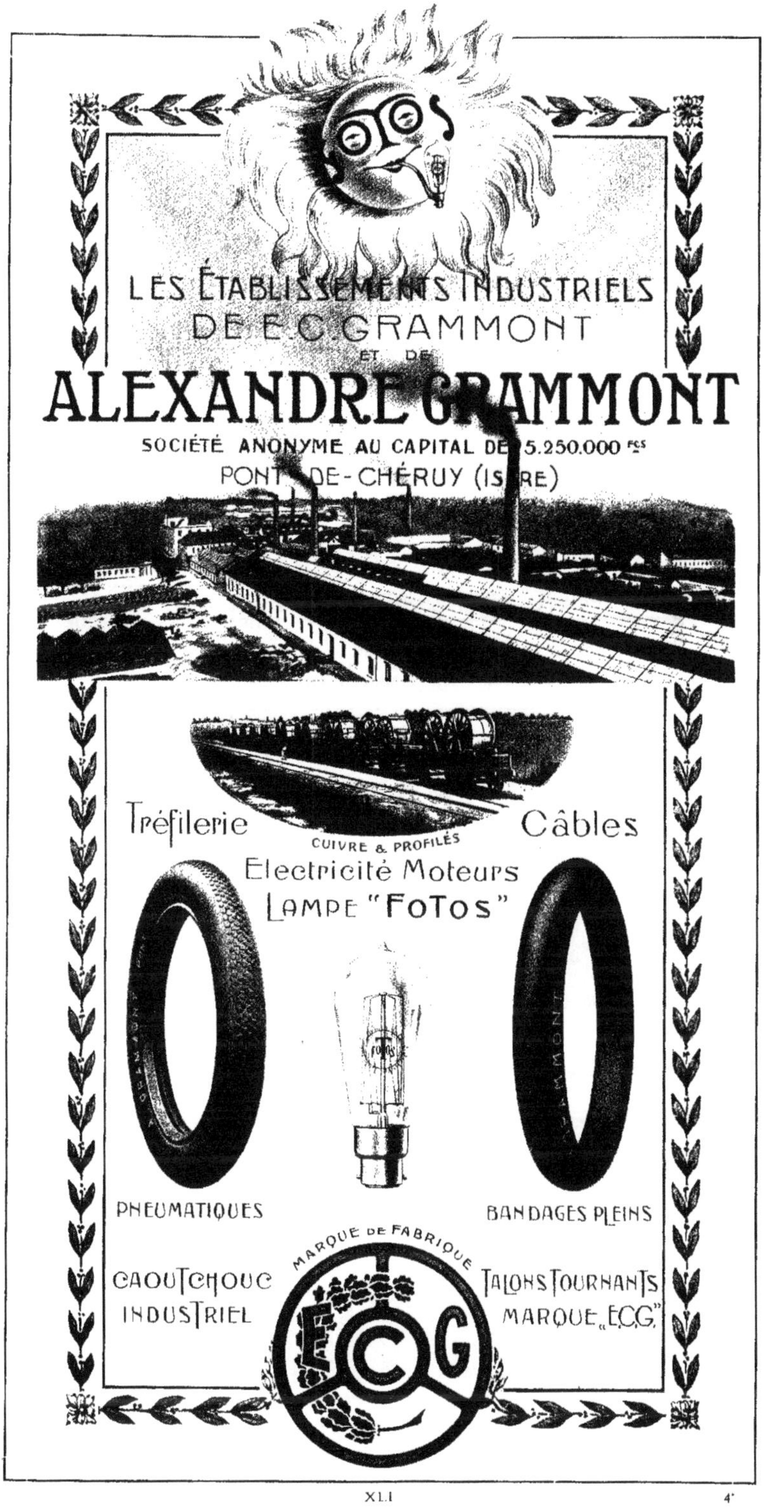

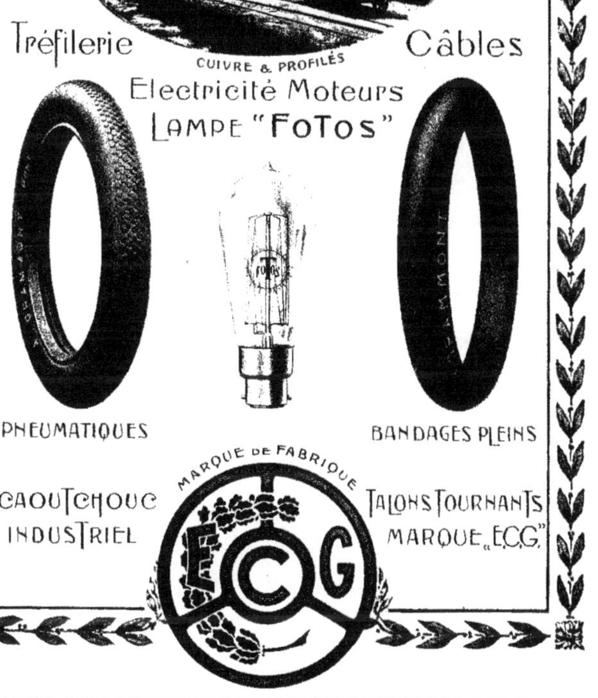

LES ÉTABLISSEMENTS INDUSTRIELS
DE E.C. GRAMMONT
ET DE
ALEXANDRE GRAMMONT
SOCIÉTÉ ANONYME AU CAPITAL DE 5.250.000 Fcs
PONT-DE-CHÉRUY (ISÈRE)
Tréfilerie
Câbles
CUIVRE & PROFILÉS
Electricité Moteurs
LAMPE "FOTOS"
FOTOS
PNEUMATIQUES
BANDAGES PLEINS
MARQUE DE FABRIQUE
CAOUTCHOUC
INDUSTRIEL
TALONS TOURNANTS
MARQUE „E.C.G."
ECG

4*

Manufacture de Toiles écrues, imperméables et peintes, Prélarts, Bâches, Tentes et Sacs

YVOSE-LAURENT & Cie et LÉON YVOSE & Cie

E. CAUVIN-YVOSE, Petit-Fils et Success^r de YVOSE-LAURENT, Fournisseurs des Chemins de Fer et de la Guerre

PARIS — *55, rue de Lyon ; 17, rue Neuve-Popincourt ; 70, avenue Parmentier* — PARIS

VENTE ET LOCATION

VENTE ET LOCATION

NOMENCLATURE DES MAISONS ET ATELIERS

Alger, quai Voute, 95, et au Hamma.
Arzew, chemin de l'Abattoir.
Bône, rue Thiers, 4, et cour de la Gare.
Bordeaux, cours Saint-Jean, 179.
Bougie, route de Sétif.
Caen, quai Vandeuvre, 26.
Calais, boulevard International, 6 *bis*.
Clermont-Ferrand, gare, atelier des bâches, et 4, rue André-Moinier.
Constantine, route de Philippeville.
Dijon, rue du Chapeau-Rouge, 12 *bis*.
Dunkerque, rue du Magasin-Général, 7 et 9.
Le Havre, rue Hélène, 94.
Lisbonne, Estacao Alcantara-Terra et à Barreiro-Gare.
Lyon, quai de la Guillotière, 11, et route de Bourgogne, 56.
Le Mans, avenue Thiers, 78.
Marseille, quai du Lazaret, 7, 8 et 9 ; traverse des Messageries, 7 ; quai d'Arenc, 54, et gare Saint-Charles.
Nancy, rue du Ruisseau, 72 *bis*.
Nantes, Champs-de-Mars.
Niort, à la gare, route de Brioux.
Oran, à Karguentah-gare.
Philippeville, sur les quais, près la gare.
Rennes, avenue de la Gare, 25.
Rouen, rue Jacques-Lelieur, 18.
Sétif, rue de l'Isly, 10.
Tunis, avenue Jules-Ferry, 31, et avenue Stéphen-Pichon, 7.
Valence, avenue Victor-Hugo, 48.

Usines à **Saleux-Salouel** (Somme), **Nanterre** (Seine), **La Mi-Voie** (Seine-Inférieure).
Papeterie à **Prouzel** (Somme).
Ateliers à **Bercy, Ivry, Batignolles, La Plaine-Saint-Denis, La Chapelle, La Villette, Pantin** (Seine).

Dépôts dans les principaux chefs-lieux de cantons.

Bâches enduites et galvanisées, Couvertures, Pavillons, Marquises, Tentes, Bannes, Rideaux, Tentes de jardins, Parapluies pour bains de mer, Vérandas, Vélums, Toiles transparentes pour serres, Bâches :: pour couvertures de meules, Sacs en tous genres, Vêtements imperméables, Caparaçons, etc. ::

Les Galeries vélums de l'Exposition Universelle de 1889 ont été faites par la Maison et sont sa propriété

DÉPOTS : Affreville, Amiens, Angers, Angoulême, Ardres, Argentan, Arras, Autun, Avignon, Batna, Baugé, Beaune, Belfort, Belley, Besançon, Bizerte, Bordeaux, Bourgoin, Chalon-s-Saône, Chambéry, Charité-s-Loire, Charleville, Cherbourg, Cholet, Cognac, Condé-s-Noireau, Crest, Dieppe, Digoin, Épinal, Eu, Flers, Ganges, Genève, Granville, Gravelines, Gray, Héricourt, La Rochelle, Lisieux, Lons-le-Saunier, Louhans, Lude, Lure, Mâcon, Mayenne, Menton, Montélimar, Montreuil-sur-Mer, Nancy, Nemours, Nice, Nîmes, Orléans, Orléansville, Pont-Audemer, Port-Vendres, Roanne, Rochefort, Roche-sur-Yon, Sables d'Olonne, St-Claude, St-Christophe, St-Cloud, St-Denis-du-Sig, St-Dié, St-Étienne, St-Lô, St-Malo, St-Omer, Saumur, Seurre, Sfax, Sidi-Bel-Abbès, Souk-el-Arba, Sousse, Tenez, Toulouse, Tournon, Trans, Vernon, Vienne, Villefranche, Vidauban, etc. *Adresse télégraph.:* CAUVIN-YVOSE-PARIS.— *Téléph. urbain et interurbain* 908-23 et 908-24

Cie Française pour la LOCATION DE MATÉRIEL DE TRANSPORTS

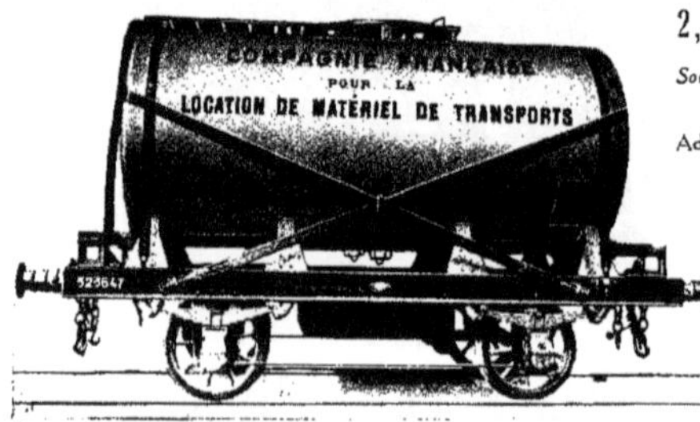

2, Square de l'Opéra - PARIS

Société Anon. au Capital de 6.000.000 de fr.

Téléphone : **146-23**

Adresse télégraph. : **WAGONLOCAT-PARIS**

Cette Société met à la disposition de l'Industrie, de l'Agriculture et du Commerce, tous genres de matériel pour transports par terre et par eau.

VENTE ET LOCATION

SOCIÉTÉ FRANÇAISE DE

POTEAUX EN BOIS

pour lignes télégraphiques, téléphoniques et de transports de force

ANONYME AU CAPITAL DE **300.000** FRANCS

PARIS — 28, Rue Saint-Lazare, 28 — PARIS

POTEAUX INJECTÉS AU SULFATE DE CUIVRE

Plus de 30 chantiers de préparation répartis dans toutes les régions de la France.

Poteaux sulfatés par le **Procédé Boucherie, seul admis par l'Administration des Postes et Télégraphes de l'Etat français.**

Poteaux de **RECTITUDE PARFAITE** importés bruts de l'Etranger et **sulfatés en vase clos, dans des chantiers situés en France et sous le contrôle des clients** par des **procédés connus depuis longtemps et ayant fourni les meilleurs résultats** pour les poteaux et les traverses en pin.

Procédés spéciaux pour préserver les pieds des poteaux et augmenter leur durée.

ADRESSE TÉLÉGRAPHIQUE : **POTOBOIS-PARIS** — *TÉLÉPHONE :* **CENTRAL 59-55**

COMPAGNIE DE

SIGNAUX ÉLECTRIQUES POUR CHEMINS DE FER

6, Rue Caroline, à Paris (XVIIe arr.)

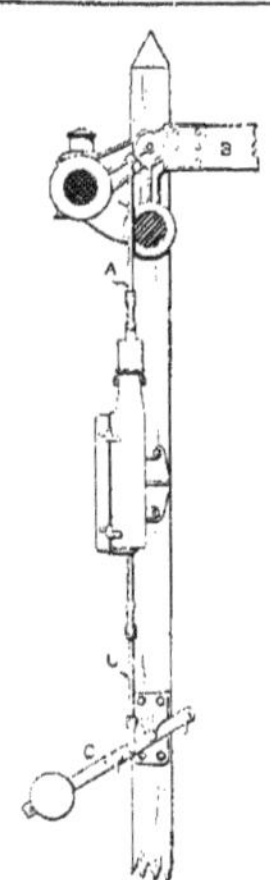

POSTES ÉLECTRIQUES :: D'ENCLENCHEMENTS ::

BLOCKS ÉLECTRIQUES AUTOMATIQUES PAR LE PASSAGE :: :: :: DES TRAINS :: :: ::

ENCLENCHEMENTS A DISTANCE PAR SERRURES ÉLECTRIQUES OU PAR :: CIRCUITS DE VOIE ::

ANNONCES DES TRAINS AUX :: PASSAGES A NIVEAU ::

MANŒUVRE ÉLECTRIQUE DES AIGUILLES ET DES SIGNAUX DE CHEMINS DE FER

Fournisseur de toutes les Compagnies des Chemins de fer français, du Métropolitain de Paris et du Chemin de fer électrique Souterrain Nord-Sud de Paris :: ::

CONTROLE IMPÉRATIF DE LA MANŒUVRE DES :: :: :: :: AIGUILLES ET DES SIGNAUX :: :: :: ::

ET EN GENERAL TOUT CE QUI CONCERNE LA SIGNALISATION :: :: :: ET LA SÉCURITÉ DES CHEMINS DE FER :: :: ::

Ville d'Ambérieu. — Tuyau en ciment armé de 5 mètres de diamètre exécuté par la *Société des Ciments de la Porte de France*, Grenoble.

Société Générale et unique des

CIMENTS DE LA PORTE de FRANCE

Société Anonyme au Capital de **5.300.000 francs**

à GRENOBLE (Isère)

Exposition universelle de Paris 1900

GÉNIE CIVIL	GÉNIE MILITAIRE
Grand Prix	**Grand Prix ::**

PAPETERIES DE VOIRON ET DES GORGES (Isère)

A. ARNAUD & CIE

VUE DE L'USINE DES GORGES

PAPIERS A LETTRE, DESSIN, IMPRESSION, ÉCOLIERS, REGISTRES :: COULEURS FINES ET SURFINES :: BUVARD :: BOBINES DE TOUTES DIMENSIONS

3 MACHINES

2^{m}10 - 1^{m}95 - 1^{m}50

DÉPOTS :

PARIS, rue Saint-Merri, 14 ::
LYON, place Bellecour, 30 *bis*
MARSEILLE, rue Sainte, 19

VUE DE L'USINE DES SARRAZINS

Le « PAUL LECAT »

SERVICES DE LA COMPAGNIE DES

Messageries Maritimes

PAQUEBOTS-POSTE FRANÇAIS

Lignes de la Méditerranée et de la Mer Noire

Départs de MARSEILLE
- **ÉGYPTE, SYRIE,** toutes les semaines, le *Vendredi.*
- **GRECE, TURQUIE, SYRIE,** tous les 14 jours, le *Jeudi.*
- **GRECE, TURQUIE, MER NOIRE,** toutes les semaines, le *Samedi.*

Lignes au delà de Suez

INDES, AUSTRALIE, NOUVELLE-CALÉDONIE, NOUVELLES-HÉBRIDES, tous les 28 jours, le *Mercredi.*
CEYLAN, COCHINCHINE, SIAM, TONKIN, CHINE, JAPON, tous les 14 jours, le *Dimanche.*
COTE ORIENTALE D'AFRIQUE, MADAGASCAR, RÉUNION, MAURICE, tous les 14 jours, le *Jeudi.*

DÉPARTS MENSUELS
:: A DATES FIXES ::
d'Anvers, Dunkerque
Le Havre, Marseille
pour
COLOMBO, SINGAPORE
:: SAIGON, TOURANE ::
HAIPHONG, HONG-KONG,
SHANGHAI et le JAPON

Salle à manger du « PAUL LECAT »

Salon de lecture et de conversation du « PAUL LECAT »

PARIS
Administration Centrale :
1, Rue Vignon
Service des Passagers, Bagages, Renseignements :
14, Boulevard de la Madeleine
Service spécial des Marchandises :
1, Rue Vignon
MARSEILLE
Direction de l'Exploitation. Service des Passagers :
3, Place Sadi-Carnot
Service des Marchandises du Transit et des Bagages :
Traverse des Messageries (Joliette)
LA CIOTAT (Bouch.-du-Rh.)
Direction des Ateliers.

Le « PAUL LECAT »

SERVICES DE LA COMPAGNIE DES

Messageries Maritimes

PAQUEBOTS-POSTE FRANÇAIS

Lignes de la Méditerranée et de la Mer Noire

Départs de MARSEILLE
- ÉGYPTE, SYRIE, toutes les semaines, le *Vendredi*.
- GRECE, TURQUIE, SYRIE, tous les 14 jours, le *Jeudi*.
- GRECE, TURQUIE, MER NOIRE, toutes les semaines, le *Samedi*.

Lignes au delà de Suez

INDES, AUSTRALIE, NOUVELLE-CALÉDONIE, NOUVELLES-HÉBRIDES, tous les 28 jours, le *Mercredi*.
CEYLAN, COCHINCHINE, SIAM, TONKIN, CHINE, JAPON, tous les 14 jours, le *Dimanche*.
COTE ORIENTALE D'AFRIQUE, MADAGASCAR, RÉUNION, MAURICE, tous les 14 jours, le *Jeudi*.

DÉPARTS MENSUELS
:: A DATES FIXES ::
d'Anvers, Dunkerque
Le Havre, Marseille
pour
COLOMBO, SINGAPORE
:: SAIGON, TOURANE ::
HAIPHONG, HONG-KONG,
SHANGHAI et le JAPON

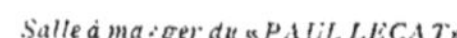

Salle à manger du « PAUL LECAT »

Salon de lecture et de conversation du « PAUL LECAT »

PARIS
Administration Centrale :
1, Rue Vignon
Service des Passagers, Bagages, Renseignements :
14, Boulevard de la Madeleine
Service spécial des Marchandises :
1, Rue Vignon

MARSEILLE
Direction de l'Exploitation. Service des Passagers :
3, Place Sadi-Carnot
Service des Marchandises du Transit et des Bagages :
Traverse des Messageries (Joliette)

LA CIOTAT (Bouch.-du-Rh.)
Direction des Ateliers.

Table Alphabétique des Matières

PAR PROFESSIONS

Table Alphabétique des Matières par Professions *(Suite)*

P L M

OCTOBRE

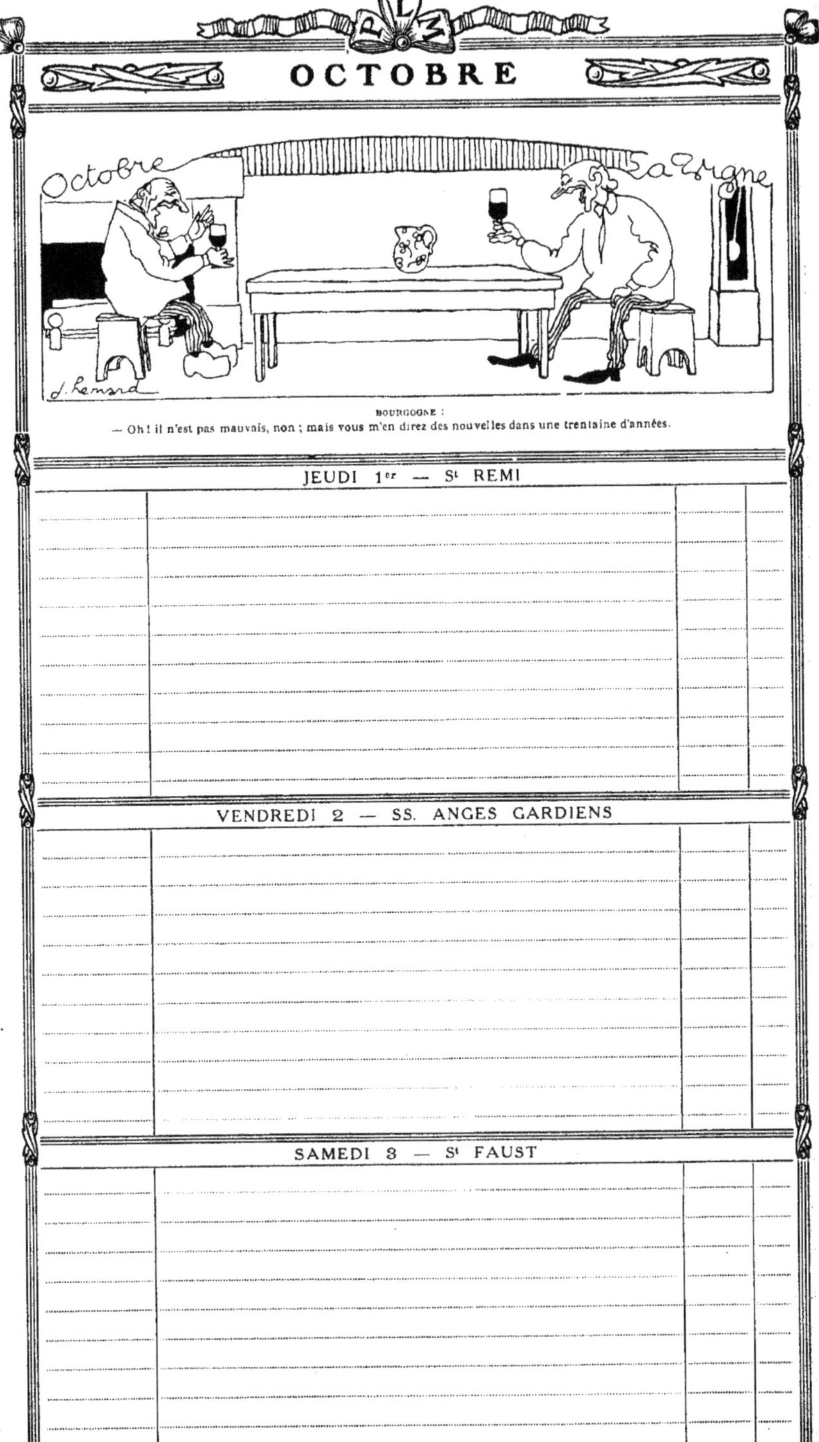

BOURGOGNE :
— Oh ! il n'est pas mauvais, non ; mais vous m'en direz des nouvelles dans une trentaine d'années.

JEUDI 1er — St REMI

VENDREDI 2 — SS. ANGES GARDIENS

SAMEDI 3 — St FAUST

OCTOBRE

DIMANCHE 4 — St FRANÇOIS D'ASSISE

LUNDI 5 — St PLACIDE

MARDI 6 — St BRUNO

OCTOBRE

MERCREDI 7 — St SERGE

JEUDI 8 — Ste BRIGITTE

VENDREDI 9 — St DENIS

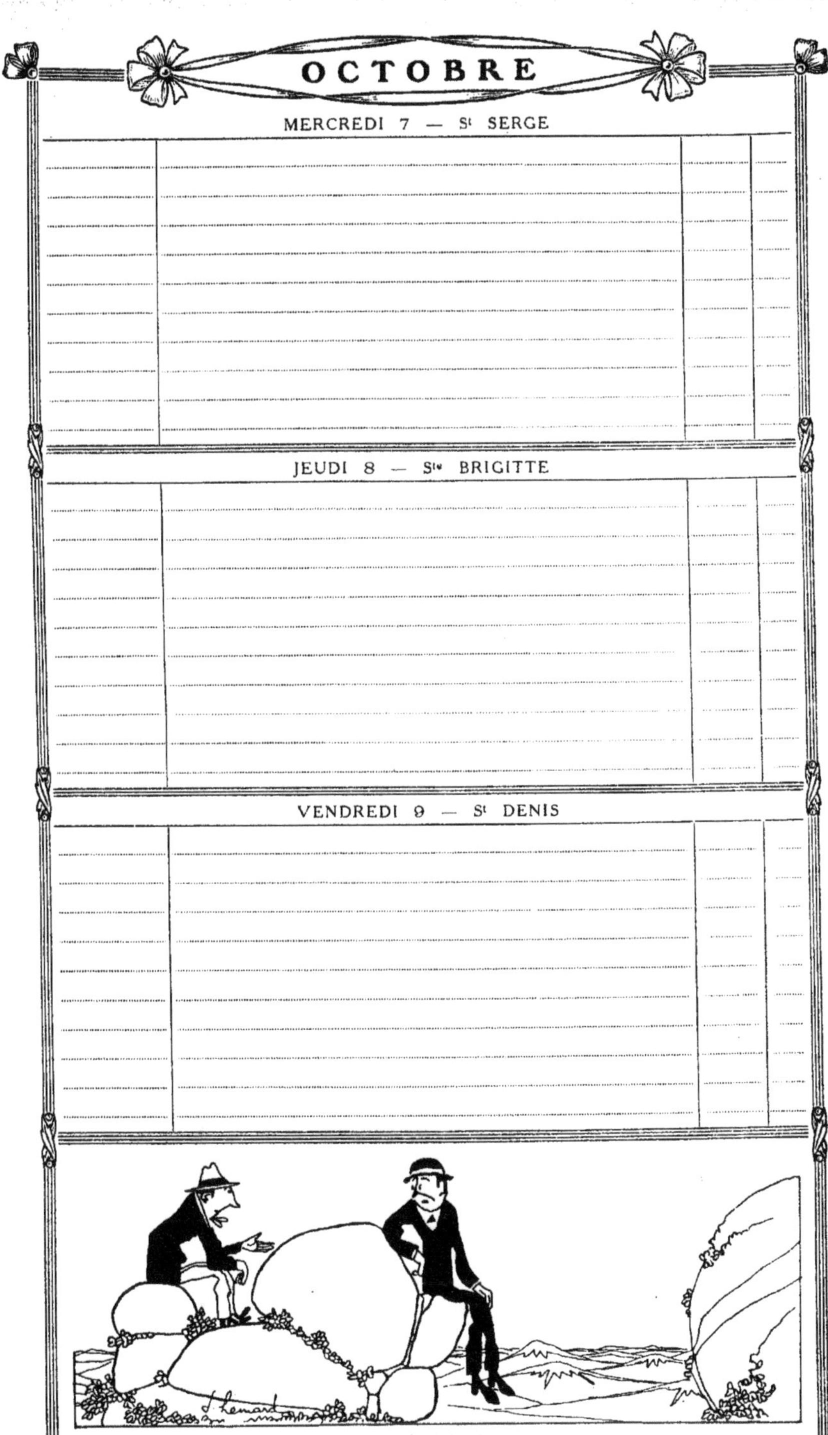

LES LOGICIENS :

— Tu ne trouves pas qu'on a une sensation d'étouffement ici ?
— Dame, mon vieux ! c'est qu'aussi tu as les deux pieds dans la gorge.

SAMEDI 10 — St PAULIN

DIMANCHE 11 — Ste CLÉMENCE

LUNDI 12 — St SÉRAPHIN

(Voir page 82)

OCTOBRE

MARDI 13 — St ÉDOUARD

MERCREDI 14 — St CALIXTE

JEUDI 15 — Ste THÉRÈSE

J. Lémard

LES RIGOLOS :

— En somme, quel est le meilleur moyen pour éviter les crevasses ?
— C'te blague !! et la glycérine donc !!

VENDREDI 16 — St GALL

SAMEDI 17 — Ste EDWIGE

DIMANCHE 18 — St LUC

OCTOBRE

LUNDI 19 — St SAVINIEN

MARDI 20 — St AURÉLIEN

MERCREDI 21 — Ste URSULE

J. Hemard

LES OPTIMISTES :

— C'est égal, guide, si on tombait là-dedans on serait bel et bien perdu.
— Oh ! mais non... Tous ceux qui y sont tombés on les a toujours retrouvés au bout d'une quinzaine.

OCTOBRE

JEUDI 22 — St MODÉRAN

VENDREDI 23 — St HILARION

SAMEDI 24 — St MAGLOIRE

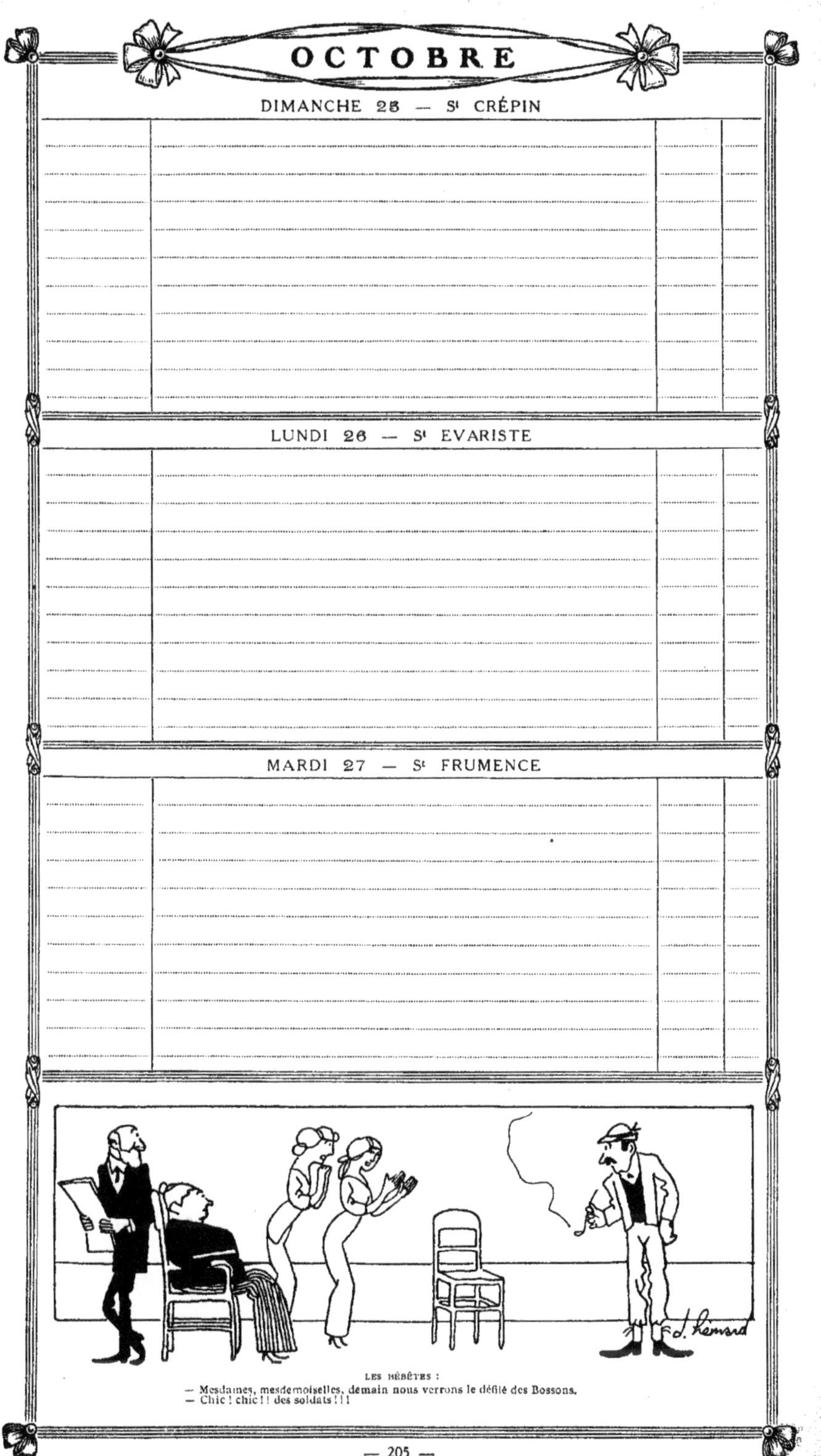

DIMANCHE 25 — St CRÉPIN

LUNDI 26 — St EVARISTE

MARDI 27 — St FRUMENCE

LES BÉBÊTES :

— Mesdames, mesdemoiselles, demain nous verrons le défilé des Bossons.
— Chic ! chic ! ! des soldats ! ! !

OCTOBRE

MERCREDI 28 — St SIMON

JEUDI 29 — St NARCISSE

VENDREDI 30 — St CASSIEN

LES DÉDAIGNEUX :

— Oui, c'est pas mal, leur Val d'Isère... Mais ça ne vaut pas encore notre Val-de-Grâce, à Paris.

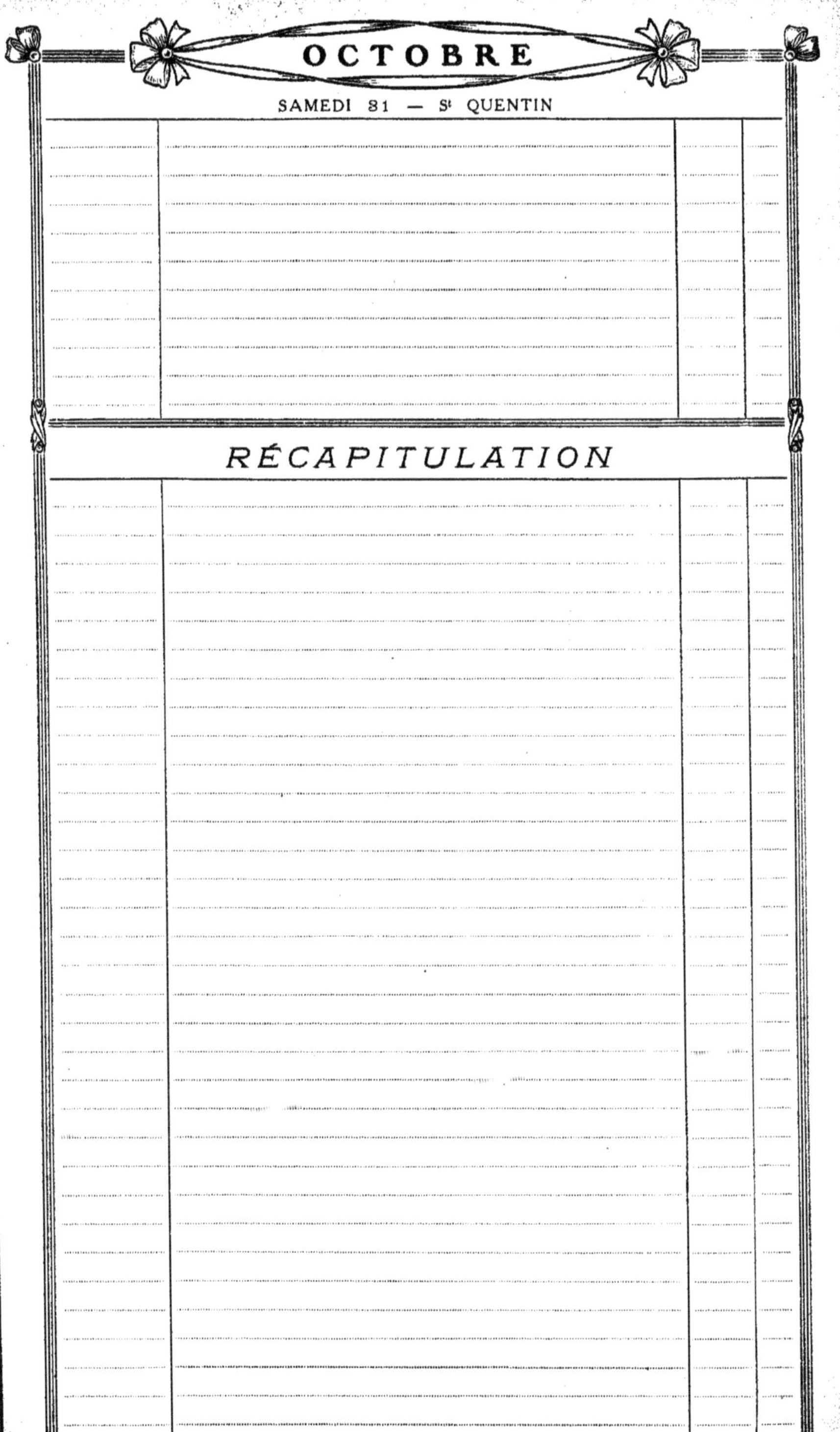

OCTOBRE

SAMEDI 31 — St QUENTIN

RÉCAPITULATION

ALGÉRIE-TUNISIE-MAROC-LA CORSE

Services directs entre PARIS, LYON et l'ALGÉRIE
la TUNISIE, MALTE et le MAROC (Via Marseille)

ENREGISTREMENT DIRECT DES BAGAGES au départ des gares de **Paris** et de **Lyon** pour les ports **Algériens** et **Tunisiens, Malte** et **Tanger**

Billets simples valables 15 jours. — Arrêts facultatifs

PRIX par les Paquebots de la Compagnie Générale Transatlantique

DESTINATIONS	Au départ de Paris (ou *vice versa*)		Au départ de Lyon (ou *vice versa*)	
	1re cl.	2e cl.	1re cl.	2e cl.
Alger	196 60	137 60	139 60	98 60
Bizerte, Bône, Bougie, Philippeville, Tunis (via Bizerte)	186 60	130 60	129 60	91 60
Oran	186 60	130 60	129 60	91 60
Tunis (direct)	206 60	140 60	149 60	101 60
Malte (la Valette)	247 60	174 60	190 60	135 60

PRIX par les Paquebots de la Compagnie de Navigation Mixte (Touache)

DESTINATIONS	Au départ de Paris (ou *vice versa*)			Au départ de Lyon (ou *vice versa*)		
	1re cl.	2e cl.	3e cl.	1re cl.	2e cl.	3e cl.
Alger	191 60	125 60	74 60	134 60	86 60	49 60
Bône, Philippeville	181 60	125 60	74 60	124 60	86 60	49 60
Oran	171 60	120 60	72 60	114 60	81 60	47 60
Tunis	196 60	130 60	77 60	139 60	91 60	52 60

LE MAROC

PARIS-CASABLANCA en 3 JOURS ET DEMI via MARSEILLE
par trains et paquebots rapides

Compagnie de Navigation Mixte (Touache)

Billets simples	1re cl.	2e cl.	3e cl.
De Paris à Tanger (via Oran)	201 60	138 60	93 60
De Lyon à Tanger (via Oran)	144 60	99 60	68 60
ou *vice versa*			

Compagnie Paquet

Billets simples	1re cl.	2e cl.
De Paris à Tanger	196 60	135 60
De Lyon à Tanger	139 60	96 60
ou *vice versa*		

Les prix comprennent la nourriture à bord des paquebots ; les billets sont délivrés toute l'année : à la gare de Paris-P. L. M., à la gare de Lyon-Perrache et dans les Bureaux des Compagnies de Navigation.

VOYAGES A ITINÉRAIRES FIXES (1re et 2e classes)

Les Billets de ces voyages sont délivrés toute l'année : immédiatement à la gare de Paris, et sur demande faite 48 heures à l'avance dans les autres gares situées sur les itinéraires. — Voir la nomenclature complète des Voyages en **Algérie** et en **Tunisie**, dans le *Livret-Guide-Horaire P. L. M.*

EXEMPLES DE CES VOYAGES

ITINÉRAIRES 61, 61-A, 61-B*

Les billets de ces voyages permettent de se rendre de Paris à Marseille, soit par Dijon-Lyon, soit par Nevers-Lyon ou par Nevers-Nîmes, d'effectuer la traversée maritime de Marseille à l'un quelconque des ports désignés sur la carte ci-contre ; de revenir de l'un quelconque de ces ports à Marseille et de rentrer de Marseille à Paris par l'une des voies indiquées plus haut.

NOTA. — Les voyageurs qui veulent au retour partir d'un port désigné sur leur billet autre que celui auquel ils ont débarqué doivent effectuer, à leurs frais, le trajet entre ces deux ports.

Validité du billet : 90 jours

Itinéraire 61. Cie Gle Transatlantique. — 1re cl. **286** fr. ; 2e cl. **211** fr.

Itinéraire 61-A, 61-B. (A) Cie de Navigation Mixte.
(B) Cie de la Société Générale de Transports Maritimes à Vapeur.
1re classe **251** fr. ; 2e classe **178** fr.

Le voyage 61-B comprend le parcours Marseille-Bougie par Philippeville, au lieu de celui : Marseille-Tunis.

ITINÉRAIRES 66, 66-A*

Validité du billet : 90 jours

Itinéraire 66. — Par les paquebots de la Cie Gle Transatlantique
1re classe **384** fr. ; 2e classe **278** fr.

Itinéraire 66-A. Par les paquebots de la Cie de Navigation Mixte
1re classe **348** fr. : 2e classe **239** fr.

(*) ——— Tracé du voyage ▪▪▪▪▪▪▪▪ Parcours maritimes |||||||||| Parcours facultatifs.

VOYAGES A ITINÉRAIRES FACULTATIFS (1re, 2e et 3e classes)

Il est délivré, toute l'année, des Carnets individuels et collectifs permettant d'effectuer des voyages pouvant comporter des parcours sur les grands réseaux français, **Algériens, Tunisiens, Corses** et sur les lignes desservies par la Compagnie Générale Transatlantique, par la Compagnie de Navigation Mixte (Cie Touache), par la Société Générale de Transports Maritimes à Vapeur ou par la Compagnie Marseillaise de Navigation à Vapeur (Fraissinet). — Minimum de parcours : 300 kil. sur les grands réseaux français. — Validité : 90 jours. — Arrêts facultatifs.

Demander les Carnets cinq jours à l'avance à la gare de départ.

NOVEMBRE

PROVENCE :

— Comment ! Mais vous annonciez : « Vue sur contrée exotique ! »
— Tél! Bé! et l'Algérie ? Elle n'est pas en face ? alorss!!

DIMANCHE 1er — TOUSSAINT

LUNDI 2 — TRÉPASSÉS

MARDI 3 — St HUBERT

NOVEMBRE

MERCREDI 4 — St CHARLES

JEUDI 5 — St ZACHARIE

VENDREDI 6 — St LÉONARD

(Voir page 222)

NOVEMBRE

SAMEDI 7 — St ERNEST

DIMANCHE 8 — St GODEFROY

LUNDI 9 — St MATHURIN

LES ÉRUDITS :

— C'est par ce passage qu'en 48 av. J.-C. Annibal fondit sur les Romains.
— Bigre !... Il d'vait rien faire chaud.

NOVEMBRE

MARDI 10 — St JUSTE

MERCREDI 11 — St MARTIN

JEUDI 12 — St RENÉ

NOVEMBRE

VENDREDI 13 — St BRICE

SAMEDI 14 — Ste PHILOMÈNE

DIMANCHE 15 — Ste EUGÉNIE

LES INCONSCIENTS :

— Hein ! Je l'ai épaté le guide ! il buvait mes paroles.
— C'est donc ça que je l'ai entendu dire que tu l'avais saoulé ?

NOVEMBRE

LUNDI 16 — St EDME

MARDI 17 — St AIGNAN

MERCREDI 18 — St ODON

NOVEMBRE

JEUDI 19 — Ste ELISABETH

VENDREDI 20 — St EDMOND

SAMEDI 21 — PRÉSENTATION DE LA VIERGE

LES MALINS :

— Ah ! vous étiez là-haut hier ?! Vous avez dû voir les moraines.
— Oui... euh... c'est-à-dire que... on les a mal vus : ils étaient en réparation.

DIMANCHE 22 — Ste CÉCILE

LUNDI 23 — St CLÉMENT

MARDI 24 — Ste FLORE

VOYAGES AUTOUR DU MONDE

La Compagnie des Messageries Maritimes met à la disposition du public diverses combinaisons de voyages circulaires autour du monde avec la *Canadian Pacific*, la *Southern Pacific*, l'*Eastern* et l'*Australian Company*, l'*American* et l'*Australian Line*, la *Compagnie Générale Transatlantique* et les grands chemins de fer américains

LES VOYAGEURS PEUVENT CHOISIR UNE DES ROUTES SUIVANTES :

Route n° 1. **Voie de Chine, du Japon et du Canada,** *via* **Vancouver.** — Prix : Fr. **3.288** en 1re cl.
Route n° 2. **Voie d'Australie et de Vancouver.** — Prix : Fr. **3.575** en 1re classe.
Route n° 3. **Voie d'Australie, détroit de Torrès, le Japon et Vancouver.** — Prix : Fr. **4.257** en 1re cl.
Route n° 4. **Voie de Chine, du Japon et de San-Francisco.** — Prix : Fr. **3.288** en 1re classe.
Route n° 5. **Voie d'Australie et de San-Francisco.** — Prix : Fr. **3.575** en 1re classe.
Route n° 6. **Voie d'Australie, détroit de Torrès, le Japon et San-Francisco.** — Prix : Fr. **4.257** en 1re cl.

(Pour plus amples renseignements, consulter la notice spéciale)

NOVEMBRE

MERCREDI 25 — Ste CATHERINE

JEUDI 26 — Ste VICTORINE

VENDREDI 27 — St SÉVERIN

LES VIOLENTS :
Brute ! ! Vous ne pouvez pas tenir votre droite

NOVEMBRE

SAMEDI 28 — St SOSTHÈNE

DIMANCHE 29 — AVENT

LUNDI 30 — St ANDRÉ

J. Leinard

LES TARTARINS :

— Z'ai tellemain le pied montagnard que jamais ze n'ai tommbé dans un trou.
— Et moi doncque!!!... Z'ai essayé... Z'ai pas pu.

RÉCAPITULATION

L'ITALIE par le P. L. M.

Route la plus pittoresque et la plus rapide

(Via Mont-Cenis, via Simplon et via Vintimille)

Relations directes entre PARIS et l'ITALIE

Les Billets donnent le droit de s'arrêter en *France* et en *Suisse* à toutes les gares de l'itinéraire : en *Italie* : une, deux, trois, quatre ou cinq fois, selon le trajet à parcourir. — *Franchise de bagages* : 3o kilogr. — Enregistrement direct des bagages. — Aucune franchise en Suisse et en Italie.

1° *Via* MONT-CENIS

De PARIS aux Gares italiennes ci-après ou *vice versa*	Billets simples				Billets d'aller et retour			
	1re cl.	2e cl.	3e cl.	Val.	1re cl.	2e cl.	3e cl.	Val.
	fr. c.	fr. c.	fr. c.	j.	fr. c.	fr. c.	fr. c.	j. (1)
Avenza	123 60	84 10	»	10	»	»	»	»
Bologne	128 70	87 15	56 75	10	»	»	»	»
Brindisi *(via* Bologne)	167 90	114 70	72 55	20	»	»	»	»
Florence *(via* Gênes)	134 60	90 70	58 95	10	229 20	159 70	»	30
Gênes P. P.	111 65	76 10	49 70	10	175 95	125 75	»	30
Milan	97 40	67 10	44 90	10	151 40	107 95	»	30 (2)
Naples *(via* Gênes)	161 05	107 30	69 75	10	282 10	192 90	»	45
Ospedaletti - Ligure (3)	120 75	82 30	»	10	»	»	»	»
Palerme	180 35	120 40	»	20	»	»	»	»
Parme (3)	120 75	82 30	»	10	»	»	»	»
Pise *(via* Gênes).	127 85	86 65	56 45	10	211 90	150 95	»(3)	30
Rome *(v.* Gênes).	151 45	100 80	65 50	10	262 30	179 90	116 65	45
San-Remo	120 25	81 95	»	10	»	»	»	»
Turin	91 90	62 45	40 85	10	149 10	107 70	70 50	30 (2)
Venise	135 05	90 95	59 35	10	229 15	159 35	»	30

2° *Via* VALLORBE-LAUSANNE — Les Verrières — Lötschberg — Simplon

De PARIS aux Gares ci-dessous ou *vice versa*	Billets simples				Billets d'aller et retour		
	1re cl.	2e cl.	3e cl.	Val.	1re cl.	2e cl.	Val.
	fr. c.	fr. c.	fr. c.	j.	fr. c.	fr. c	j. (1)
Ancône	138 85	93 95	62 15	10	»	»	»
Bologne	121 75	83 70	55 60	10	»	»	»
Brindisi *(via* Domodossola, Gênes, Rome).	215 »	143 80	94 10	20	»	»	»
Brindisi *(v.* Domodossola, Milan, Bologne).	164 20	110 »	72 75	20	»	»*	»
Domodossola	84 26	55 75	37 55	10	125 30	89 55	30 (2)
Florence	133 30	90 55	60 05	10	229 65	159 30	30
Gênes	112 90	77 70	51 75	10	180 »	127 85	30
Milan (Central).	97 40	67 10	44 90	10	151 40	107 95	30 (2)
Naples	160 85	107 90	71 15	10	284 75	194 »	45
Novare	93 45	64 30	43 10	10	»	»	»
Parme	112 25	77 25	51 50	10	»	»	»
Plaisance	106 15	73 10	48 80	10	»	»	»
Rome	151 45	104 70	67 10	10	265 95	181 60	45
Venise	126 »	86 25	57 20	10	209 35	148 55	30
Vérone (P. V.)	115 »	79 15	52 70	10	»	»	»

3° *Via* VINTIMILLE

De PARIS aux Gares italiennes ci-après ou *vice versa*	Billets simples			
	1re classe	2e classe	3e classe	Validité
	fr. c.	fr. c.	fr. c.	jours
Gênes	146 25	99 40	64 90	10
Ospedaletti-Ligure	127 90	86 55	56 55	10
Rome	192 35	128 95	83 75	10
San-Remo	128 55	87 »	56 90	10

(1) Moyennant un supplément, la validité peut être prolongée de : *15* jours pour les billets de 3o jours ; de *22* jours pour les billets de 45 jours.

(2) La validité de ces billets est portée gratuitement à *60* jours : 1° si le voyageur justifie avoir pris à TURIN, DOMODOSSOLA ou MILAN, soit un billet circulaire italien, soit un abonnement spécial italien, soit un billet d'aller et retour combiné italien ; 2° s'il a été pris à PARIS un billet circulaire intérieur italien conjointement avec le billet d'aller et retour PARIS-TURIN, PARIS-DOMODOSSOLA ou PARIS-MILAN. Ainsi gratuitement prolongés, ces billets ne seront plus susceptibles d'aucune nouvelle prolongation, même contre paiement de supplément.

(3) Billets délivrés seulement dans le sens de la France sur l'Italie.

* 3e classe, 59 fr.

VOYAGES CIRCULAIRES à Itinéraires fixes

Il est mis à la disposition des Voyageurs, toute l'année et dans toutes les gares du réseau P.L.M., des combinaisons de voyages leur permettant de visiter des parties plus ou moins étendues de la **France** et de l'**Italie.** Ces combinaisons sont obtenues au moyen de deux billets distincts, comprenant : l'un, tous les parcours autres que les parcours italiens et dénommés parcours au " **Nord des Alpes** " ; l'autre, les parcours italiens dits parcours au " **Sud des Alpes** ". La durée de la validité des deux billets soudés est de *60 jours.*

Les billets " **Nord des Alpes** " ne sont délivrés que conjointement avec un billet de parcours " **Sud des Alpes** " qui s'y rattache. Il peut être délivré un billet circulaire de 1re classe " **Sud des Alpes** " conjointement avec un billet circulaire de 2e classe " **Nord des Alpes** ", ou réciproquement.

La nomenclature complète de ces voyages (via Modane ou via Simplon) figure dans le **Livret-Guide-Horaire P. L. M.** : 0 fr. 60 dans toutes les gares du réseau.

VOYAGES EN ESPAGNE

Billets directs simples pour BARCELONE

Au départ de : Paris, Dijon, Lyon, Avignon, Marseille, Toulon, Nice, Vintimille, Nevers, Vichy, Clermont-Ferrand, Saint-Etienne, Nîmes, :: Montpellier, Belfort, Genève, Chambéry, Aix-les-Bains, Grenoble ::

Billets d'aller et retour de PARIS à BARCELONE

Validité : 3o jours, avec faculté de prolongation. — Arrêts facultatifs

PRIX : Via Clermont-Ferrand, Nîmes, 1re cl., **193 fr. 55.** — 2e cl., **140 fr. 50.** — 3e cl., **91 fr. 40**
— Via Dijon, Lyon, 1re classe, **204 fr. 80.** — 2e classe, **148 fr. 60.** — 3e classe, **96 fr. 70**

Billets demi-circulaires espagnols (1re, 2e et 3e classes)

Délivrés toute l'année conjointement avec des billets circulaires à itinéraires facultatifs sur les grands réseaux français ; l'itinéraire doit comporter la sortie de France par :: :: Port-Bou et la rentrée en France par Hendaye, ou réciproquement :: ::

Validité : 60, 90 ou 120 jours, suivant les itinéraires

:: :: *Demander les billets 5 jours à l'avance à la gare de départ* :: ::

LIVRETS DE VOYAGES INTERNATIONAUX

à itinéraires établis au gré des voyageurs (1re, 2e, 3e classes)

pouvant comporter des parcours sur les lignes des *grands réseaux français* et *étrangers,* ainsi que sur certaines *lignes maritimes.* Minimum de parcours : *600 kilomètres.*

Validité : *de 60 à 120 jours,* suivant l'importance du parcours.

Délivrance : *toute l'année,* sur demande faite à l'avance, dans les gares des grands réseaux français, dans les bureaux d'émission, et dans certaines Agences de Voyages.

DÉCEMBRE

CÔTE D'AZUR :

— Je veux bien vous donner deux sous, mon pauvre homme, mais qu'allez-vous en faire ?
— *Moi ?... J'vous les joue, quitte ou double.*

MARDI 1er — St ÉLOI

MERCREDI 2 — Ste AURÉLIE

JEUDI 3 — St FRANÇOIS-XAVIER

VENDREDI 4 — Ste BARBE

SAMEDI 5 — St SABAS

DIMANCHE 6 — St NICOLAS

DÉCEMBRE

LUNDI 7 — St AMBROISE

MARDI 8 — IMMACULÉE-CONCEPTION

MERCREDI 9 — Ste LÉOCADIE

LES CALMES :

— Viens-tu avec nous au Pic des Aiglons ? Il paraît qu'il y a de la neige.
— Si c'est pour voir de la neige... j'aime mieux attendre l'hiver ici.

JEUDI 10 — Ste EULALIE

VENDREDI 11 — St DAMASE

SAMEDI 12 — St VALÉRY

DÉCEMBRE

DIMANCHE 13 — Ste LUCIE

LUNDI 14 — St NICAISE

MARDI 15 — St MESMIN

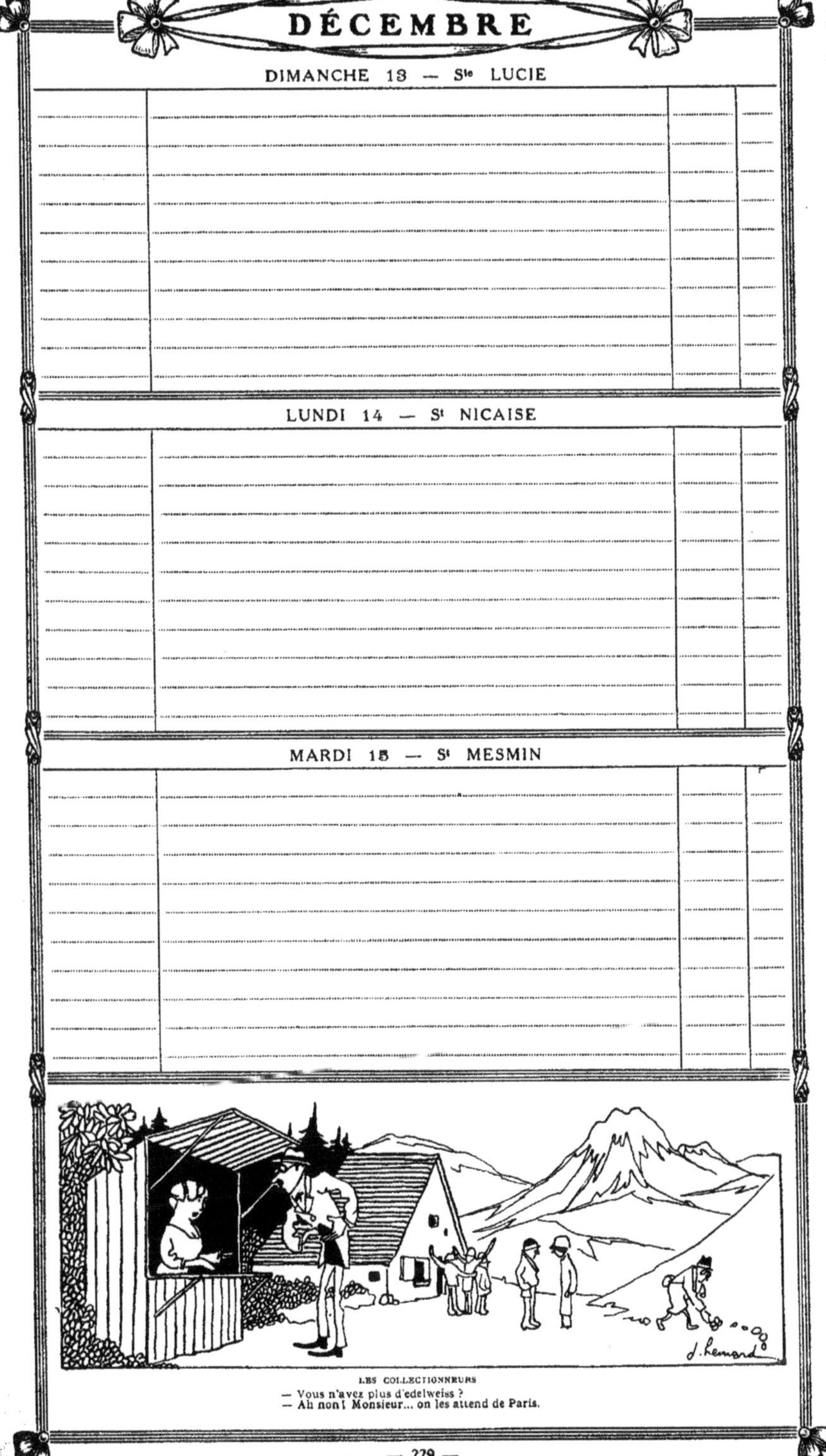

LES COLLECTIONNEURS

— Vous n'avez plus d'edelweiss ?
— Ah non! Monsieur... on les attend de Paris.

MERCREDI 16 — Ste ADÉLAIDE

JEUDI 17 — St LAZARE

VENDREDI 18 — St GATIEN

SAMEDI 19 — St TIMOLÉON

DIMANCHE 20 — Ste PHILOGONE

LUNDI 21 — St THOMAS

LES IMPATIENTS :

— Ah ça mais... dites donc ? et ce fameux pic de la Mirandole ? va-t-on finir par le voir ? !!

DÉCEMBRE

MARDI 22 — St FLAVIEN

MERCREDI 23 — Ste VICTOIRE

JEUDI 24 — St DELPHIN

DÉCEMBRE

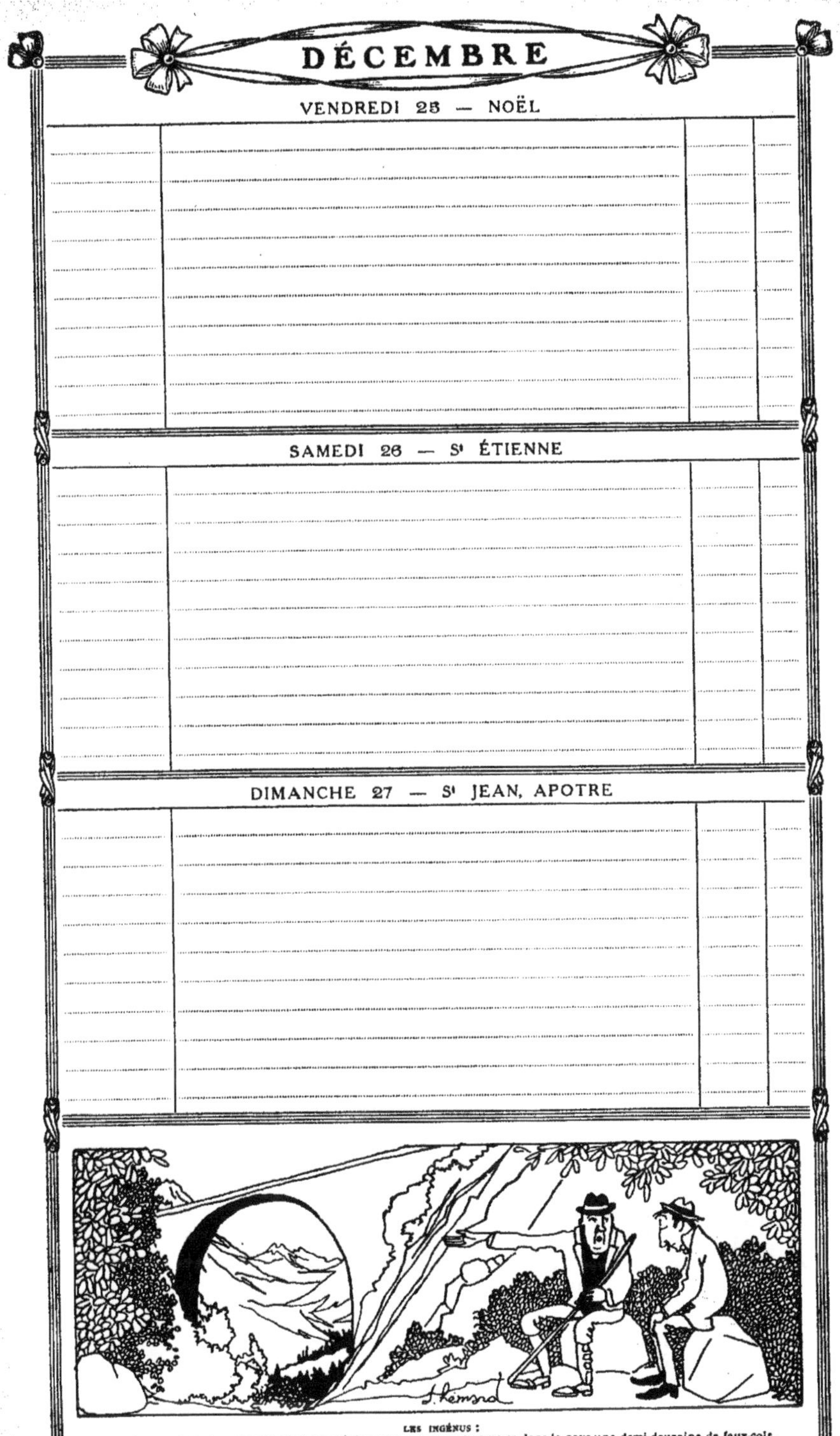

VENDREDI 25 — NOËL

SAMEDI 26 — St ÉTIENNE

DIMANCHE 27 — St JEAN, APOTRE

LES INGÉNUS :
— Somme toute la route aboutit à un cul de sac; nous avons comme ça dans le pays une demi-douzaine de faux-cols.

DÉCEMBRE

LUNDI 28 — SS. INNOCENTS

MARDI 29 — Ste ÉLÉONORE

MERCREDI 30 — St SABIN

J. Hémard

LES MÉCONTENTS :

— Assurément la Savoie me paraît un beau pays, mais on la voit mal, cachée comme elle l'est par un tas de montagnes.

JEUDI 31 — St SYLVESTRE

RÉCAPITULATION

1° — ILES CANARIES, MADÈRE, LE SÉNÉGAL la COTE OCCIDENTALE D'AFRIQUE, L'AMÉRIQUE
2° — L'ÉGYPTE et L'ORIENT (Turquie, Syrie, Grèce) et les au delà de Suez

Billets Simples et d'Aller et Retour

1° — De PARIS aux Ports ci-dessous ou *vice versa*, via Marseille

DESTINATIONS	ITINÉRAIRES	BILLETS SIMPLES (1) 1re cl. fr. c.	2e cl. fr. c.	3e cl. fr. c.	Validité jours	BILLETS D'ALLER ET RETOUR (1) 1re cl. fr. c.	2e cl. fr. c.	3e cl. fr. c.	Validité jours
Madère, Ténériffe, Las Palmas	Société Générale de Transports maritimes à vapeur. Compagnie Marseillaise de Navigation à vapeur (Fraissinet)	368 »	260 »	133 »		»	»	»	»
Dakar	Société Générale de Transports maritimes à vapeur. Compagnie Marseillaise de Navigation à vapeur (Fraissinet)	532 »	422 »	198 »		940 »	762 »	366 »	un an
Conakry	Compagnie Marseillaise de Navigation à vapeur (Fraissinet)	705 »	579 »	248 »	45	»	»	»	»
Grand-Bassam		836 »	644 »	318 »		»	»	»	»
Cotonou		922 »	768 »	337 »		»	»	»	»
Libreville		1010 »	815 »	365 »		»	»	»	»
Loango		1100 »	887 »	394 »		»	»	»	»
Bahia, Rio-Janeiro, Santos	Société Générale de Transports maritimes à vapeur	723 »	550 »	199 »		1149 »	882 »	364 »	un an
Montevideo, Buenos-Ayres		773 »	550 »	199 »		1229 »	882 »	364 »	un an

ITINÉRAIRES. — Entre PARIS et MARSEILLE, les voyageurs ont le choix entre *quatre itinéraires* : 1° Dijon-Lyon ; 2° Dijon-Grenoble-Veynes ; 3° Nevers-Nîmes ; 4° Nevers-Saint-Germain-des-Fossés-Tarare-Lyon.

ARRETS. — Sur le réseau P. L.M., les voyageurs ont la faculté de s'arrêter à toutes les gares desservies, situées sur leur parcours, à charge par eux de faire viser leur billet dans chaque gare où ils s'arrêtent.

ENFANTS. — Les enfants sont transportés aux prix et conditions des tarifs intérieurs de chacune des Administrations.

BAGAGES. — Franchise, sur le chemin de fer, de 30 kilogrammes de bagages par billet

Sur les paquebots, la franchise de bagages est de : en 1re classe, 200 kilogrammes avec volume maximum d'un mètre cube ; en 2e classe, 150 kilogrammes avec volume maximum de 3/4 de mètre cube et en 3e classe, 100 kilogrammes avec volume maximum de 1/2 mètre cube. Ne sont considérés comme bagages que le linge et les effets à usage.

DÉLIVRANCE DES BILLETS. — Sur demande, 15 jours au moins à l'avance, au siège de l'une des trois Compagnies de Navigation, savoir : 1° *Société Générale de Transports maritimes à vapeur*, à **Paris**, 8, rue Ménars ; à **Marseille**, 3, rue des Templiers ; à **Bahia**, chez MM. Wildberger et Cie ; à **Rio-Janeiro** et à **Santos**, chez MM. Antunès dos Santos et Cie ; à **Montevideo**, chez MM. Benausse, Battier et Cie ; à **Buenos-Ayres**, chez MM. Py et L. Granval ; à **Las Palmas**, chez MM. Miller et Cie ; à **Madère**, chez M. A. Silva-Passos ; à **Sainte-Croix-de-Ténériffe**, chez MM. Brage, Marco et Cie. — 2° *Compagnie Marseillaise de Navigation à vapeur*, à **Paris**, chez MM. Achille Neton, 9, rue Rougemont ; à **Dakar**, chez M. X. Boyer ; à **Las Palmas**, chez M. J. Ladevèze. — 3° *Compagnie Française de l'Afrique Occidentale*, à **Dakar**.

2° — De PARIS en Orient ou *vice versa*, via Marseille

Par les Paquebots de la Compagnie des Messageries Maritimes

DESTINATIONS	ITINÉRAIRES	BILLETS SIMPLES 1re cl.	2e cl.	Classe mixt. (2)	Validité jours	ALLER ET RETOUR 1re cl.	2e cl.	3e cl.	Validité jours
	Lignes circulaires								
Beyrouth	Par Smyrne	567 90	386 90	402 90	45	»	»	»	»
Constantinople	—	300 90	225 90	237 90		588 90	394 90	»	120
Le Pirée	Directement	275 90	190 90	202 90		503 90	335 90	»	120
Smyrne	Par Le Pirée	300 90	225 90	237 90		588 90	394 90	»	120
	Lignes de Beyrouth								
Alexandrie ou Port-Saïd	Directement	471 90	314 90	346 90	45	830 90	554 90	»	120
Beyrouth	Par Alexandrie	527 90	366 90	382 90		920 90	640 90	»	
Jaffa	—	487 90	341 90	357 90		852 90	598 90	»	
	Lignes de Constantinople et de la Mer Noire								
Batoum	Par Constantinople	346 90	205 90	»		»	»	»	»
Constantinople	Par Salonique	230 90	145 90	»		404 90	257 90	»	120
Constantinople	Par Smyrne	230 90	145 90	»		404 90	257 90	»	120
Le Pirée	Directement	205 90	135 90	»		362 90	240 90	»	120
Odessa	Par Constantinople	365 90	185 90	»		»	»	»	»
Salonique	Par Syra	230 90	135 90	»	45	»	»	»	»
Smyrne	Par Le Pirée	230 90	145 90	»		404 90	257 90	»	120
Syra	Directement	205 90	125 90	»		»	»	»	»
Patras	—	205 90	115 90	»		362 90	206 90	»	120
Samsoun	Par Constantinople	300 90	175 90	»		»	»	»	»
Trébizonde	—	320 90	195 90	»		»	»	»	»
Calamata	Directement	205 90	135 90	»		362 90	240 90	»	120
	Par les Paquebots de la Compagnie Marseillaise de Navigation à vapeur (Fraissinet)								
Constantinople	Directement	235 »	»	»	45	»	»	»	»
Le Pirée	—	215 »	»	»		»	»	»	»
Salonique	—	225 »	»	»		»	»	»	»
Smyrne	—	225 »	»	»		»	»	»	»
	Par les Paquebots de la Compagnie Paquet								
Batoum	Directement	350 60	260 60	»		638 50	472 90	»	
Constantinople	—	240 60	180 60	»		433 80	323 70	»	
Dardanelles	—	240 60	180 60	»	45	433 80	323 70	»	120
Samsoun	—	310 60	230 60	»		562 10	424 20	»	
Trébizonde	—	330 60	240 60	»		599 10	434 70	»	

ITINÉRAIRES. — Entre PARIS et MARSEILLE, les voyageurs ont le choix entre *trois itinéraires* : 1° Dijon-Lyon ; 2° Nevers-Nîmes ; 3° Nevers-Saint-Germain-des-Fossés-Tarare-Lyon.

ARRETS. — Sur le réseau P.L.M., les voyageurs ont la faculté de s'arrêter à toutes les gares desservies, situées sur leur parcours, à charge par eux de faire viser leur billet dans chaque gare où ils s'arrêtent.

ENFANTS. — Les enfants de 3 à 7 ans paient la moitié des prix des billets simples.

BAGAGES. — Franchise de 30 kilogrammes de bagages par place, sur le chemin de fer.

DÉLIVRANCE DES BILLETS AU DÉPART DE PARIS. — 1° Boulevard de la Madeleine, n° 14, pour les parcours maritimes à effectuer par les paquebots de la *Compagnie des Messageries Maritimes*. — 2° Rue Rougemont, n° 9, pour les parcours à effectuer par les paquebots de la *Compagnie Marseillaise de Navigation à vapeur* (Fraissinet). — 3° Dans les bureaux de la *Société Générale des Transports Maritimes à vapeur*, rue Ménars, n° 8, pour les parcours à effectuer par les paquebots de la *Compagnie Paquet*.

De PARIS aux Ports au delà de SUEZ ou *vice versa* (3)

	1re cl.	2e cl.	3e cl.	Validité	A.R. 1re cl.	2e cl.	3e cl.	Validité
PARIS À MARSEILLE ou *vice versa*, via Dijon, Lyon, Arles.	96 55	65 15	42 50	15	144 80	104 25	67 95	un an

(1) Les frais de nourriture à bord des paquebots sont compris dans le prix des places.
(2) 1re classe en chemin de fer et 2e classe sur les paquebots.
(3) Les billets simples sont délivrés exclusivement par la *Compagnie des Messageries Maritimes*, par la *Société Générale de Transports Maritimes à vapeur* et par les *Chargeurs réunis*, conjointement avec leurs billets de passage de ou pour Marseille. — Les billets d'aller et retour sont délivrés exclusivement par les *Messageries Maritimes* et par les *Chargeurs réunis*, conjointement avec leurs billets de passage de Marseille aux Ports au delà de Suez ou *vice versa*.

J. BARREAU, Imp.-Édit. 16, Rue Littré — PARIS

www.ingramcontent.com/pod-product-compliance
Ingram Content Group UK Ltd.
Pitfield, Milton Keynes, MK11 3LW, UK
UKHW020314230726
13925UKWH00002B/406